U0245357

MATLAB® & Simulink® 开发实例系列丛书

高职高专 MATLAB 数学建模

卓金武　王鸿钧　编著

北京航空航天大学出版社

内 容 简 介

本书从数学建模的角度介绍了 MATLAB 的应用,涵盖了绝大部分数学建模问题的 MATLAB 求解方法。

全书共 5 篇。第一篇是基础篇,主要介绍一些基本概念和知识,包括 MATLAB 在数学建模中的地位、数学模型的分类及各类需要用到的 MATLAB 技术,以及 MATLAB 编程入门;第二篇是技术篇,系统介绍了 MATLAB 建模的主流技术,包括数据建模技术(数据的准备、常用的数学建模方法、机器学习、灰色预测、神经网络以及小波分析)、优化技术(标准规划模型的求解,遗传算法、模拟退火算法等全局优化算法)、连续模型、评价模型以及机理建模的 MATLAB 实现方法;第三篇是实践篇,以全国大学生数学建模竞赛的经典赛题(乙组)为例,介绍 MATLAB 在其中的实际应用,包括详细的建模过程、求解过程以及原汁原味的竞赛论文;第四篇是赛后重研究篇,主要介绍如何借助 MATLAB 的工程应用功能将模型转化成产品的技术;第五篇是经验篇,主要介绍数学建模的参赛经验、心得、技巧以及 MATLAB 的学习经验,这些经验会有助于竞赛的准备和竞赛成绩的提升,至少能让读者更从容地参与数学建模活动。

本书特别适合作为数学建模竞赛的培训教材或参考用书,也可作为大学"数学实验""数学建模""数据挖掘"等课程的参考用书,还可以作为广大科研人员、学者、工程技术人员的参考用书。

图书在版编目(CIP)数据

高职高专 MATLAB 数学建模 / 卓金武,王鸿钧编著
. -- 北京 :北京航空航天大学出版社, 2019.8
ISBN 978-7-5124-3053-2

Ⅰ. ①高… Ⅱ. ①卓… ②王… Ⅲ. ①Matlab 软件—应用—数学模型—高等职业教育—教材 Ⅳ. ①O141.4-39

中国版本图书馆 CIP 数据核字(2019)第 158145 号

高职高专 MATLAB 数学建模

卓金武　王鸿钧　编著

责任编辑　陈守平

*

北京航空航天大学出版社出版发行

北京市海淀区学院路 37 号(邮编 100191)　http://www.buaapress.com.cn

发行部电话:(010)82317024　传真:(010)82328026

读者信箱: goodtextbook@126.com　邮购电话:(010)82316936

北京宏伟双华印刷有限公司印装　各地书店经销

*

开本:787×1 092　1/16　印张:14.5　字数:380 千字

2019 年 8 月第 1 版　2019 年 8 月第 1 次印刷　印数:2 000 册

ISBN 978-7-5124-3053-2　定价:42.00 元

前　　言

在《MATLAB 数学建模方法与实践》(第 3 版)(前两版的名称分别是《MATLAB 在数学建模中的应用》(第 1、2 版))出版后，几位高职院校的数学建模指导老师建议再写一本适合于高职高专数学建模的 MATLAB 参考书。随着数学建模在高职高专院校影响力越来越大，教育部门对职业教育也越来越重视，因此，写一本专门针对高职高专的 MATLAB 数学建模辅导书也是很有必要的。

相对于甲组(本科)的数学建模教学或竞赛，乙组(高职高专)的数学建模在方法上与之差异不大，都会涉及数据处理、优化等方法，只是在题目难度和 MATLAB 的程序量上有些差异，具体详见历年全国赛中的乙组赛题。基于以上分析，本书的内容分为 5 个部分，基本思路是按照基础、方法、实践、赛后重研究、经验展开的。主体的方法部分按照数学建模的类型展开，将数学模型分为数据、优化、连续、评价、机理建模 5 个类型，MATLAB 技术的介绍也按照这 5 类展开，介绍的方法正好就是 5 类模型需要的建模方法以及这些方法的 MATLAB 实现。这样更便于读者准备竞赛，有利于快速对数学建模有个全面的认识，也有利于快速建立对数学建模的兴趣和信心。

赛后重研究部分是近几年数学建模的新课题。数学建模是非常有用的技术，不能止步于竞赛，而应该让其在科研和产业界发挥更大、更实质的作用。MATLAB 作为主要的数学建模实现工具，大家往往更关心它的科学计算能力，并没有注意到它还有系统设计、系统仿真、代码生成等产品开发功能。只要将数学模型迁移到 Simulink 中，借助“基于模型设计”的理念，就可以很快将数学模型转化成产品，所以在赛后重研究部分，重点介绍如何借助 MATLAB 实现从数学模型到产品的转化。现在的读者思路更开阔，而且有丰富的智能硬件可以应用，如果将模型、工具与智能经验结合起来，就可以真正地进行创新、产品研发。对于很多读者来说，这也是建模之后非常酷且有意义的事情。

本书特色

纵观全书，可发现本书的特点鲜明，主要表现在：

① 方法务实，学以致用。本书介绍的方法都是数学建模中的主流方法，都经过了实践的检验，具有较强的实用性。对于每种方法，本书基本都给出了完整、详细的源代码，这对于读者来说，具有非常大的参考价值，很多程序可供读者直接套用并加以学习。

② 知识系统，结构合理。本书的内容编排从基本概念与技术到真题实践，再到重研究和

竞赛经验，使得概念、技术、实践、经验四位一体，自然形成全书的知识体系。而对于具体的技术，也是脉络清晰、循序渐进，按照数据建模、优化、连续、评价、机理建模展开，内容上整体是从基础技术入手，再到融会贯通。正因为有完整的知识体系，读者读起来才有很好的系统性，从而更利于理解数学建模的知识体系，这对于学习是非常有帮助的。

③ 案例实用，易于借鉴。本书选择的案例都来自数学建模中的经典案例和真实赛题，并且带有数据和程序，所以很容易让读者对案例产生共鸣；同时可以利用案例的程序进行模仿式的学习，也能提高读者的学习效率。

④ 理论与实践相得益彰。对于本书的每种方法，除了理论的讲解，都配有一个典型的应用案例，读者可以通过案例加深对理论的理解，同时理论也让案例的应用更有说服力。技术的介绍都以实现实例为目的，同时提供大量技术实现的源程序，方便读者学习。

⑤ 内容独特，趣味横生，文字简洁，易于阅读。很多方法和内容是同类书籍中所没有的，这无疑增强了本书的新颖性和趣味性。另外，在保证描述精准的前提下，我们摒弃了那些刻板、索然无味的文字，让文字既有活力，又更易于阅读。

如何阅读本书

全书内容分 5 个部分，故成 5 篇。

第一部分（基础篇）主要介绍一些基本概念和知识，包括 MATLAB 在数学建模中的地位、数学模型的分类及各类需要用到的 MATLAB 技术，以及 MATLAB 编程入门。

第二部分（方法篇）是本书的主体部分，系统介绍了 MATLAB 建模的主流方法。这个部分又按照数学建模的类型分为 5 个方面：

① 第 3～6 章主要讲数据建模方法，包括数据的准备、常用的数学建模方法、机器学习、灰色预测、神经网络以及小波分析。

② 第 7～8 章主要介绍优化方法，包括标准规划模型的求解、MATLAB 全局优化技术。

③ 第 9 章介绍了连续模型的 MATLAB 求解方法。

④ 第 10 章介绍的是评价模型的求解方法。

⑤ 第 11 章介绍的是机理建模的 MATLAB 实现方法。

第三部分（实践篇）以历年全国大学生数学建模竞赛的经典赛题（乙组）为例，介绍 MATLAB 在其中的实际应用，包括详细的建模过程、求解过程以及原汁原味的竞赛论文，不仅让读者体会 MATLAB 的实战技能，也能增强读者的建模实战水平。

第四部分（赛后重研究篇）主要介绍如何借助 MATLAB 的工程应用功能，将模型转化成产品，并通过在转化过程中强化反馈，倒逼模型和算法的提升。因为有很多模型不通过产品化，很难发现其中的缺陷。

第五部分（经验篇）主要介绍数学建模的参赛经验、心得、技巧，以及 MATLAB 的学习经验，这些经验会有助于竞赛的准备和竞赛成绩的提升，至少让读者更从容地参与数学建模活动。

其中，前 3 篇为本书的重点内容，建议重点研读；第四篇为选读内容，适合赛后对研究或模型产品化感兴趣的读者；第五篇可以先了解一下，在实际准备数学建模的过程中如果遇到问题，可以再重新阅读此篇。

读者对象

- 数学建模参赛者；
- 数学、数学建模等学科的教师和学生；
- 从事数学建模相关工作的专业人士；
- 需要用到数学建模技术的各领域的科研工作者；
- 想要学习 MATLAB 的工程师或科研工作者，因为本书的代码都是用 MATLAB 编写的，所以对于想要学习 MATLAB 的读者来说，也是一本很好的参考书；
- 其他对数学建模和 MATLAB 感兴趣的人士。

致读者

致教师

本书系统地介绍了 MATLAB 数学建模技术，可以作为数学、数学建模、统计、金融等专业本科或研究生的教材。书中的内容虽然系统，但也相对独立，教师可以根据课程的学时和专业方向，选择合适的内容进行课堂教学，其他内容则可以作为参考。授课部分，一般会包含第一篇、第二篇的章节，如果课时较多，则可以增加其他章节中一些项目案例的学习。

在课程准备的过程中，如果您需要书中的一些电子资料作为课件或授课支撑材料，可以直接给笔者发邮件(70263215@qq.com)说明您需要的材料和用途，笔者会根据具体情况，为您提供力所能及的帮助。

致学生

作为 21 世纪的大学生，数学建模是一项基本技能，尤其是以后有志于从事科研工作或希望从事工程类、设计类等职业的学生。数学建模竞赛是非常好的竞赛，不仅可以学习数学建模这一技能，还能认识很多优秀的小伙伴，跟这些小伙伴们一起备战建模，相信也会感受到别样且有意义的大学生活。

致专业人士

对于从事数学建模的专业人士，大家可以关注整个数学建模技术体系，因为本书的知识体系应该是当前数学建模书籍中体系相对完善的。此外，书中的算法案例和项目案例，也算是本书的特色，值得借鉴。

配套资源

(一) 配套程序和数据

为了方便读者学习，作者将提供书中所有的程序和数据，下载地址为：

(1) MATLAB 中文论坛

https://www.ilovematlab.cn/thread-576947-1-1.html

(2) 百度网盘

https://pan.baidu.com/s/1voPLECNnNteQLxkGkXIDug(提取码:ca6p)

(3) 北航出版社

http://www.buaapress.com.cn/mzs/file/index/id/8/c/d(官网→下载专区→随书资料)

如遇到下载问题，也可以直接发邮件与作者联系：70263215@qq.com。

（二）配套教学课件

为了方便教师授课，我们也开发了本书配套的教学课件，如有需要，也可以与笔者联系。

勘误和支持

本书在 MATLAB 中文论坛设有专门的交流版块（https://www.ilovematlab.cn/forum-274-1.html），供同行讨论交流。对于书中出现的问题，也欢迎大家到勘误版块

https://www.ilovematlab.cn/thread-576946-1-1.html

及时反馈，以便该书进一步得到完善。

致　谢

感谢 MathWorks 公司在写作期间提供给我最全面、最深入、最准确的参考材料，强大的官方文档也是其他资料无法企及的。同时感谢 MATLAB 中文论坛为本书提供的交流讨论专区。

感谢北航出版社陈守平老师一直以来的支持和鼓励，使我们顺利完成全部书稿。

书中可能还存在值得商榷甚至错漏之处，诚恳地期待并感谢广大读者批评指正，我们的联系方式为：70263215@qq.com（E-mail）。

作　者

2019 年 5 月

目　录

第一篇　基础篇

第二篇　技术篇

第三篇　实践篇

第四篇 赛后重研究篇

第五篇 经验篇

第一篇 基础篇

本篇主要介绍数学建模和MATLAB的基础知识，内容包括MATLAB在数学建模中的地位、MATLAB的学习理念、数学模型的分类、MATLAB数学建模基础以及如何提高MATLAB数学建模技能。

本篇包括2章，各章要点如下：

章 节	要 点
第1章 绪 论	① 明确MATLAB在数学建模中的重要地位； ② 了解MATLAB的学习理念：基于项目（问题）的学习； ③ 如何提高MATLAB建模水平、模型的分类以及需要的建模技术
第2章 MATLAB数学建模快速入门	① MATLAB的学习理念； ② MATLAB入门操作要点； ③ MATLAB的开发模式以及相互转换

第1章 绪论

MATLAB是公认的最优秀的数学模型求解工具，在CUMCM(中国大学生数学建模竞赛)中超过95%的参赛队使用MATLAB作为求解工具，在国家奖队伍中，MATLAB的使用率几乎100%。虽然比较知名的数学建模软件不只MATLAB，但为什么MATLAB在数学建模中的使用率如此之高？作为资深的数学建模爱好者(从大一到研三每年都参加数学建模竞赛，CUMCM 2次获得国家一等奖，研究生赛1次获得国家一等奖)，笔者认为，一是因为MATLAB的数学函数全，包含人类社会的绝大多数数学知识；二是MATLAB足够灵活，可以按照问题的需要，自主开发程序，解决问题，尤其是最近几年，国赛中的题目都很开放，灵活度很大，这种情况使得MATLAB编程灵活的优势越发明显。

在数学建模中，最重要的就是模型的建立和模型的求解，当然两者相辅相成。有过比赛经验的数模客们都有这样一种体会，如果MATLAB编程弱，在比赛中，根本不敢放开去建模，生怕建立的模型求解不出来。要知道，模型如果求解不出来，在比赛中是致命的，因此要首先避免这种问题。因此如果某个参赛队MATLAB编程弱，最直接的问题就是：还敢建模吗？不敢放开思想建模，畏首畏尾，思路无法展开，那么想取得好成绩就很难了。

其实MATLAB编程弱，并不是真的弱，因为MATLAB本身很简单，不存在壁垒，最大的问题是在心理上弱，没有树立正确的MATLAB应用理念，没有成功编程的经历，当然在比赛中就害怕了。这些数模客之所以对MATLAB使用没有信心，就是因为他们在学习MATLAB的时候，一直机械地、被动地学习知识，而没有掌握技巧去搜索知识、运用知识。要知道，MATLAB的各种知识对个人来说，永远是学不完的，所以如果按照这个方式学习，也就永远不会用MATLAB了。但如果掌握正确的MATLAB使用方法，只要掌握些小技巧，半小时就可以变成MATLAB高手。高手与一般人的区别就在于：一直有自己的编程思路，需要什么知识就去学习什么知识，然后继续按照自己的思路编程；虽然在过程中，要不断学习，但这样学习最高效，也最容易建立强大的对MATLAB的使用信心。

1.1 MATLAB在数学建模中的地位

图1-1是整个数学建模过程所需要的技能矩阵，第二列是模型的求解，包括编程、算法、函数、技巧。如果将整个技能矩阵看成一条蛇，那么求解正是在蛇的7寸的位置，正是连接建模与其他板块的枢纽。如果此环节弱，导致不敢放开思路建模，那么模型基础就不好，后面的论文等就都是浮云了。模型的求解必须重视，而MATLAB是模型的最有力的求解工具，所以MATLAB的编程水平对数模客来说就尤其重要了。

如果不考虑时间，只要掌握MATLAB编程技巧和理念，对于建模中的问题，用MATLAB总是可以解决的，但还是要考虑效率。为了提高数学建模水平，在模型的求解环节，除了要掌握基本的MATLAB编程技巧，还要积累一些常用的算法、函数，这样在实际用到的时候就不用花费太多的时间去消化算法，也不用花太多时间去摸索函数用法，速度自然就提上来了。算法、函数有很多，但在数学建模中常用到的就那些，所以最好还是提前都准备一下。具体的算法、函数的准备在后面会介绍，基础却是 MATLAB 的编程理念。

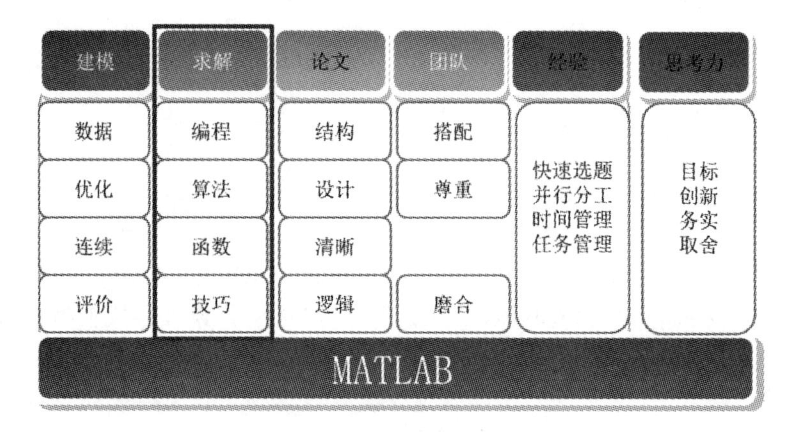

图 1-1　数学建模技能矩阵图

1.2　正确且高效的 MATLAB 编程理念

正确且高效的 MATLAB 编程理念就是以问题为中心的主动编程。传统学习编程的方法是学习变量类型、语法结构、算法以及编程的其他知识，既费劲又没效果，因为学习的时候是没有目标的，也不知道学的知识什么时候能用到，等到能用到的时候，早就忘掉了，又要重新学习。而以问题为中心的主动编程，则是先找到问题的解决步骤，然后在 MATLAB 中一步一步地去实现。在每一步实现的过程中，根据遇到的问题查询知识（互联网时代查询知识还是很容易的），然后定位成方法，再根据方法，查询到 MATLAB 中的对应函数，查看函数的用法，回到程序解决问题，然后逐一解决问题。在这个过程中，知识的获取都是为了解决问题的，所以每次学习的目标都是非常明确的，学完之后的应用又会强化对知识的理解和掌握，这样即学即用的学习方式是效率最高，也是最有效的。最重要的是，这种主动的编程方式会让学习者体验到学习的乐趣，有成就感，自然就强化对编程的自信了。这种内心的自信和强大在建模中会发挥意想不到的力量，所谓信念的力量。

1.3　数学建模对 MATLAB 水平的要求

要想在全国大学生数学建模竞赛中取得好成绩，MATLAB 是必备的，应该达到的水平可以参考以下标准：

① 了解 MATLAB 的基本用法，如常用的命令，如何获取帮助，脚本结构，程序的分节与注释，矩阵的基本操作，快捷绘图方式；

② 熟悉 MATLAB 的程序结构、编程模式，能自由地创建和引用函数（包括匿名函数）；

③ 熟悉常见模型的求解算法和套路，包括连续模型、规划模型、数据建模类的模型；

④ 能够用 MATLAB 程序将机理建模的过程模拟出来，就是能够建立和求解没有套路的数学模型。

要想达到这些要求，不能马上按照这个标准去按照传统的学习方式一步一步地学习，而要结合第二篇的学习理念制订科学的训练计划。

1.4 如何提高MATLAB建模水平

那么如何制订科学的训练计划，快速有效地提高数模客的MATLAB实战水平呢？既然是实战，就要首先了解数学建模中常见的模型和求解算法，如图1-2所示。

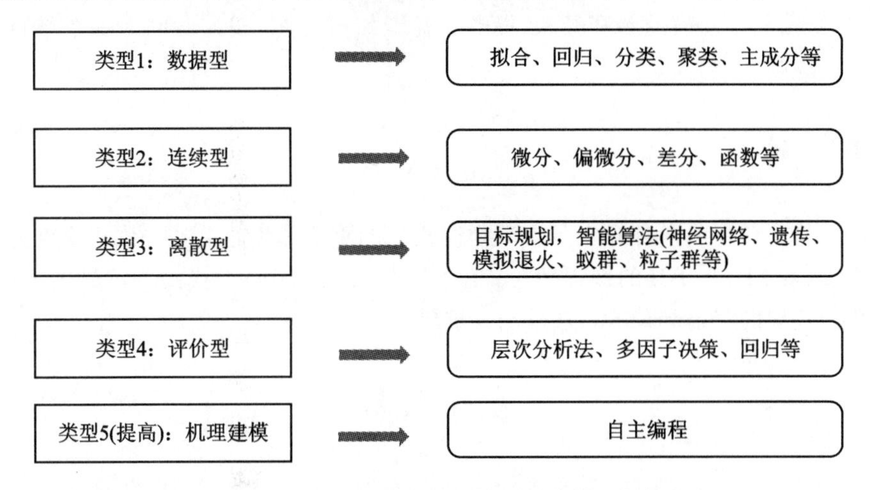

图1-2 数学模型分类以及各类别的建模和求解方法

纵观数学建模中的种种问题，可以将这些问题划分为5类，各类也都有常用的方法，只要将这些常用的方法都训练到，那么在实际比赛中，再遇到类似的问题，求解起来就会顺手多了。甚至有些程序框架可以直接使用，关键是平时要积累这些常用方法的MATLAB程序段，一定要自己总结，不能是拿来主义。

数学建模是非常开放的，对于5类问题，只要选定1个题目，然后将这类问题的常用方法都用一遍，既拓展了建模思路，又将所有方法都用MATLAB实现了一遍，所得的程序自然印象深刻，自己的程序库也有了储备。

再看这5类题型，类型2和类型4，方法相对单一，所花的时间不用太多；类型1和类型3是建模竞赛中的主力题型，方法多，所以需要花的时间也就多点；类型5是最近几年出现的新题型，没有固定套路，也不要期望直接套用经典模型了，而要认真、客观地分析问题，从解决问题的角度着手。这类题型，往往机理建模方法比较有效，即从事物内部发展的规律入手，模拟事物的发展过程，在这个过程中建立模型，并用程序去实现。笔者认为，机理建模和求解才是数学建模和编程的最高水准，已经达到心中无模型而胜似有模型的境界了。所用的MATLAB编程也是最基本的程序编写技巧，关键是思想。

结合这5类题型和CUMCM中MATLAB应该具有的水平，本书将在后面的各篇中介绍相应的内容：

第一篇：了解MATLAB的基本用法，包括几个常用的命令，如何获取帮助，脚本结构，程序的分节与注释，矩阵的基本操作，快捷绘图方式；熟悉MATLAB的程序结构、编程模式，能自由地创建和引用函数。

第二篇：根据五大类模型对MATLAB的要求，分别介绍MATLAB在数据建模、优化、连续模型、评价、机理建模方面的技术。

第三篇：节选历年 CUMCM 中的优秀赛题和优秀论文，介绍相应问题的建模过程和用 MATLAB 求解的过程，强化实战经验。

第四篇：数学建模技术在实际的科研、生产实践中作用非常大，越来越多的学者已经认识到数学建模比赛，不应该止步于获奖，更应该重视数学建模的实际作用。参赛者应对模型进一步研究，将问题研究得更透，并尝试将模型转化成产品。这不仅能够培养参与者的兴趣，更是切实回归数学建模服务于实际问题的初心。

第五篇：介绍数学建模的参赛经验，提醒参赛者如何选题，安排时间。一个小目标是不熬夜也能取得好成绩，有收获。

1.5 小 结

本章重点是要认识科学计算工具在数学建模中的重要作用，主要的数学建模题型及对应的建模方法，以及 MATLAB 的编程理念。有了这些认识，相当于找到了前进的方向，也会快速建立对数学建模的兴趣和信心，这是尤其重要的。

参考文献

[1] 卓金武，王鸿钧. MATLAB 数学建模方法与实践[M]. 3 版. 北京：北京航空航天大学出版社，2018.

第 2 章

MATLAB 数学建模快速入门

本章将通过一个实例介绍如何像使用 Word 一样使用 MATLAB，真正将 MATLAB 当作工具来使用。本章的目标是，即使读者从来没有用过 MATLAB，只要看完本章，也可以轻松使用 MATLAB。

2.1 MATLAB 快速入门

2.1.1 MATLAB 概要

MATLAB 是矩阵实验室（Matrix Laboratory）之意。除具备卓越的数值计算能力外，它还具备专业水平的符号计算、文字处理、可视化建模仿真和实时控制等功能。MATLAB 的基本数据单位是矩阵，它的指令表达式与数学、工程中常用的形式十分相似，故用 MATLAB 来解算问题要比用 C、FORTRAN 等语言完成相同的事情简单快捷得多。学习 MATLAB，先要从了解 MATLAB 的历史开始，因为 MATLAB 的发展史就是人类社会在科学计算领域快速发展的历史，同时也应该了解 MATLAB 的两位缔造者 Cleve Moler 和 John Little 在科学史上所做的贡献。

20 世纪 70 年代后期，身为美国 New Mexico 大学计算机系主任的 Cleve Moler 在给学生讲授线性代数课程时，想教学生使用 EISPACK 和 LINPACK 程序库，但他发现学生用 FORTRAN 编写接口程序很费时间，于是他自己动手，利用业余时间为学生编写 EISPACK 和 LINPACK 的接口程序。Cleve Moler 给这个接口程序取名为 MATLAB，是 matrix 和 labotatory 两个英文单词的前三个字母的组合。在以后的数年里，MATLAB 在多所大学里作为教学辅助软件使用，并作为面向大众的免费软件广为流传。1983 年春天，Cleve Moler 到 Standford 大学讲学，MATLAB 深深吸引了工程师 John Little，John Little 敏锐地觉察到 MATLAB 在工程领域会有更广阔的前景。同年，他和 Cleve Moler、Steve Bangert 一起用 C 语言开发了第二代专业版。第二代的 MATLAB 语言同时具备了数值计算和数据图示化的功能。1984 年，Cleve Moler 和 John Little 成立了 MathWorks 公司，正式把 MATLAB 推向市场，并继续进行 MATLAB 的研究和开发。

MathWorks 公司顺应多功能需求之潮流，在 MATLAB 卓越数值计算和图示能力的基础上，又率先在专业水平上开拓了其符号计算、文字处理、可视化建模和实时控制等功能，使其成为符合多学科、多部门需求的新一代科技应用软件。经过多年的国际竞争，MATLAB 已经占据了数值软件市场的主导地位。MATLAB 的出现，为各国科学家开发学科软件提供了新的基础。在 MATLAB 问世不久的 20 世纪 80 年代中期，原先控制领域里的一些软件包纷纷被淘汰或在 MATLAB 上重建。

时至今日，经过 MathWorks 公司的不断完善，MATLAB 已经发展成为适合多学科、多种工作平台的功能强大的大型软件。在国外，MATLAB 已经经受了多年的考验。在欧美等高校，MATLAB 已经成为线性代数、自动控制理论、数理统计、数字信号处理、时间序列分析、动态系统仿真等高级课程的基本教学工具，成为攻读学位的大学生、硕士生、博士生必须掌握的基本技能。在设计研究单位和工业部门，MATLAB 被广泛用于科学研究和解决各种具体问题。在国内，特别是工程界，MATLAB 已经开始盛行。可以说，无论您从事哪个方面的科研或工程工作，都能从 MATLAB 中找到可以帮助您的功能。

现在的 MATLAB 已包含了近百个工具箱(Toolbox)。工具包又可以分为功能工具箱和学科工具箱。功能工具箱用来扩充 MATLAB 的符号计算、可视化建模仿真、文字处理及实时控制等功能。学科工具箱是专业性比较强的工具箱，控制工具箱、信号处理工具箱、通信工具箱等都属于此类。

开放性使 MATLAB 广受用户欢迎。除内部函数外，所有 MATLAB 主文件和各种工具箱都是可读、可修改的文件，用户可以通过对源程序进行修改或加入自己编写的程序构造新的专用工具箱。

2.1.2 MATLAB 的功能

MATLAB 软件是一种用于数值计算、可视化及编程的高级语言和交互式环境。使用 MATLAB，可以分析数据、开发算法、创建模型和应用程序。借助其语言、工具和内置数学函数，您可以探求多种方法，实现比电子表格或传统编程语言(如 C/C++或 Java)更快地求取结果。

MATLAB 经过 30 多年的发展，现已增加了众多的专业工具箱(见图 2-1)，所以其应用领域非常广泛，包括信号处理和通信、图像和视频处理、控制系统、测试和测量、计算金融学及计算生物学等领域。在各行业和学术机构中，工程师和科学家使用 MATLAB 来提高工作效率。

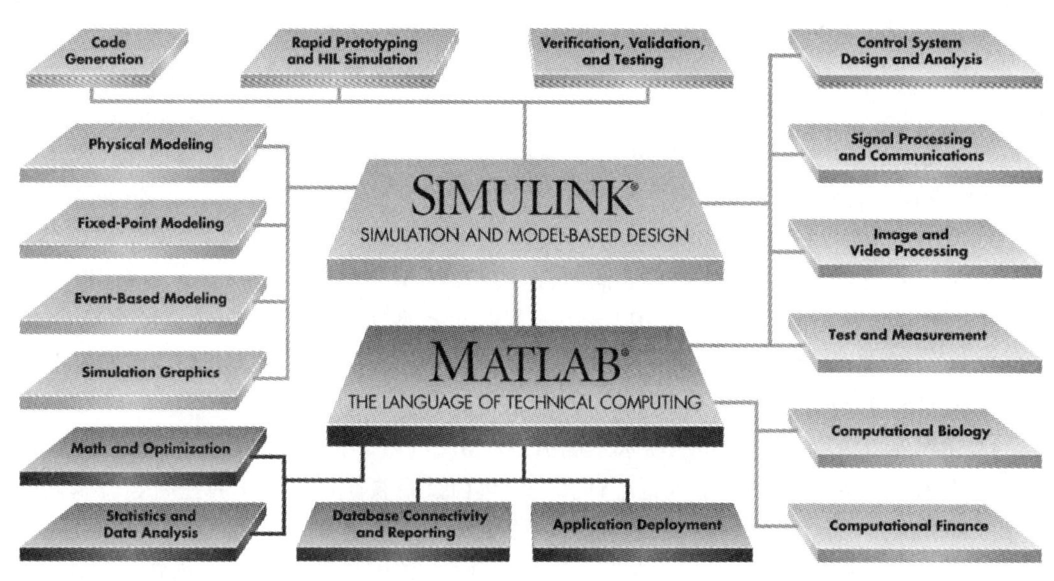

图 2-1 MATLAB 家族产品结构图

2.1.3 快速入门案例

MATLAB 虽然也是一款程序开发工具，但依然是工具，所以它可以像其他工具(如

Word)一样易用。而传统的学习 MATLAB 的方式一般是从学习 MATLAB 基础知识开始，比如 MATLAB 矩阵操作、绘图、数据类型、程序结构、数值计算等内容。学习这些知识的目的是能够将 MATLAB 用起来，可是很多人即便学完了，还是不能独立、自如地使用 MATLAB。这是因为在学习这些知识的时候，目标是虚无的，不是具体的，具体的目标应该是要解决某一问题。

笔者虽然已使用 MATLAB 多年，但记住的 MATLAB 命令不超过 20 个，每次都靠几个常用的命令一步一步地完成各种项目。所以说，想使用 MATLAB 并不需要那么多基础知识的积累，只要掌握住 MATLAB 的几个小技巧就可以了。另外需要说明的一点是，最好的学习方式就是基于项目学习(Project Based Learning，PBL)，因为这种学习方式是问题驱动式学习，其让学习的目标更具体，更容易让学习的知识转化成实实在在的成果，也让学习者觉得有成就，最重要的是让学习者快速建立自信。越早感受到学习的成就感、快乐感，也就越容易建立对学习对象的兴趣。

MATLAB 的使用其实可以很简单，哪怕您从来都没有用过 MATLAB，也可以很快、很自如地使用 MATLAB。如果非要问到底需要多长时间才可以 MATLAB 入门，1 个小时就够了！

下面将通过一个小项目带着大家学习如何一步一步用 MATLAB 解决一个实际问题，并假设我们都是 MATLAB 的门外汉(还不到"菜鸟"的水平)。

要解决的问题是：已知股票的交易数据，即日期、开盘价、最高价、最低价、收盘价、成交量和换手率，试用某种方法来评价这只股票的价值和风险。

这是个开放的问题，但比较好的方法肯定是用定量的方式来评价股票的价值和风险，所以这是个很典型的科学计算问题。通过前面对 MATLAB 功能的介绍，可以确信 MATLAB 可以帮助我们(选择合适的工具)。

抛开 MATLAB，看一个典型科学计算问题的处理流程是怎样的。一个典型科学计算的流程如图 2-2 所示，即获取数据，然后数据探索和建模，最后将结果分享出去。

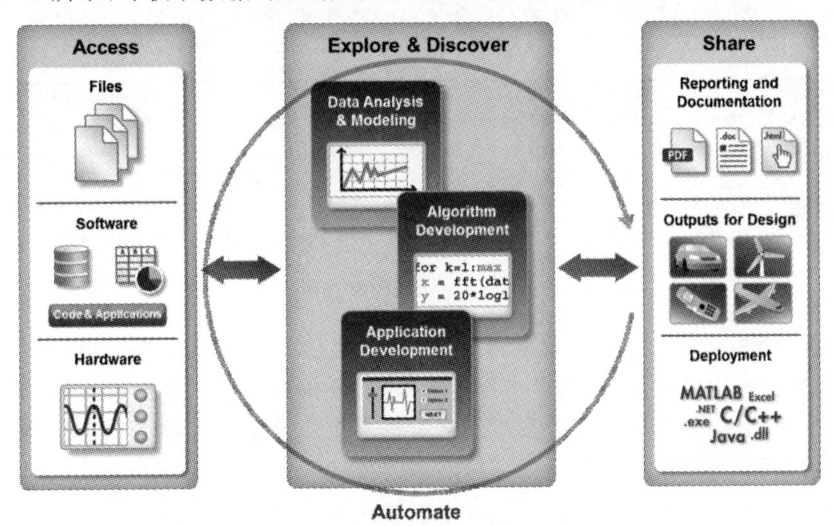

图 2-2 典型科学计算流程

现在根据这个流程，看如何用 MATLAB 实现这个项目。

第一阶段：利用 MATLAB 从外部(Excel)读取数据。

对于一个门外汉，并不知道如何用命令来操作，但计算机操作经验告诉我们，当不知道如何操作的时候，不妨尝试一下右键操作。

步骤 1.1 选中数据文件，右击，将弹出快捷菜单，其中有个“导入数据”项，如图 2-3 所示。

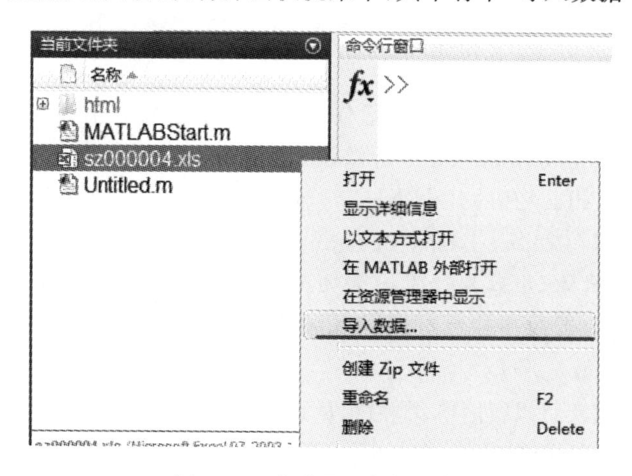

图 2-3 启动导入数据引擎

步骤 1.2 选择“导入数据”项，则显示图 2-4 所示界面。

导入 - C:\work\00_CUMCM2015\MATLBQuickStart\P2_EnteringCase\sz000004.xls

导入 视图

范围：A2:I99 变量名称行：1 列矢量 数值矩阵 元胞数组 替换 无法导入的元胞 NaN 导入所选内容

sz000004.xls

	A	B	C	D	E	F	G	H	I
	Date	DateNum	Popen	Phigh	Plow	Pclose	Volum	Turn	ID
	数值	数值	数值	数值	数值	数值	数值	数值	元胞
1	Date	DateNum	Popen	Phigh	Plow	Pclose	Volum	Turn	ID
2	20150105	735969	15.5800	15.9000	15.3000	15.6900	2809512	3.3496	SZ000004
3	20150106	735970	15.6500	16.5600	15.5000	16.4600	3.3379e+06	3.9795	SZ000004
4	20150107	735971	16.4500	16.5400	16.1100	16.4100	2073761	2.4724	SZ000004
5	20150108	735972	16.4100	17.0300	16.2400	16.9200	3645003	4.3457	SZ000004
6	20150109	735973	16.9200	16.9500	16.2600	16.4300	2715044	3.2370	SZ000004
7	20150112	735976	16.3000	16.3000	15.7600	15.9000	1.6547e+06	1.9728	SZ000004

图 2-4 导入数据界面

步骤 1.3 观察图 2-4，在右上角有个“导入所选内容”按钮，可直接单击，在 MATLAB 的工作区（当前内存中的变量）就会显示导入的数据，并以列向量的方式表示（见图 2-5）。默认的数据类型是“列向量”，但也可以选择其他数据类型。大家不妨做几个实验，观察选择不同的数据类型后结果会有什么不同。

至此，第一阶段获取数据的工作完成。下面转入第二阶段的工作。

第二阶段：数据探索和建模。

现在重新回到问题。对于该问题，目标是评估股票的价值和风险。但现在还不知道该如何去评估，因为 MATLAB 是工具，不能代替我们决策用何种方法来评估，但是可以辅助我们找到合适的方法，这就是数据探索部分的工作。下面就来尝试如何在 MATLAB 中进行数据的探索和建模。

步骤 2.1　查看数据的统计信息，了解数据。具体操作方式是双击工作区（顶部蓝色背景区），然后就会得到所有变量的详细统计信息，如图 2－6 所示。

工作区
名称
Date
DateNum
Pclose
Phigh
Plow
Popen
Turn
Volum

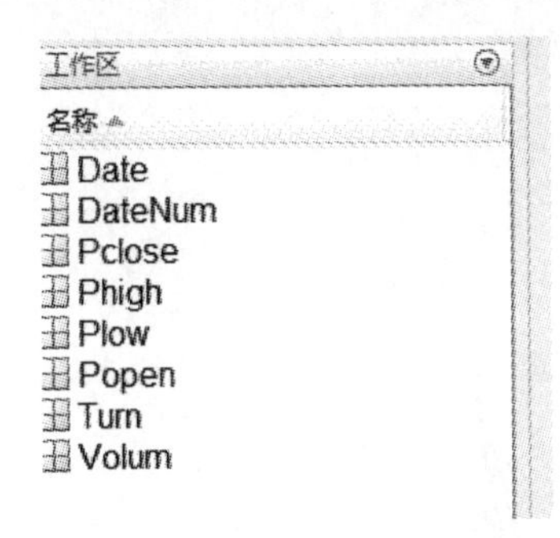

图 2－5　变量在工作区中的显示方式

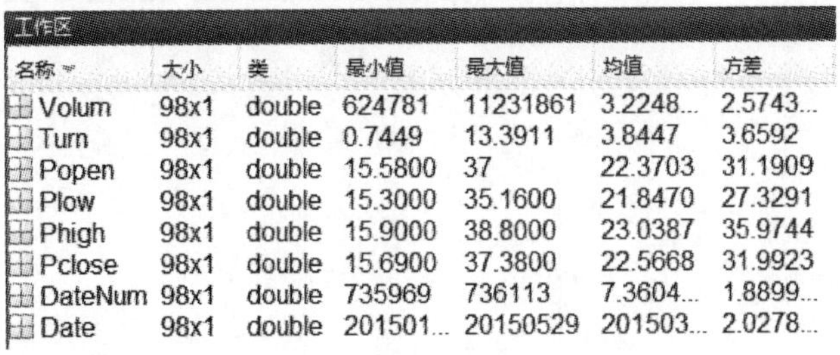

工作区
名称 大小 类 最小值 最大值 均值 方差
Volum 98x1 double 624781 11231861 3.2248... 2.5743...
Turn 98x1 double 0.7449 13.3911 3.8447 3.6592
Popen 98x1 double 15.5800 37 22.3703 31.1909
Plow 98x1 double 15.3000 35.1600 21.8470 27.3291
Phigh 98x1 double 15.9000 38.8000 23.0387 35.9744
Pclose 98x1 double 15.6900 37.3800 22.5668 31.9923
DateNum 98x1 double 735969 736113 7.3604... 1.8899...
Date 98x1 double 201501... 20150529 201503... 2.0278...

图 2－6　变量的统计信息界面

查看工作区变量的基本统计信息，有助于在第一层面快速认识正在研究的数据。只要大体浏览即可，除非这些统计信息对某个问题有更重要的意义。数据的统计信息是认识数据的基础，但不够直观。更直观也更容易发现数据规律的方式是数据可视化，也就是以图的形式呈现数据的信息。下面尝试用 MATLAB 对这些数据进行可视化。

由于变量比较多，所以还有必要对这些变量进行初步的梳理。一般人们关心收盘价随时间的变化趋势，那么就初步选定日期（DateNum）和收盘价（Pclose）作为重点研究对象。也就是说，下一步要对这两个变量进行可视化。

对于新手，可能还不知道如何绘图，不要紧，新版 MATLAB（R2015a 以后）提供了非常多的绘图功能。例如，在新版 MALTAB 中有个“绘图”面板，里面提供了非常丰富的图形原型，如图 2－7 所示。

MATLAB R2015a
主页
绘图
应用程序
快捷方式
DateNum
Pclose
所选内容
当前文件夹
名称
html
MATLABStart.m
sz000004.xls
Untitled.m
搜索
收藏夹
plot
绘制多个序...
bar
area
pie
pie3
histogram
CURVE FITTING TOOLBOX PLOTS
cftool
MAPPING TOOLBOX: PROJECTED X-Y PLOTS
mapshow
mapshow
mapshow
MAPPING TOOLBOX: GEOGRAPHIC DATA PLOTS
工作区
名称 大小 类
Volum 98x1

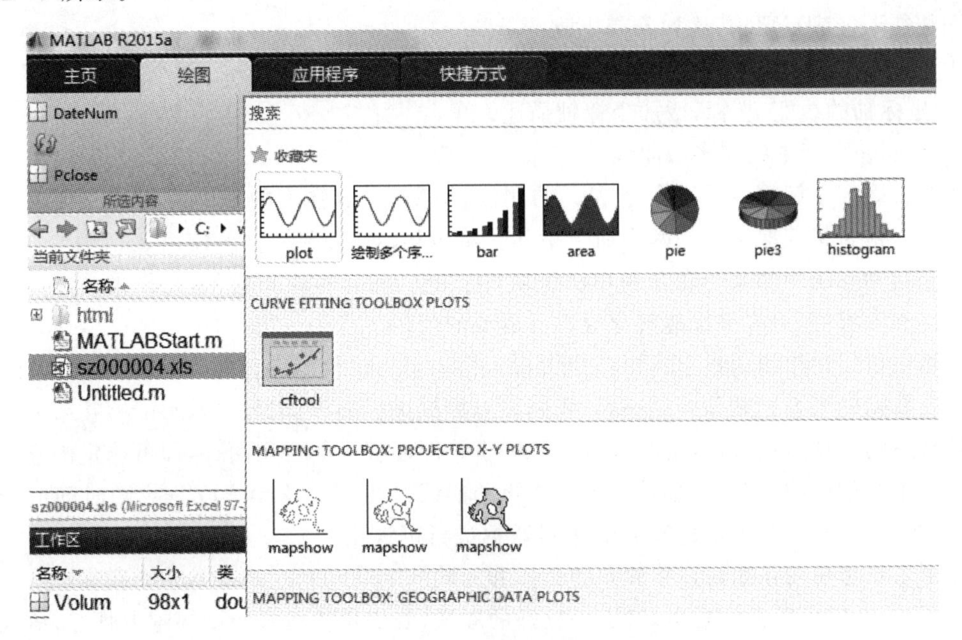

图 2－7　MATLAB“绘图”面板中的图例

此处要注意，只有在工作区选中变量后，“绘图”面板中的这些图标才会激活。一般都直接先选第一个 plot 看一下效果，然后再浏览整个面板。下面进行绘图操作。

步骤 2.2 在工作区选中变量 DataNum 和 Pclose，在“绘图”面板中单击 plot 图标，立刻得到这两个变量的可视化结果，如图 2-8 所示。

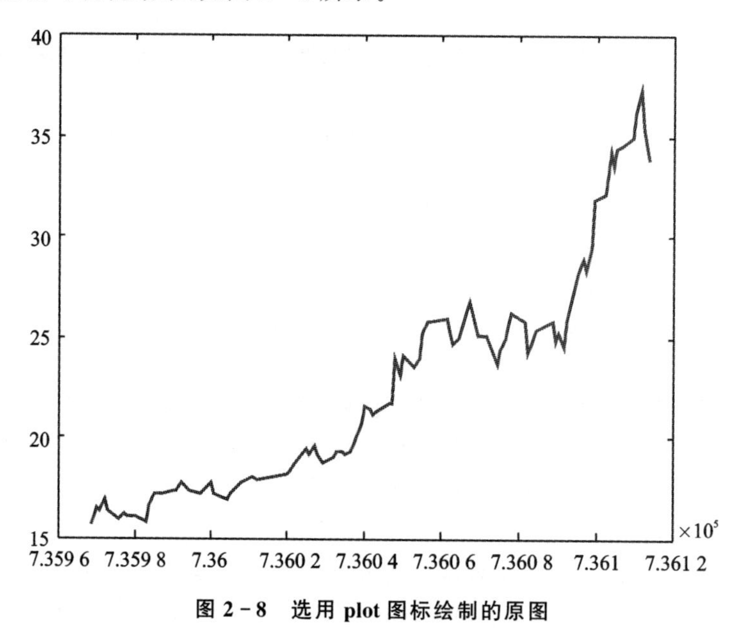

图 2-8 选用 plot 图标绘制的原图

同时还可以在命令窗口区显示绘制此图的命令：

```
>> plot(DateNum,Pclose)
```

由此可知，下次再绘制这样的图直接用 plot 命令就可以了。一般情况下，用这种方式绘制的图往往不能满足要求，比如希望更改：

① 曲线的颜色、线宽、形状；

② 坐标轴的线宽、坐标，增加坐标轴描述；

③ 在同一坐标中绘制多条曲线。

此时就需要了解更多关于命令 plot 的用法，MATLAB 强大的帮助系统可以帮助实现期望的结果。最直接获取帮助的两个命令是 doc 和 help，对于新手，推荐使用 doc，因为 doc 直接打开的是帮助系统中的某个命令的用法说明，不仅全，而且有应用实例(见图 2-9)，“照猫画虎”，直接参考实例，将实例快速转化成自己需要的代码。

当然也可以在绘图面板上选择其他图标，然后与 plot 绘制的图进行对比，看哪种绘图形式更适合数据的可视化和理解。一般，我们在对数据进行初步认识之后，都能够在脑海中勾绘出比较理想的数据呈现形式，这时快速浏览一下绘图面板中的可用图标，即可选定中意的绘图形式。对于案例中的问题，还是觉得中规中矩的曲线图更容易描绘出收盘价随时间的变化趋势，所以在这个案例中，还是选择 plot 来对数据进行可视化。

接下来要考虑的是如何评估股票的价值和风险。

从图 2-8 中可以大致看出，对于一只好的股票，我们希望股票的增幅越大越好，体现在数学上，就是曲线的斜率越大越好。对于风险，同样的走势，则用最大回撤来描述它的风险更合适。

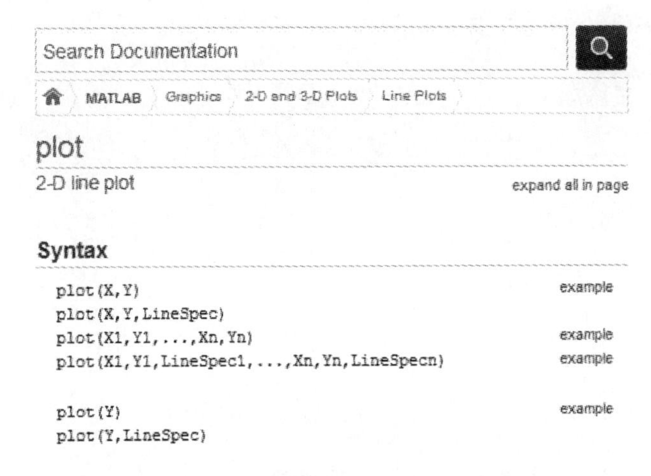

图 2-9　通过 doc 启动的 plot 帮助信息界面

经过以上分析,接下来要计算的是曲线的斜率和该股票的最大回撤。首先是如何计算曲线的斜率。这个问题比较简单,从数据的可视化结果来看,数据近似呈线性,所以用多项式拟合的方法来拟合该组数据的方程,就可以得到斜率。

如何拟合?对于一个新手,并不清楚用什么命令。此时就可以用 MATLAB 自带的强大的帮助系统了。在 MATLAB 主面板(靠近右侧)单击“帮助”,就可以打开帮助系统,在搜索框中搜索多项式拟合的关键词“polyfit”,马上就可以列出与该关键词相关的帮助信息,并且正好有个命令就是 polyfit,果断单击该命令,进入该命令的用法界面,了解该命令的用法后就可以直接用了。也可以直接找中意的案例,直接将案例中的代码复制过来,修改数据和参数就可以了。

步骤 2.3　使用多项式拟合命令,并计算股票的价值,具体代码如下:

```
>> p = polyfit(DateNum,Pclose,1); % 多项式拟合
>> value = p(1) % 将斜率赋值给 value,作为股票的价值
value =
    0.1212
```

步骤 2.4　用 help 查询的方法可以很快得到计算最大回撤的代码:

```
>> MaxDD = maxdrawdown(Pclose); % 计算最大回撤
>> risk = MaxDD   % 将最大回撤赋值给 risk,作为股票的风险
risk =
    0.1155
```

到此处,已经找到了评估股票价值和风险的方法,并能用 MATLAB 来实现了。但是,这都是在命令行中实现的,并不能很方便地修改代码。而 MATLAB 中最经典的一种用法就是脚本,因为脚本不仅能够完整地呈现整个问题的解决方法,而且便于维护、完善、执行,优点很多,所以在探索和开发工作比较成熟后,通常都会将这些有用的程序进行归纳、整理,形成脚本。下面介绍如何快速开发解决该问题的脚本。

步骤 2.5　像步骤 1.1 一样,重新选中数据文件并右击,在快捷菜单中选择“导入数据”项,待启动导入数据引擎后,选择“生成脚本”,然后就会得到导入数据的脚本,并保存该脚本。

步骤 2.6　从命令历史中选择一些有用的命令,复制到步骤 2.5 得到的脚本中,这样就很容易得到解决该问题的完整脚本了,如下所示:

```
%%MATLAB 入门案例
%%导入数据
clc, clear, close all
%导入数据
[~, ~, raw] = xlsread('sz000004.xls','Sheet1','A2:H99');

%创建输出变量
data = reshape([raw{:}],size(raw));

%将导入的数组分配给列变量名称
Date = data(:,1);
DateNum = data(:,2);
Popen = data(:,3);
Phigh = data(:,4);
Plow = data(:,5);
Pclose = data(:,6);
Volum = data(:,7);
Turn = data(:,8);
%清除临时变量
clearvars data raw;

%%数据探索
figure %创建一个新的图像窗口
plot(DateNum,Pclose,'k')                %将图的颜色设置为黑色(打印后不失真)
datetick('x','mm');                     %更改日期显示类型
xlabel('日期');                         % x 轴说明
ylabel('收盘价');                       % y 轴说明
figure
bar(Pclose)                             %作为对照图形

%%股票价值的评估
p = polyfit(DateNum,Pclose,1);          %多项式拟合
%分号作用为不在命令窗口显示执行结果
P1 = polyval(p,DateNum);                %得到多项式模型的结果
figure
plot(DateNum,P1,DateNum,Pclose,'*g');   %模型与原始数据的对照
value = p(1)                            %将斜率赋值给 value,作为股票的价值

%%股票风险的评估
MaxDD = maxdrawdown(Pclose);            %计算最大回撤
risk = MaxDD                            %将最大回撤赋值给 risk,作为股票的风险
```

到此处,第二阶段的数据探索和建模工作就完成了。

第三阶段:发布。

当项目的主要工作完成之后,就进入了项目的发布阶段,换句话说,就是将项目的成果展示出来。

通常,展示项目的形式有以下几种:

① 能够独立运行的程序,比如在第二阶段得到的脚本;

② 报告或论文;

③ 软件和应用。

第①种形式在第二阶段已完成,第③种形式更适合大中型项目,用 MATLAB 开发应用也

比较高效。这里重点关注第②种形式，因为这是比较常用也比较实用的项目展示形式。继续上面的案例，介绍如何通过 MATLAB 的 publish 功能快速发布报告。

步骤 3.1 在脚本编辑器的"发布"面板，从"发布"按钮（最右侧）的下拉菜单中，选择"编辑发布"选项，这样就打开了发布的"编辑配置"界面，如图 2-10 所示。

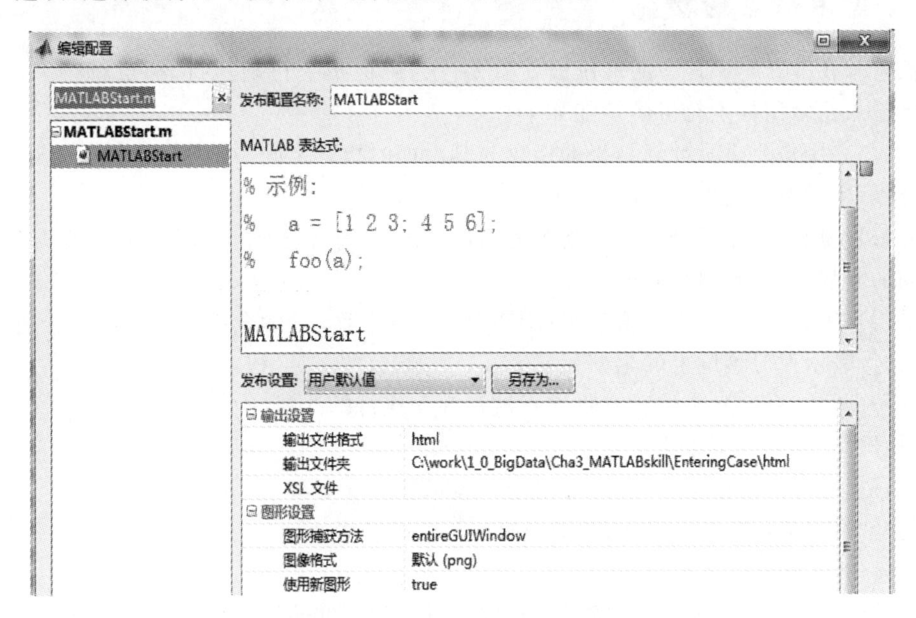

图 2-10 "编辑配置"界面

步骤 3.2 根据需要，选择合适的"输出文件格式"，默认为 html（但比较常用的是 Word 格式，因为 Word 格式便于编辑，尤其是写报告或论文时）。然后单击"发布"按钮，就可以运行程序了，之后会得到一份详细的运行报告，包括目录、实现过程、主要结果和图，当然也可以配置其他选项来控制是否显示代码等内容。

至此，整个项目就算完成了。在这个过程中，不需要记住多少个 MATLAB 命令，只用到了少数几个命令，MATLAB 就帮我们完成了想做的事情。通过这个项目，可以有这样的基本认识：一是 MATLAB 的使用真的很简单，就像一般的办公软件工具那样好用；二是做项目的过程中，思路的核心，只是用 MATLAB 快速实现我们想做的事情。

2.1.4 入门后的提高

快速入门是为了让读者快速建立对 MATLAB 的使用信心，有了信心后，提高就是自然而然的事情了。为了帮助读者更自如地应用 MATLAB，下面介绍入门后提高 MATLAB 使用水平的几点建议：

一是要了解 MATLAB 最常用的操作技巧和最常用的知识点，基本上是每个项目中都会用到的最基本的技巧。

二是要了解 MATLAB 的开发模式，这样无论项目多复杂，都能灵活面对。

三是基于项目学习，积累经验和知识。

根据以上三点，大家就可以逐渐变成 MATLAB 高手了，至少可以很自信地使用 MATLAB 了。

2.2 MATLAB 常用技巧

2.2.1 常用标点的功能

标点符号在 MATLAB 中的地位极其重要。为确保指令正确执行，标点符号一定要在英文状态下输入。常用标点符号的功能如下：

逗号(,) 用作要显示计算结果的指令与其后面的指令之间的分隔；用作输入量与输入量之间的分隔；用作数组元素的分隔。

分号(;) 用作不显示计算结果指令的结尾标志；用作不显示计算结果的指令与其后面的指令之间的分隔；用作数组行间的分隔。

冒号(:) 用以生成一维数值数组；用作单下标援引时，表示全部元素构成的长列；用作多下标援引时，表示对应维度上的全部元素。

注释号(%) 由它起头的所有物理行被视为非执行的注释。

单引号(' ') 字符串标记符。

圆括号() 在数组援引时用；函数指令时表示输入变量。

方括号[ ] 输入数组时用；函数指令时表示输出变量。

花括号{ } 元胞数组标记符。

续行号(...) 由三个以上连续黑点构成。可视为其下的物理行是该行的逻辑继续，以构成一个较长的完整指令。

2.2.2 常用操作指令

在 MATLAB 指令窗口中，常见的通用操作指令主要有：

clc 清除指令窗口中显示的内容。

clear 清除 MATLAB 工作空间中保存的变量。

close all 关闭所有打开的图形窗口。

clf 清除图形窗的内容。

edit 打开 M 文件编辑器。

disp 显示变量的内容。

2.2.3 指令编辑操作键

↑ 前寻调回已输入过的指定行。

↓ 后寻调回已输入过的指定行。

Tab 补全命令。

2.3 MATLAB 数据类型

MATLAB 包含丰富的数据类型，常用的数据类型如图 2-11 所示。其中的逻辑(logical)、字符(char)、数值(numeric)、结构体(structure)，跟常用的编程语言相似，但元胞(cell)数组和表(table)类型的数据是 MATLAB 中比较有特色的数据类型，可以重点关注。

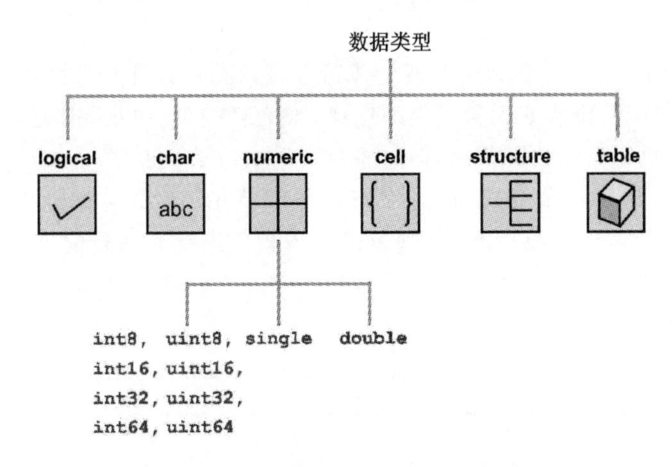

图 2-11　MATLAB 中常用的数据类型

元胞数组是 MATLAB 中的一种特殊数据类型，可以将元胞数组视为一种无所不包的通用矩阵，或者叫作广义矩阵。组成元胞数组的元素可以是任何一种数据类型的常数或者常量，每一个元素也可以具有不同的尺寸和内存占用空间，每一个元素的内容也可以完全不同，所以元胞数组的元素叫作元胞(cell)。和一般的数值矩阵一样，元胞数组的内存空间也是动态分配的。

“表”是从 MATLAB R2014a 开始出现的数据类型，在支持数据类型方面与元胞数组相似，能够包含所有的数据类型。但“表”在展示数据及操作数据方面更具有优势，“表”相当于一个小型数据库。在展示数据方面，它就像 Excel 表格那样便捷地展示数据；而在数据操作方面，表类型的数据常见于数据库操作，比如插入、查询、修改数据。

认识这两种数据类型比较直观的方式就是做“实验”。在导入数据引擎中选择“元胞数组”或“表”，然后查看两种方式导入的结果，如图 2-12 所示。

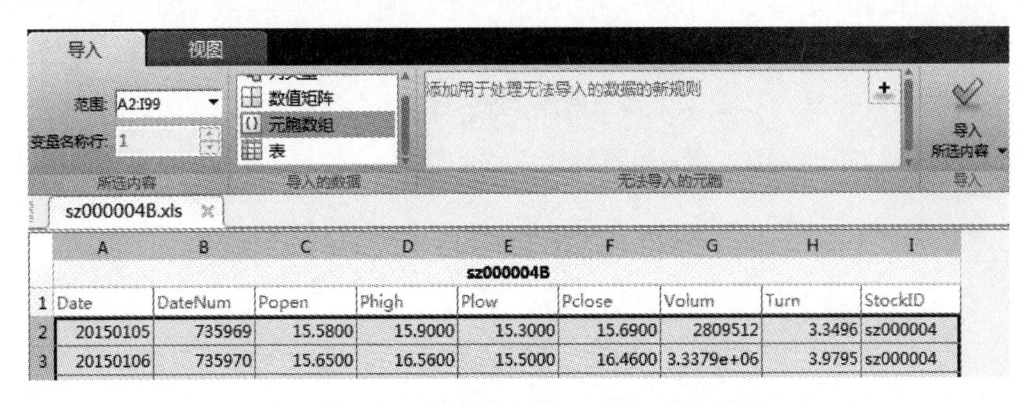

图 2-12　选择“元胞数组”后显示的导入结果

2.3.1　数值类型

MATLAB 中的数值类型包括有符号和无符号整数、单精度和双精度浮点数。默认情况下，MATLAB 以双精度浮点形式存储所有数值，不能更改默认类型和精度，但可以选择以整数或单精度形式存储任何数值或数值数组。与双精度数组相比，以整数和单精度数组形式存储数据更节省内存。所有数值类型都支持基本的数组运算，例如常见的数学运算、重构等。

(1) 整　数

MATLAB 有四个有符号整数类和四个无符号整数类。有符号类型能够处理负整数以及正整数，但表示的数字范围不如无符号类型广泛，因为有一个位用于指定数字的正号或负号。无符号类型提供了更广泛的数字范围，但这些数字只能为零或正数。

MATLAB 支持以 1 字节、2 字节、4 字节和 8 字节几种形式存储整数数据。如果使用可容纳数据的最小整数类型来存储数据，则可以节省程序内存和执行时间。例如，不需要使用 32 位整数来存储 100。表 2－1 列出了八个整数类以及它们可存储值的范围和创建该类型所需的 MATLAB 转换函数。

表 2－1　MATLAB 整数类型、范围及相关转换函数

类	值的范围	转换函数
有符号 8 位整数	$-2^{7} \sim 2^{7}-1$	int8
有符号 16 位整数	$-2^{15} \sim 2^{15}-1$	int16
有符号 32 位整数	$-2^{31} \sim 2^{31}-1$	int32
有符号 64 位整数	$-2^{63} \sim 2^{63}-1$	int64
无符号 8 位整数	$0 \sim 2^{8}-1$	uint8
无符号 16 位整数	$0 \sim 2^{16}-1$	uint16
无符号 32 位整数	$0 \sim 2^{32}-1$	uint32
无符号 64 位整数	$0 \sim 2^{64}-1$	uint64

MATLAB 默认情况下以双精度浮点形式（double）存储数值数据。要以整数形式存储数据，需要从 double 转换为所需的整数类型，使用表 2－1 中所示的转换函数即可。

例如，如果要以 16 位有符号整数形式存储赋给变量 x 的值 325，可以键入：

```
x = int16(325);
```

如果要转换为整数的数值带有小数部分，MATLAB 将舍入到最接近的整数。如果小数部分正好是 0.5，则 MATLAB 会从两个同样邻近的整数中选择绝对值更大的整数：

```
x = 325.499;
int16(x)
ans =
    int16
  325
x = x + .001;
int16(x)
ans =
  int16
    326
```

如果需要使用非默认舍入方案对数值进行舍入，MATLAB 提供了以下四种舍入函数：round（四舍五入）、fix（朝零四舍五入）、floor（向下取整）和 ceil（向上取整）。fix 函数能够覆盖默认的舍入方案，并朝零舍入（如果存在非零的小数部分）：

```
x = 325.9;
int16(fix(x))
```

```
ans =
  int16
   325
```

同时涉及整数和浮点数的算术运算始终生成整数数据类型，MATLAB 会在必要时根据默认的舍入算法对结果进行舍入。以下示例生成 1426.75 的确切答案，然后 MATLAB 将该数值舍入到下一个最高的整数：

```
int16(325) * 4.39
ans =
  int16
   1427
```

在将其他类(例如字符串)转换为整数时，这些整数转换函数也很有用：

```
str = 'Hello World';
int8(str)
ans =
  1×11 int8 row vector
    72   101   108   108   111    32    87   111   114   108   100
```

如果将 NaN 值转换为整数类，则结果为该整数类中的 0 值，例如：

```
int32(NaN)
ans =
  int32
   0
```

(2) 浮点数

MATLAB 以双精度或单精度格式表示浮点数。默认为双精度，但可以通过一个简单的转换函数将任何数值转换为单精度数值。由于 MATLAB 使用 32 位来存储 single 类型的数值，因此与使用 64 位的 double 类型的数值相比，前者需要的内存更少。但是，由于它们是使用较少的位存储的，因此 single 类型的数值所呈现的精度要低于 double 类型的数值。

一般使用双精度来存储大于 3.4×10^{38} 或小于 -3.4×10^{38} 的值。对于这两个值之间的数值，可以使用双精度，也可以使用单精度，但单精度需要的内存更少。

由于 MATLAB 的默认数值类型为 double，因此可以通过一个简单的赋值语句来创建 double 值：

```
x = 25.783;
whos x
  Name      Size                Bytes  Class
  x         1x1                 8      double
```

whos 函数显示 MATLAB 在 x 中存储的值创建了一个 double 类型的 1×1 数组。

如果只想验证 x 是否为浮点数，可以使用 isfloat。如果输入为浮点数，此函数将返回逻辑值 1 (true)，否则返回逻辑值 0 (false)：

```
isfloat(x)
ans =
  logical
   1
```

可以使用 MATLAB 函数 double 将其他数值数据、字符或字符串以及逻辑数据转换为双精度值。以下示例将有符号整数转换为双精度浮点数：

```
y = int64( - 589324077574);                % Create a 64 - bit integer
x = double(y)                               % Convert to double
x =
  - 5.8932e + 11
```

由于 MATLAB 默认情况下以 double 形式存储数值数据，因此需要使用 single 转换函数来创建单精度数：

```
x = single(25.783);
xAttrib = whos('x');
xAttrib.bytes
ans =
     4
```

whos 函数在结构体中返回变量 x 的属性。此结构体的 bytes 字段显示，当以 single 形式存储 x 时，该变量仅需要 4 字节，而以 double 形式存储则需要 8 字节。

可以使用 single 函数将其他数值数据、字符或字符串以及逻辑数据转换为单精度值。以下程序将有符号整数转换为单精度浮点数：

```
y = int64( - 589324077574);                % Create a 64 - bit integer
x = single(y)                             % Convert to single
x =
  single
 - 5.8932e + 11
```

2.3.2 字符类型

字符数组和字符串数组用于存储 MATLAB 中的文本数据。

- 字符数组是一个字符序列，就像数值数组是一个数字序列一样。它的一个典型用途是将短文本片段存储为字符向量，如 c=‘Hello World’。
- 字符串数组是文本片段的容器，字符串数组提供一组用于将文本处理为数据的函数。从 R2017a 开始，可以使用双引号创建字符串，例如 str=“Greetings friend”。要将数据转换为字符串数组，可以使用 string 函数。

将字符序列括在单引号中可以创建一个字符数组，如：

```
chr = 'Hello, world'
chr =
    'Hello, world'
```

字符向量为 char 类型的 1×n 数组。在计算机编程中，字符串是表示 1×n 字符数组的常用术语。但是，从 R2016b 开始，MATLAB 同时提供 string 数据类型，因此 1×n 字符数组在 MATLAB 文档中称为字符向量。

```
whos chr
  Name          Size            Bytes  Class     Attributes
  chr           1x12               24  char
```

如果文本包含单个引号，可以在分配字符向量时放入两个引号，如：

```
newChr = 'You''re right'
newChr =
    'You're right'
```

uint16 等函数将字符转换为其数值代码，如：

```
chrNumeric = uint16(chr)
chrNumeric =
  1×12 uint16 row vector
    72   101   108   108   111    44    32   119   111   114   108   100
```

char 函数将整数向量重新转换为字符，如：

```
chrAlpha = char([72 101 108 108 111 44 32 119 111 114 108 100])
chrAlpha =
    'Hello, world'
```

字符数组是 m×n 的字符数组，其中 m 并非始终为 1。可以将两个或更多个字符向量结合在一起以创建字符数组。这称为串联，它是针对串联矩阵部分中的数值数组进行解释的。与数值数组一样，也可以垂直或水平组合字符数组，以创建新的字符数组。但是，建议将字符向量存储在元胞数组中，而不是使用 m×n 字符数组。元胞数组为弹性容器，可更轻松存储长度不同的字符向量。

要将字符向量合并到二维字符数组中，可以使用方括号或 char 函数。

若应用 MATLAB 串联运算符[]，需使用分号(;)分隔每一行，每一行都必须包含相同数量的字符。例如，合并长度相同的三个字符向量：

```
devTitle = ['Thomas R. Lee'; ...
            'Sr. Developer'; ...
            'SFTware Corp.']
devTitle =
  3×13 char array
    'Thomas R. Lee'
    'Sr. Developer'
    'SFTware Corp.'
```

如果字符向量的长度不同，可以根据需要用空格字符填充。例如：

```
mgrTitle = ['Harold A. Jorgensen       '; ...
            'Assistant Project Manager'; ...
            'SFTware Corp.            ']
mgrTitle =
  3×25 char array
    'Harold A. Jorgensen      '
    'Assistant Project Manager'
    'SFTware Corp.            '
```

调用 char 函数时如果字符向量的长度不同，char 将用尾随空格填充较短的向量，以使每一行具有相同数量的字符，如：

```
mgrTitle = char('Harold A. Jorgensen', ...
    'Assistant Project Manager', 'SFTware Corp.')
mgrTitle =
```

```
  3 × 25 char array
    'Harold A. Jorgensen       '
    'Assistant Project Manager'
    'SFTware Corp.            '
```

要将字符向量合并到一个行向量中,可以使用方括号或 strcat 函数。

如果应用 MATLAB 串联运算符[],可用逗号或空格分隔输入的字符向量。此方法可保留输入数组中的任何尾随空格,如:

```
name =      'Thomas R. Lee';
title =    'Sr. Developer';
company = 'SFTware Corp.';
fullName = [name ', ' title ', ' company]
MATLAB 返回
fullName =
    'Thomas R. Lee, Sr. Developer, SFTware Corp.'
```

调用串联函数 strcat 的方法可删除输入中的尾随空格。例如,组合字符向量以创建一个假设的电子邮件地址:

```
name    = 'myname    ';
domain = 'mydomain ';
ext      = 'com       ';
address = strcat(name, '@', domain, '.', ext)
MATLAB 返回
address =
    'myname@mydomain.com'
```

2.3.3 日期和时间

日期和时间数据类型 datetime、duration 和 calendarDuration 支持高效的日期和时间计算、比较以及格式化显示方式。这些数组的处理方式与数值数组的处理方式相同。可以对日期和时间值执行加法、减法、排序、比较、串联和绘图等操作。还可以将日期和时间以数值数组或文本形式表示。

下面举例说明如何使用冒号(:)运算符生成 datetime 或 duration 值的序列。该方法与创建规律间隔数值向量的方法相同。

比如从 2013 年 11 月 1 日开始至 2013 年 11 月 5 日结束,创建日期时间值的序列,默认步长为一个日历天:

```
t1 = datetime(2013,11,1,8,0,0);
t2 = datetime(2013,11,5,8,0,0);
t = t1:t2
t = 1x5 datetime array
Columns 1 through 3
   01 - Nov - 2013 08:00:00    02 - Nov - 2013 08:00:00    03 - Nov - 2013 08:00:00
Columns 4 through 5
   04 - Nov - 2013 08:00:00    05 - Nov - 2013 08:00:00
```

也可以使用 caldays 函数指定步长为 2 个日历天:

```
t = t1:caldays(2):t2
t = 1x3 datetime array
   01 - Nov - 2013 08:00:00    03 - Nov - 2013 08:00:00    05 - Nov - 2013 08:00:00
```

也可以用天以外的其他单位指定步长，比如创建间隔为 18 h 的日期时间值序列：

```
t = t1:hours(18):t2
t = 1x6 datetime array
Columns 1 through 3
   01 - Nov - 2013 08:00:00    02 - Nov - 2013 02:00:00    02 - Nov - 2013 20:00:00
Columns 4 through 6
   03 - Nov - 2013 14:00:00    04 - Nov - 2013 08:00:00    05 - Nov - 2013 02:00:00
```

另外还可以使用 years、days、minutes 和 seconds 函数，以其他固定长度的日期和时间单位创建日期时间和持续时间的序列。比如，创建 0 到 3min 之间的 duration 值序列，增量为 30s：

```
d = 0:seconds(30):minutes(3)
d = 1x7 duration array
     0 sec      30 sec      60 sec      90 sec     120 sec     150 sec     180 sec
```

2.3.4　元胞数组

元胞数组是一种包含名为元胞的索引数据容器的数据类型，其中的每个元胞都可以包含任意类型的数据。元胞数组通常包含文本字符串列表、文本和数字的组合或不同大小的数值数组。通过将索引括在圆括号 () 中可以引用元胞集。使用花括号 {} 进行索引来访问元胞的内容。

(1) 创建元胞数组

可以使用 {} 运算符或 cell 函数创建元胞数组。比如，当要将数据放入一个元胞数组中时，使用元胞数组构造运算符 {}来创建该数组：

```
myCell = {1, 2, 3;
             'text', rand(5,10,2), {11; 22; 33}}
myCell = 2x3 cell array
     {[    1]}      {[               2]}      {[      3]}
     {'text'}       {5x10x2 double}        {3x1 cell}
```

与所有 MATLAB 数组一样，元胞数组也是矩形的，每一行中具有相同的元胞数。myCell 是一个 2×3 的元胞数组。

也可以使用 {} 运算符创建一个空的 0×0 元胞数组：

```
C = {}
C =
  0x0 empty cell array
```

要随时间推移或要循环向元胞数组添加值，可以使用 cell 函数创建一个空的 N 维数组：

```
emptyCell = cell(3,4,2)
emptyCell = 3x4x2 cell array
emptyCell(:,:,1) =

     {0x0 double}     {0x0 double}     {0x0 double}     {0x0 double}
     {0x0 double}     {0x0 double}     {0x0 double}     {0x0 double}
     {0x0 double}     {0x0 double}     {0x0 double}     {0x0 double}
emptyCell(:,:,2) =
     {0x0 double}     {0x0 double}     {0x0 double}     {0x0 double}
     {0x0 double}     {0x0 double}     {0x0 double}     {0x0 double}
     {0x0 double}     {0x0 double}     {0x0 double}     {0x0 double}
```

emptyCell 是一个 3×4×2 的元胞数组，其中每个元胞包含一个空的数组 []。

(2) 访问元胞数组中的数据

引用元胞数组的元素有两种方法。将索引括在圆括号 () 中以引用元胞集，例如，用于定义一个数组子集。将索引括在花括号 {} 中以引用各个元胞中的文本、数字或其他数据。

下面将用示例来说明如何在元胞数组中读取和写入数据。先创建一个由文本和数值数据组成的 2×3 元胞数组：

```
C = {'one', 'two', 'three';
     1, 2, 3}
C = 2x3 cell array
     {'one'}     {'two'}     {'three'}
     {[  1]}     {[  2]}     {[    3]}
```

现在使用圆括号 ( ) 来引用元胞集，例如，要创建一个属于 C 的子集的 2×2 元胞数组：

```
upperLeft = C(1:2,1:2)
upperLeft = 2x2 cell array
     {'one'}     {'two'}
     {[  1]}     {[  2]}
```

也可以通过将元胞集替换为相同数量的元胞来更新这些元胞集，例如，将 C 的第一行中的元胞替换为大小相等 (1×3) 的元胞数组：

```
C(1,1:3) = {'first','second','third'}
C = 2x3 cell array
     {'first'}     {'second'}     {'third'}
     {[    1]}     {[     2]}     {[    3]}
```

如果数组中的元胞包含数值数据，可以使用 cell2mat 函数将这些元胞转换为数值数组：

```
NumericCells = C(2,1:3)
numericCells = 1x3 cell array
     {[1]}     {[2]}     {[3]}
numericVector = cell2mat(numericCells)
numericVector = 1×3
     1     2     3
```

numericCells 是一个 1×3 的元胞数组，但 numericVector 是一个 double 类型的 1×3 数组。

可以通过使用花括号来访问元胞的内容，即元胞中的数字、文本或其他数据。例如，要访问 C 的最后一个元胞的内容：

```
last = C{2,3}
last = 3
```

last 为一个 double 类型的数值变量，因为该元胞包含 double 值。

同样，也可以使用花括号进行索引来替换元胞的内容：

```
C{2,3} = 300
C = 2x3 cell array
     {'first'}     {'second'}     {'third'}
     {[    1]}     {[     2]}     {[  300]}
```

使用花括号进行索引来访问多个元胞的内容时,MATLAB 会以逗号分隔的列表形式返回这些元胞的内容。因为每个元胞可以包含不同类型的数据,所以无法将此列表分配给单个变量。但是,可以将此列表分配给与元胞数量相同的变量,MATLAB 将按列顺序赋给变量,比如将 C 的四个元胞的内容赋给四个变量:

```
[r1c1, r2c1, r1c2, r2c2] = C{1:2,1:2}
r1c1 =
'first'
r2c1 = 1
r1c2 =
'second'
r2c2 = 2
```

如果每个元胞都包含相同类型的数据,则可以将数组串联运算符 [ ] 应用于逗号分隔的列表来创建单个变量。比如,将第二行的内容串联到数值数组中:

```
nums = [C{2,:}]
nums = 1×3
     1     2   300
```

2.3.5 表　格

表格(table)形式的数组,可以指定不同数据类型的列。表格由若干行向变量和若干列向变量组成,每个变量可以具有不同的数据类型和大小。表格最直观的理解就是一个包含不同数据类型的 Excel 表格,也可以将表格看成是一个数据库。表格通常简称为表。

使用表可方便地存储混合类型的数据,通过数值索引或命名索引访问数据以及存储数据。所以在实际应用中,经常使用表数据类型,尤其当涉及多种形式的数据时。

创建表格通常用到表 2－2 中所列的函数。

表 2－2　表格相关函数

函　数	作　用	函　数	作　用
table	具有命名变量的表数组(变量可包含不同类型的数据)	table2cell	将表转换为元胞数组
array2table	将同构数组转换为表	table2struct	将表转换为结构体数组
cell2table	将元胞数组转换为表	table2timetable	将表转换为时间表
struct2table	将结构体数组转换为表	timetable2table	将时间表转换为表
table2array	将表转换为同构数组		

比如,想在表中存储一组关于患者的数据,并能执行计算和将结果存储在同一个表中,可进行如下操作:

首先,创建包含患者数据的工作区变量,这些变量可以具有任何数据类型,但必须具有相同的行数:

```
LastName = {'Sanchez';'Johnson';'Li';'Diaz';'Brown'};
Age = [38;43;38;40;49];
Smoker = logical([1;0;1;0;1]);
Height = [71;69;64;67;64];
Weight = [176;163;131;133;119];
BloodPressure = [124 93; 109 77; 125 83; 117 75; 122 80];
```

接着创建一个表 T 作为工作区变量的容器：

```
T = table(LastName,Age,Smoker,Height,Weight,BloodPressure)
T = 5×6 table
     LastName     Age     Smoker     Height     Weight     BloodPressure
     ________     ___     ______     ______     ______     _____________

     'Sanchez'    38      true        71         176        124      93
     'Johnson'    43      false       69         163        109      77
     'Li'         38      true        64         131        125      83
     'Diaz'       40      false       67         133        117      75
     'Brown'      49      true        64         119        122      80
```

一个表变量可以有多列，例如 T 中的 BloodPressure 变量是一个 5×2 的数组。

可以使用点索引来访问表变量。例如，使用 T.Height 中的值计算患者的平均身高：

```
meanHeight = mean(T.Height)
meanHeight = 67
```

如果要计算体重指数(BMI)，并将其添加为新的表变量，可以使用圆点语法在一个已创建的表中添加和命名新的表变量：

```
T.BMI = (T.Weight * 0.453592)./(T.Height * 0.0254).^2
T = 5×7 table
     LastName     Age     Smoker     Height     Weight     BloodPressure      BMI
     ________     ___     ______     ______     ______     _____________     ______

     'Sanchez'    38      true        71         176        124      93      24.547
     'Johnson'    43      false       69         163        109      77      24.071
     'Li'         38      true        64         131        125      83      22.486
     'Diaz'       40      false       67         133        117      75      20.831
     'Brown'      49      true        64         119        122      80      20.426
```

也可以添加对 BMI 计算的描述对表进行注释，通过 T.Properties 访问的元数据来对 T 及其变量进行注释：

```
    T.Properties.Description = 'Patient data, including body mass index (BMI) calculated using
Height and Weight';
    T.Properties
    ans = struct with fields:
                    Description: 'Patient data, including body mass index (BMI) calculated using Height
and Weight'
                       UserData: []
                 DimensionNames: {'Row'  'Variables'}
                  VariableNames: {'LastName'  'Age'  'Smoker'  'Height'  'Weight'  'BloodPressure'  'BMI'}
           VariableDescriptions: {}
                  VariableUnits: {}
             VariableContinuity: []
                       RowNames: {}
```

2.4 程序结构

2.4.1 标识命令

MATLAB 程序结构主要包括：条件语句和循环语句，常用命令如表 2-3 所列。

表 2-3　MATLAB 程序结构的常用命令

函　数	作　用
if，elseif，else	条件为 true 时执行语句
for	用来重复指定次数的 for 循环
parfor	并行 for 循环
switch，case，otherwise	执行多组语句中的一组
try，catch	执行语句并捕获产生的错误
while	条件为 true 时重复执行的 while 循环
break	终止执行 for 或 while 循环
continue	将控制权传递给 for 或 while 循环的下一迭代
end	终止代码块或指示最大数组索引
pause	暂时停止执行 MATLAB
return	将控制权返回给调用函数

2.4.2　条件语句

条件语句可用于在运行时选择要执行的代码块。最简单的条件语句为 if 语句，例如：

```
% Generate a random number
a = randi(100, 1);
% If it is even, divide by 2
if rem(a, 2) == 0
    disp('a is even')
    b = a/2;
end
```

通过使用可选关键字 elseif 或 else，if 语句可以包含备用选项，例如：

```
a = randi(100, 1);
if a < 30
    disp('small')
elseif a < 80
    disp('medium')
else
    disp('large')
end
```

再者，当希望针对一组已知值测试相等性时，可以使用 switch 语句，例如：

```
[dayNum, dayString] = weekday(date, 'long', 'en_US');

switch dayString
   case 'Monday'
      disp('Start of the work week')
   case 'Tuesday'
      disp('Day 2')
   case 'Wednesday'
      disp('Day 3')
   case 'Thursday'
```

```
        disp('Day 4')
    case 'Friday'
        disp('Last day of the work week')
    otherwise
        disp('Weekend! ')
end
```

对于 if 和 switch，MATLAB 执行与第一个 true 条件相对应的代码，然后退出该代码块。每个条件语句都需要 end 关键字。

一般而言，如果具有多个可能的离散已知值，读取 switch 语句比读取 if 语句更容易。但是，无法测试 switch 和 case 值之间的不相等性。例如，无法使用 switch 实现以下类型的条件：

```
yourNumber = input('Enter a number: ');
if yourNumber < 0
    disp('Negative')
elseif yourNumber > 0
    disp('Positive')
else
    disp('Zero')
end
```

2.4.3 循环语句

通过循环控制语句，可以重复执行代码块。循环有两种类型：

① for 语句：循环特定次数，并通过递增的索引变量跟踪每次迭代。

例如，预分配一个 10 元素向量并计算 5 个值：

```
x = ones(1,10);
for n = 2:6
    x(n) = 2 * x(n - 1);
end
```

② while 语句：只要条件仍然为 true 就进行循环。

例如，计算使 factorial(n) 成为 100 位数的第一个整数 n：

```
n = 1;
nFactorial = 1;
while nFactorial < 1e100
    n = n + 1;
    nFactorial = nFactorial * n;
end
```

每个循环都需要 end 关键字标识循环结构的结束。另外，最好对循环进行缩进处理以便于阅读，特别是使用嵌套循环时（也即一个循环包含另一个循环）：

```
A = zeros(5,100);
for m = 1:5
    for n = 1:100
        A(m, n) = 1/(m + n - 1);
    end
end
```

可以使用 break 语句以编程方式退出循环，也可以使用 continue 语句跳到循环的下一次迭代。例如，计算 magic 函数帮助中的行数（也即空行之前的所有注释行）：

```
fid = fopen('magic.m','r');
count = 0;
while ~feof(fid)
    line = fgetl(fid);
    if isempty(line)
       break
    elseif ~strncmp(line,'%',1)
       continue
    end
    count = count + 1;
end
fprintf('%d lines in MAGIC help\n',count);
fclose(fid);
```

2.5　MATLAB开发模式

2.5.1　命令行模式

命令行模式即在命令行窗口区进行交互式的开发模式。命令行模式非常灵活，并且能够很快给出结果。所以命令行的模式特别适合单个的小型科学计算问题的求解，比如解方程、拟合曲线等操作；也比较适合项目的探索分析、建模等工作，比如在入门案例中介绍的数据绘图、拟合，求最大回撤等。命令行模式的缺点是不便于重复执行，也不便于自动化执行科学计算任务。

2.5.2　脚本模式

脚本模式是 MATLAB 中最常见的开发模式，当 MATLAB 入门之后，接下来很多工作都是通过脚本模式进行的。在入门案例中产生的脚本就是在脚本模式产生的开发结果。在该模式，可以很方便地进行代码的修改，也可以继续更复杂的任务。脚本模式的优点是便于重复执行计算，并可以将整个计算过程保存在脚本中，移植性比较好，同时也非常灵活。

2.5.3　面向对象模式

面向对象编程是一种正式的编程方法，它将数据和相关操作（方法）合并到逻辑结构（对象）中。该方法具有提升管理软件复杂性的能力，在开发和维护大型应用与数据结构时尤为重要。

MATLAB 语言的面向对象编程功能能够以比其他语言（例如 C++、C# 和 Java）更快的速度开发复杂的技术运算应用程序。用户能够在 MATLAB 中定义类并应用面向对象的标准设计模式，实现代码重用、继承、封装以及参考行为，无须费力执行其他语言所要求的那些低级整理工作。

MATLAB 面向对象开发模式更适合稍微复杂一些的项目，更直接地说，该模式能更有效地组织程序的功能模块，便于项目的管理、重复使用，同时使得项目更简洁，更容易维护。

2.5.4 三种模式的配合

MATLAB 的三种开发模式并不是孤立的，而是相互配合、不断提升的，如图 2-13 所示。在项目的初期，基本是以命令行的脚本模式为主；然后逐渐形成脚本；随着项目成熟度的不断提升，功能不断扩充，这时就要使用面向对象的开发模式，逐渐将功能模块改写成函数的形式，加强程序的重复调用。当然即便项目的成熟度已经很高，还是需要在命令行模式测试函数、测试输出等，同时新增的功能也是需要在脚本模式进行完善的。所以说，三种模式的有效配合才能使项目代码不断精炼、不断提升。

如果对在 2.1 节中介绍的入门案例进行扩展，比如有 10 只股票的数据，那如何选择一只投资价值大且风险比较小的股票呢？

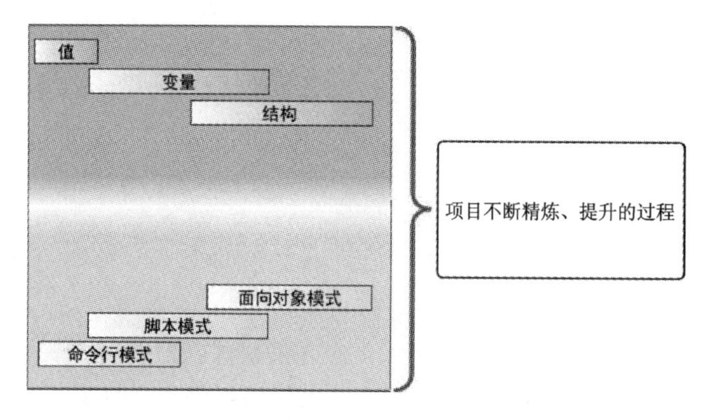

图 2-13　MATLAB 三种编程模式的配合

在 2.1 节中已经通过命令行模式和脚本模式创建了评价一只股票价值和风险的脚本，将该脚本如果重复执行 10 次再进行筛选，也能完成任务，但是当股票数达到上千只后，用这种方式就比较困难了，还是希望程序能够自动完成筛选过程。这时就可以采用面向对象的编程模式，将需要重复使用的脚本抽象成函数，就可以更容易完成该项目了。

2.6 小　结

通过一个简单的例子让读者了解如何把 MATLAB 当作工具去使用，实现了 MATLAB 的快速入门。这与传统的学编程基础有很大不同，这里倡导的一个理念是“在应用中学习”。除此之外，通过一个引例介绍了 MATLAB 最实用、也最常用的几个操作技巧，读者灵活使用这几个技巧，就能够解决各种科学计算问题。为了拓展 MATLAB 的知识面，本章还介绍了 MATLAB 中常用的知识点和操作技巧，如数据类型、常用的操作指令等。

参考文献

[1] 卓金武，王鸿钧. MATLAB 数学建模方法与实践[M]. 3 版. 北京：北京航空航天大学出版社，2018.

[2] 谢中化，李国栋，刘焕进，等. 新编 MATLAB/Simulink 自学一本通[M]. 北京：北京航空航天大学出版社，2018.

第二篇　技术篇

第二篇(技术篇)是技术的主体部分,系统介绍了 MATLAB 建模的主流技术,这个部分又按照数学建模的类型分为五个方面:

(1) 第 3～6 章主要讲数据建模技术,包括数据的准备、常用的数学建模方法、机器学习、灰色预测、神经网络以及小波分析。

(2) 第 7～8 章主要介绍优化技术,包括标准规划模型的求解、MATLAB 全局优化技术。

(3) 第 9 章介绍了连续模型的 MATLAB 求解方法。

(4) 第 10 章介绍的是评价模型的求解方法。

(5) 第 11 章介绍的是机理建模的 MATLAB 实现方法。

第3章

数据建模基础

数据的准备是数据建模的基础。本章对数据准备过程中的几个环节——数据的收集、数据的预处理、统计分析、可视化和数据降维等方法进行了介绍。

3.1 数据的获取

3.1.1 从 Excel 中读取数据

下面介绍 MATLAB 与 Excel 交互经常用到的两个数据读写函数。

从 Excel 读出数据到 MATLAB 中，例如：

```
>> a = xlsread('D:\CO2.xlsx',2,'A1:B5')
a =
  1.0e+003 *
    1.9600    0.3169
    1.9610    0.3176
    1.9620    0.3185
    1.9630    0.3190
    1.9640    0.3196
```

其中，xlsread 命令具有实现在 MATLAB 中读入 Excel 数据(其他字符亦可)的功能；'D:\CO2.xlsx' 表示读入的 Excel 数据所在的路径以及 Excel 的文件名称；2 表示位于 sheet2；'A1:B5' 表示需要读入的数据范围。

```
>> xlswrite('D:\CO2.xlsx',a,3,'B1:C5')
```

理解了 xlsread 函数，xlswrite 函数就不难理解了：它能够实现从 MATLAB 中往 Excel 写入数据的功能。'D:\CO2.xlsx' 表示写入 Excel 工作簿所在的位置，如果指定位置不存在指定的 Excel 文件，则 MATLAB 会自动创建工作簿；a 表示待写入的数据；3 表示 sheet3；最后的 'B1:C5' 表示写入 Excel 中的具体位置。注意，不要在 MATLAB 读写操作的时候打开 Excel 工作簿，这样有可能使程序终止运行。

xlsread 函数和 xlswrite 函数非常实用。比如在数学建模中经常会用到大量数据，如果这些数据全部贴在程序中，显得不美观也影响可读性，而存储在 Excel 工作簿中是一个极好的方法，然后用 xlsread 命令读取；xlswrite 函数的用途也非常广泛，例如笔者曾用 MATLAB 开发了大型机器人爬虫技术，然后把爬虫程序部署在商业服务器上运行。由于目前 Excel 存储能力很强，且设置了定时运行，所以每次“爬下”的 100 多万条数据都可以很方便地自动写入 Excel 之中。

3.1.2 从 TXT 中读取数据

从 TXT 中读取数据可以使用 load 函数。其调用格式为：

```
load('* * *.txt')
```

例如，利用 load 函数完成一个存储过程：

```
>> a = linspace(1,30,8);
>> save d:\exper.txt a -ascii;
>> b = load('d:\exper.txt')

b =
1.0000    5.1429    9.2857    13.4286    17.5714    21.7143    25.8571    30.0000
```

程序功能解释 save d:\exper.txt a -ascii 用来把变量 a 以 ASCII 码的形式存储在 D 盘的 exper.txt 文件中，如果不存在名为 exper.txt 的文本文件，MATLAB 将自动创建 exper.txt 文件。如果 TXT 文件中存储了不同类型的字符或者数据，分类读取数据就需要使用 textread 函数了。textread 读取信息的好处是，可以做到控制输出更精准，以及不需要使用 fopen 命令打开文件就可以直接读取 TXT 里的内容。其用法为：

```
[A,B,C,…] = textread('filename','format',N,'headerlines',M)
```

其中，filename 表示需要读取的 TXT 文件名称；format 表示所读取变量的字段格式；N 表示读取的次数，每次读取一行；headerlines 表示从第 M+1 行开始读取。

例如，读取表 3-1 中的数据，则调用格式为：

```
>> [name,type,x,y,answer] = textread('D:\t.txt','%s Type%d %f %n %s',2,...
                                     'headerlines',1)
```

表 3-1 数 据

name	type	x	y	answer
Bill	Type1	5.4	89	Yes
Mark	Type4	2.589	20	Yes
Jimmy	Type3	0.51	16	No
Lucy	Type2	2.1	70	Uncertain

说明，t.txt 文本中不包含表头信息，则程序输出结果为：

```
name =
    'Mark'
    'Jimmy'
type =
     4
     3
x =
    2.5890
    0.5100
y =
    20
    16
answer =

    'Yes'
    'No'
```

实际上，MATLAB 可以读取多种扩展名的文本文件，例如读取 M 文件汉字字符信息。汉字字符在一些相对较低的 MATLAB 版本中是无法读取的，因为读取会发生乱码，但如果采用其他的方式读取，就可以避免这个问题。

```
% 用函数 fopen 打开文件，r 表示只读形式打开，w 表示写入形式打开，a 表示在文件末尾添加内容
% 注意：这里读取的不是 TXT 文件，而是 MATLAB 自带的 M 文件
>> fid = fopen('D:\CRM4.m','r');
% 以字符形式读取整个文本
>> var = fread(fid,'* char');
% 将中文字段转换为相应的 2 字节的代码，否则输出有可能会乱码
>> var = native2unicode(var)'
% 输出结果
var =
INSERT INTO temp1('买家会员名','收货人姓名','订单创建时间','当日购买总金额','当日购买商品
                总数量','当日购买商品种类')
SELECT '买家会员名','收货人姓名',LEFT('订单创建时间',10) '订单创建时间',SUM('总金额') '当
       日购买总金额',SUM('商品总数量') '当日购买商品总数量',SUM('商品种类') '当日购买商品
       种类'
from fcorderbefore
where '订单状态' <> "交易关闭"
and '订单状态' <> "等待买家付款"
and '商品标题' not like "%专拍%"
and '商品标题' not like "%补邮%"
and '商品标题' not like "%邮费%"
and '买家实际支付金额'/'商品总数量'> 2
GROUP BY '买家会员名','收货人姓名',LEFT('订单创建时间',10);
% 关闭刚才打开的文件
>> fclose(fid);
```

如果在数学建模过程中遇到海量数据(通常量级>1 000 万条)，就需要借助 MATLAB 与数据库系统的对接了。当然，目前实际建模碰到的问题还不足以启动 MATLAB 与数据库系统(如 MYSQL)的接口。不过，未来数学建模增加“大数据”处理的能力可能也是趋势之一。

这里只介绍常用的 fprintf 函数，该函数能把 MATLAB 里的信息写入到 TXT 中，使用起来非常方便，尤其是控制写入的精度。举例来说，%6.2f 表示写入 TXT 的数据是浮点型的，输出的宽度是 6，精确到小数点 2 位。在 MATLAB 命令窗口输入以下命令：

```
>> file_h = fopen('D:\math114.txt','w');
>> fprintf(file_h, '%6.2f %12.8f', 3.14, 2.718);
>> fprintf(file_h, '\n %6f %12f', 3.14, -2.718);
>> fprintf(file_h, '\n %.2f %.8f', 3.14, -2.718);
>> fclose(file_h);
```

与 Excel 类似，如果在指定的硬盘位置找不到指定文件，则 MATLAB 会自动创建名为 math114.txt 的记事本。程序输出的结果为：

```
3.14        2.71800000
3.140000    -2.718000
3.14        -2.71800000
```

由于能否正确换行跟 Windows 系统版本有很大关系，如果上述指令不能正确地换行，则需要把换行字符“\n”更改成“\r\n”方可达到预期效果：

```
>> file_h = fopen('D:\math114.txt','w');
>> fprintf(file_h, '%6.2f %12.8f', 3.14, 2.718);
>> fprintf(file_h, '\r\n %6f %12f', 3.14, -2.718);
>> fprintf(file_h, '\r\n %.2f %.8f', 3.14, -2.718);
>> fclose(file_h);
```

3.1.3 读取图片

图像数据也是数学建模中常见的数据形式，比如，2013 年的竞赛题碎纸机切割问题的数据就是图片形式的。MATLAB 中读取图片的常用函数为 imread，其用法为：

```
A = imread(filename)
A = imread(filename,fmt)
A = imread(___,idx)
A = imread(___,Name,Value)
[A,map] = imread(___)
[A,map,transparency] = imread(___)
```

其中，A 为返回的数组，用于存放图像中的像素矩阵。2013 年的碎纸机切割问题，可以用下面的代码实现对题目中数据的获取：

```
%%读取图片
clc, clear, close all
a1 = imread('000.bmp');
[m,n] = size(a1);
%%批量读取图片
dirname = 'ImageChips';
files = dir(fullfile(dirname, '*.bmp'));
a = zeros(m,n,19);
pic = [];
for ii = 1:length(files)
  filename = fullfile(dirname, files(ii).name);
  a(:,:,ii) = imread(filename);
  pic = [pic,a(:,:,ii)];
end
double(pic);
figure
imshow(pic,[])
```

运行该段脚本，会得到一幅图。这幅图是按照顺序拼接而成的，文字的拼接序列显然不正确，而原题所要解决的问题就是通过建模提高拼接的正确率；但完成图像的读入并能将图像拼接起来，显然是求解这个问题的技术基础。

3.1.4 读取视频

在 MATLAB 中，使用计算机视觉工具箱中的 VideoFileReader 来读取视频数据，包括 .mp4、.avi 等格式的视频文件。比如，可以用如下代码实现对一个示例视频的读取，并选取其中的某帧图像进行图像层面的分析：

```
%%读取视频数据
videoFReader = vision.VideoFileReader('vippedtracking.mp4');
%播放视频文件
```

```
videoPlayer = vision.VideoPlayer;
while ~isDone(videoFReader)
  videoFrame = step(videoFReader);
  step(videoPlayer, videoFrame);
end
release(videoPlayer);
%%设置播放方式
%重置播放器
reset(videoFReader)
%增加播放器的尺寸
r = groot;
scrPos = r.ScreenSize;
%   Size/position is always a 4-element vector: [x0 y0 dx dy]
dx = scrPos(3); dy = scrPos(4);
videoPlayer = vision.VideoPlayer('Position',[dx/8, dy/8, dx*(3/4), dy*(3/4)]);
while ~isDone(videoFReader)
  videoFrame = step(videoFReader);
  step(videoPlayer, videoFrame);
end
release(videoPlayer);
reset(videoFReader)
%%获取视频中的图像
videoFrame = step(videoFReader);
n = 0;
while n~=15
  videoFrame = step(videoFReader);
  n = n+1;
end
figure, imshow(videoFrame)
release(videoPlayer);
release(videoFReader)
```

MATLAB 读到的图片如图 3-1 所示。

图 3-1　MATLAB 读到的图片

3.2　数据的预处理

数学建模中的数据基本都来自生产、生活、商业中的实际数据，在现实世界中，由于各种原因导致数据总是有这样或那样的问题。现实就是这么残酷，人们采集到的数据往往存在缺失某些重要数据、不正确或含有噪声、不一致等问题，也就是说，数据质量的三个要素（准确性、完整性和一致性）都很差。不正确、不完整和不一致的数据是现实世界的大型数据库和数据仓库的共同特点。导致数据不正确（即具有不正确的属性值）的原因可能为：收集数据的设备可能出故障；输入错误数据；当用户不希望提交个人信息时，可能故意向强制输入字段输入不正确的值（例如，为生日选择默认值“1 月 1 日”），这称为被掩盖的缺失数据。错误也可能在数据传输中出现，这些可能是由于技术的限制。不正确的数据也可能是由命名约定或所用的数据代码不一致，或输入字段（如日期）的格式不一致而导致的。

影响数据质量的另外两个因素是可信性和可解释性。可信性（believability）反映有多少数据是用户信赖的，而可解释性（interpretability）反映数据是否容易理解。假设在某一时刻数据库有一些错误，之后都被更正，然而，错误已经给投资部门造成了影响，因此他们不再相信该数据。数据还使用了许多编码方式，即使该数据库现在是正确的、完整的、一致的、及时的，但是由于很差的可信性和可解释性，这时的数据质量仍然可能被认为很差。

总之，现实世界的数据质量很难让人总是满意的，一般是很差的，原因有很多。但并不需要过多关注数据质量差的原因，只需关注如何让数据质量更好，也就是说，如何对数据进行预处理，以提高数据质量，满足数据建模的需要。

3.2.1 缺失值处理

对于缺失值的处理，不同的情况处理方法也不同，总的说来，缺失值处理可概括为删除法和插补法（或称填充法）两类方法。

1. 删除法

删除法是对缺失值进行处理的最原始方法，它将存在缺失值的记录删除。如果数据缺失可以通过简单删除小部分样本来达到目标，那么这个方法是最有效的。由于删除了非缺失信息，所以损失了样本量，进而削弱了统计功效。当样本量很大而缺失值所占比例较少（＜5％）时就可以考虑使用此方法。

2. 插补法

插补法的思想来源是以最可能的值来插补缺失值，比全部删除不完全样本所产生的信息丢失要少。在数据建模中，面对的通常是大型的数据库，它的属性有几十个甚至几百个，因为一个属性值的缺失而放弃大量的其他属性值，这种删除是对信息的极大浪费，所以产生了以可能值对缺失值进行插补的思想与方法。常用的有如下 3 种方法：

① 均值插补。根据数据的属性，可将数据分为定距型和非定距型。如果缺失值是定距型的，就以该属性存在值的平均值来插补缺失的值；如果缺失值是非定距型的，就根据统计学中的众数原理，用该属性的众数（即出现频率最高的值）来补齐缺失的值；如果数据符合较规范的分布规律，则还可以用中值插补。

② 回归插补，即利用线性或非线性回归技术得到的数据来对某个变量的缺失数据进行插补。图 3－2 给出了回归插补、均值插补、中值插补等几种插补方法的示意图。从图中可以看出，采用不同的插补法，插补的数据略有不同，还需要根据数据的规律选择相应的插补方法。

③ 极大似然估计（Max Likelihood，ML）。在缺失类型为随机缺失的条件下，假设模型对于完整的样本是正确的，那么通过观测数据的边际分布可以对未知参数进行极大似然估计。这种方法也被称为忽略缺失值的极大似然估计。对于极大似然的参数估计，实际中常采用的计算方法是期望值最大化（Expectation Maximization，EM）。该方法比删除个案和单值插补

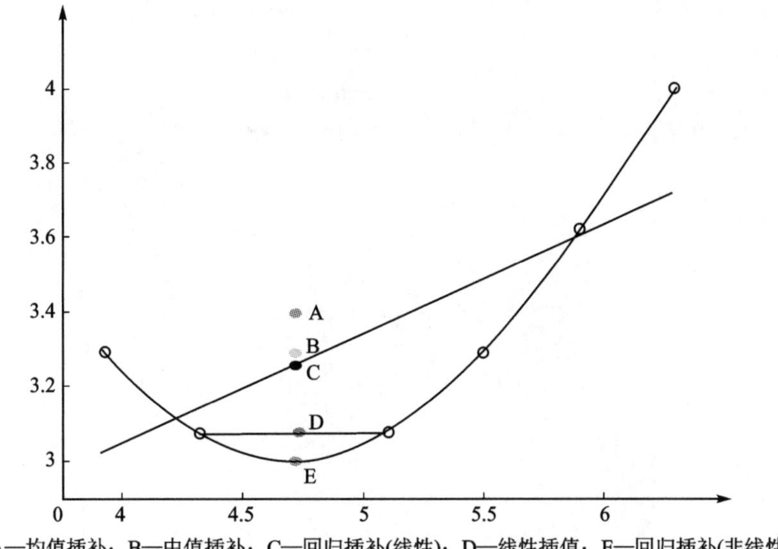

图 3-2　几种常用的插补法缺失值处理方式示意图

更有吸引力，它的一个重要前提是适用于大样本。有效样本的数量足够以保证 ML 估计值是渐近无偏的并服从正态分布。

需要注意的是，在某些情况下，缺失值并不意味着数据有错误。例如，在申请信用卡时，可能要求申请人提供驾驶执照号，而没有驾驶执照的申请者可能不填写该字段。表格应当允许填表人使用诸如"不适用"等值。理想情况下，每个属性都应当有一个或多个关于空值条件的规则。这些规则可以说明是否允许空值，并且说明这样的空值应当如何处理或转换。如果在业务处理的后续步骤提供值，某些字段也可能故意留下空白。因此，尽管在得到数据后，可以尽我们所能来清理数据，但好的数据库和数据输入设计将有助于在第一现场把缺失值或错误的数量降至最低。

3.2.2　噪声过滤

噪声(noise)即数据中存在的随机误差。噪声数据的存在是正常的，但会影响变量真值的反映，所以有时也需要对这些噪声数据进行过滤。目前，常用的噪声过滤方法有回归法、均值平滑法、离群点分析法及小波过滤法。

1. 回归法

回归法是通过利用回归函数值来填充原始数据的方式来光滑数据的方法。线性回归可以得到两个属性(或变量)的"最佳"直线，使得一个属性可以用来预测另一个。多元线性回归是线性回归的扩充，其中涉及的属性多于两个。如图 3-3 所示，使用的是回归法去除数据中的噪声，使用回归后的函数值代替原始的数据，从而避免噪声数据的干扰。回归法首先依赖于对数据趋势的判断，即符合线性趋势的，才能用回归法；所以往往需要先对数据进行可视化，判断数据的趋势及规律，然后再确定是否可以用回归法进行去噪。

2. 均值平滑法

均值平滑法是指对于具有序列特征的变量用邻近的若干数据的均值来替换原始数据的方法。如图 3-4 所示，对于具有正弦时序特征的数据，利用均值平滑法对其噪声进行过滤。从图中可以看出,去噪效果还是很显著的。均值平滑法类似于股票中的移动均线,如 5 日均线、20 日均线。

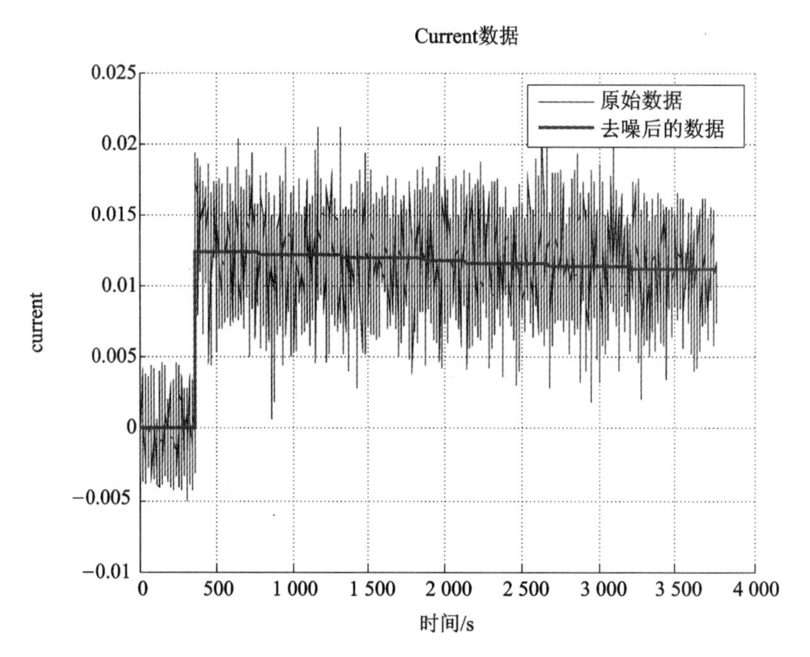

图 3-3　回归法去噪示意图

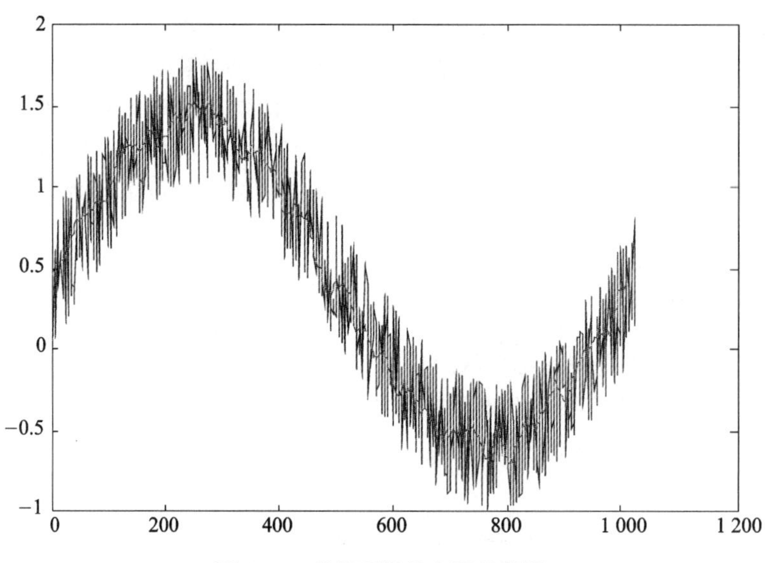

图 3-4　均值平滑法去噪示意图

3. 离群点分析法

离群点分析法是通过聚类等方法来检测离群点,并将其删除,从而实现去噪的方法。直观上,落在簇集合之外的值被视为离群点。

4. 小波过滤法(又称小波去噪)

在数学上,小波去噪问题的本质是一个函数逼近问题,即如何在由小波母函数伸缩和平移所展成的函数空间中,根据提出的衡量准则,寻找对原信号的最佳逼近,以完成原信号和噪声信号的区分;也就是寻找从实际信号空间到小波函数空间的最佳映射,以便得到原信号的最佳恢复。从信号学的角度看,小波去噪是一个信号滤波的问题,尽管在很大程度上小波去噪可以看成低通滤波,但是由于在去噪后还能成功地保留信号特征,所以在这一点上又优于传统的低通滤波器。由此可见,小波去噪实际上是特征提取和低通滤波功能的综合。图 3-5 为用小波技术对数据进行去噪的效果图。

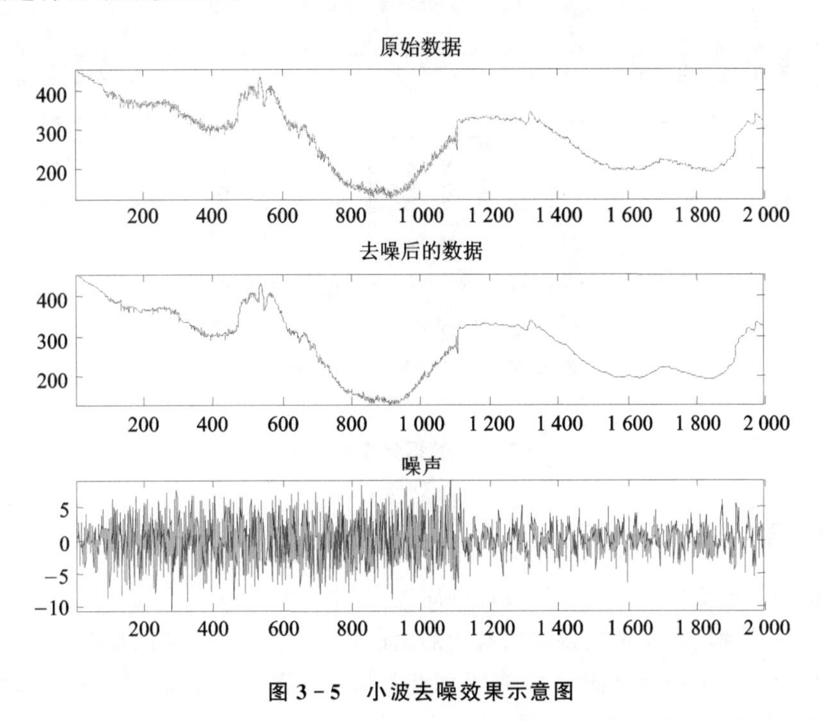

图 3-5　小波去噪效果示意图

3.2.3　数据集成

数据集成就是将若干个分散的数据源中的数据,逻辑地或物理地集成到一个统一的数据集合中。数据集成的核心任务是将互相关联的分布式异构数据源集成到一起,使用户能够以更透明的方式访问这些数据源。集成是指维护数据源整体上的数据一致性,提高信息共享利用的效率;透明的方式是指用户无须关心如何实现对异构数据源数据的访问,只关心以何种方式访问何种数据即可。实现数据集成的系统称为数据集成系统,它为用户提供统一的数据源访问接口,执行用户对数据源的访问请求。

数据集成的数据源广义上包括各类 XML 文档、HTML 文档、电子邮件、普通文件等结构化、半结构化信息。数据集成是信息系统集成的基础和关键。好的数据集成系统要保证用户以低代价、高效率使用异构的数据。

常用的数据集成方法有联邦数据库、中间件集成方法和数据仓库方法,但这些方法都倾向于数据库系统的构建。从数据建模的角度,用户更倾向于如何直接获得某个数据建模项目需要的数据,而不在 IT 系统的构建上。当然数据库系统集成度越高,数据建模的执行也就越方便。在实际中,更多的情况下,由于时间、周期等问题的制约,数据建模的实施往往只利用现有可用的数据库系统;也就是说,只考虑某个数据建模项目如何实施。从这个角度上讲,对某个数据建模项目,更多的数据集成主要是指数据的融合,即数据表的集成。对于数据表的集成,主要有内接和外接两种方式,如图 3-6 所示。究竟如何拼接,则要具体问题具体分析。

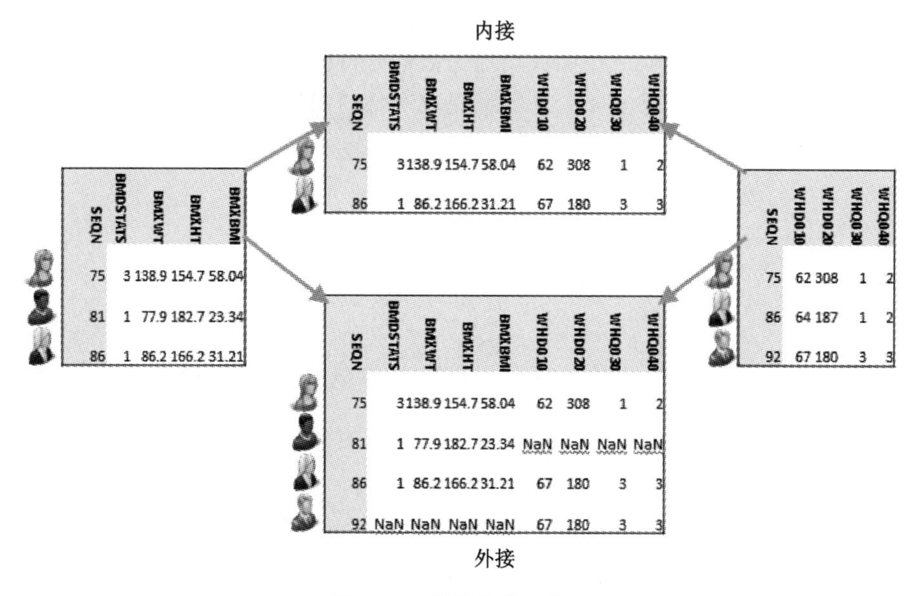

图 3-6　数据集成示意图

3.2.4　数据归约

用于分析的数据集可能包含数以百计的属性，其中大部分属性可能与挖掘任务不相关，或者是冗余的。尽管领域专家可以挑选出有用的属性，但这可能是一项困难而费时的任务，特别是当数据的行为不是十分清楚的时候，更是如此。遗漏相关属性或留下不相关属性都可能是有害的，会导致所用的挖掘算法无所适从，导致可能出现质量很差的模式。此外，不相关或冗余的属性增加了数据量。

数据归约的目的是得到能够与原始数据集近似等效甚至比其更好但数据量却较少的数据集。这样，对归约后的数据集进行挖掘将更有效，且能够产生相同(或几乎相同)的挖掘效果。

数据归约策略较多，但从数据建模的角度，常用的是属性选择和样本选择。

属性选择通过删除不相关或冗余的属性(或维)减少数据量。属性选择的目标是找出最小属性集，使得数据类的概率分布尽可能地接近使用所有属性得到的原分布。在缩小的属性集上挖掘，还有其他的优点，如它减少了出现在发现模式上的属性数目，使得模式更易于理解。究竟如何选择属性，主要看属性与挖掘目标的关联程度及属性本身的数据质量，根据数据质量评估的结果，可以删除一些属性；在利用数据相关性分析、数据统计分析、数据可视化和主成分分析技术上，还可以选择删除一些属性，最后剩下些更好的属性。

样本选择也就是上面介绍的数据抽样，所用的方法一致。在数据建模过程中，对样本的选择不是在收集阶段就确定的，而是有一个逐渐筛选、逐级抽样的过程。

在数据收集和准备阶段，数据归约通常用最简单、直观的方法，如直接抽样或直接根据数据质量分析结果删除一些属性。在数据探索阶段，随着对数据理解的深入，将会进行更细致的数据抽样，这时用的方法也会复杂些，比如相关性分析和主成分分析。

3.2.5　数据变换

数据变换是指将数据从一种表示形式变为另一种表现形式的过程。常用的数据变换方式是数据标准化、离散化和语义转换。

1. 标准化

数据的标准化(normalization)是指将数据按比例缩放,使之落入一个小的特定区间。在某些比较和评价的指标处理中经常会用到,去除数据的单位限制,将其转化为无量纲的纯数值,便于不同单位或量级的指标进行比较和加权。其中最典型的就是 0－1 标准化和 Z 标准化。

(1) 0－1 标准化(0－1 normalization)

0－1 标准化也叫离差标准化,是对原始数据的线性变换,使结果落到[0,1]区间。其转换函数如下:

$$x^{*}=\frac{-x_{\min}}{x_{\max}-x_{\min}}$$

式中,$x_{\max}$ 为样本数据的最大值;$x_{\min}$ 为样本数据的最小值。这种方法有一个缺陷就是当有新数据加入时,$x_{\max}$ 和 $x_{\min}$ 可能发生变化,需要重新定义。

(2) Z 标准化(zero-mean normalization)

Z 标准化也叫标准差标准化,经过处理的数据符合标准正态分布,即均值为 0,标准差为 1,也是最为常用的标准化方法。其转换函数如下:

$$x^{*}=\frac{x-\mu}{\sigma}$$

式中,μ 为所有样本数据的均值;σ 为所有样本数据的标准差。

2. 离散化

离散化(discretization)指把连续型数据切分为若干"段",也称 bin,是数据分析中常用的手段。有些数据建模算法,特别是某些分类算法,要求数据是分类属性形式,这样,就需要将连续属性变换成分类属性(离散化)。此外,如果一个分类属性具有大量不同值(类别),或者某些值出现不频繁,则对于某些数据建模任务,可以合并某些值从而减少类别的数目。

在数据建模中,离散化得到普遍采用。究其原因,有以下几点:

① 算法需要。例如决策树、Naive Bayes 等算法本身不能直接使用连续型变量,连续型数据只有经离散处理后才能进入算法引擎。这一点在使用具体软件时可能不明显,因为大多数数据建模软件内已经内建了离散化处理程序,所以从使用界面看,软件可以接纳任何形式的数据。但实际上,在运算决策树或 Naive Bayes 模型前,软件都要在后台对数据先做预处理。

② 离散化可以有效地克服数据中隐藏的缺陷,使模型结果更加稳定。例如,数据中的极端值是影响模型效果的一个重要因素。极端值导致模型参数过高或过低,或导致模型被虚假现象"迷惑",把原来不存在的关系作为重要模式来学习。而离散化,尤其是等距离散,可以有效地减弱极端值和异常值的影响。

③ 有利于对非线性关系进行诊断和描述。对连续型数据进行离散处理后,自变量和目标变量之间的关系变得清晰化。如果两者之间是非线性关系,则可以重新定义离散后变量每段的取值,例如采取 0,1 的形式,由一个变量派生为多个亚变量,分别确定每段和目标变量间的联系。这样做,虽然减少了模型的自由度,但可以大大提高模型的灵活度。

数据离散化通常是将连续变量的定义域根据需要按照一定的规则划分为几个区间,同时对每个区间用一个符号来代替。比如,在定义好坏股票时,就可以用数据离散化的方法来刻画股票的好坏。如果以当天的涨幅这个属性来定义股票的好坏,将股票分为 5 类(非常好、好、一般、差、非常差)，且每类用 1～5 来表示，就可以用表 3－2 所列的方式将股票的涨幅这个属性进行离散化。

表 3－2　变量离散化方法

区　间	标　准	类　别
[7, 10]	非常好	5
[2, 7)	好	4
[−2, 2)	一般	3
[−7, −2)	差	2
[−10, −7)	非常差	1

离散化处理不免要损失一部分信息。很显然，对连续型数据进行分段后，同一个段内的观察点之间的差异便消失了，所以是否进行离散化还需要根据业务、算法等因素的需求综合考虑。

3. 语义转换

对于某些属性，其属性值是由字符型构成的，比如，如果上面这个属性为“股票类别”，其构成元素是{非常好、好、一般、差、非常差}，则对于这种变量，在数据建模过程中，非常不方便，且会占用更多的计算机资源。所以通常用整型数据来表示原始的属性值含义，如可以用{1、2、3、4、5}来同步替换原来的属性值，从而完成这个属性的语义转换。

3.3　数据的统计

对数据进行统计是从定量的角度去探索数据，也是最基本的数据探索方式，其主要目的是了解数据的基本特征。此时，虽然所用的方法同数据质量分析阶段相似，但其立足的重点不同，这时主要关注数据从统计学上反映的量的特征，以便更好地认识这些将要被挖掘的数据。

这里需要清楚两个基本的统计概念：总体和样本。统计的总体是研究对象的全体，又称母体，如工厂一天生产的全部产品(按合格品、废品分类)，学校全体学生的身高。总体中的每一个基本单位称为个体，个体的特征用一个变量(如 x)来表示。从总体中随机产生的若干个个体的集合称为样本，或子样，如 n 件产品，100 名学生的身高，或者一根轴直径的 10 次测量。实际上就是从总体中随机取得的一批数据，不妨记作 $x_1, x_2, \cdots, x_n$，n 称为样本容量。

从统计学的角度，简单地说，统计的任务是由样本推断总体。从数据探索的角度，就要关注更具体的内容，通常是由样本推断总体的数据特征。

3.3.1　基本描述性统计

假设有一个容量为 n 的样本(即一组数据)，记作 $x=(x_1, x_2, \cdots, x_n)$，需要对它进行一定的加工，才能提出有用的信息。统计量就是加工出来的反映样本数量特征的函数，它不含任何未知量。

下面介绍几种常用的统计量。

1. 表示位置的统计量：算术平均值和中位数

算术平均值(简称均值)描述数据取值的平均位置，记作 $\bar{x}$，数学表达式为

$$\bar{x}=\frac{1}{n}\sum_{i=1}^{n}x_i$$

中位数是将数据由小到大排序后位于中间位置的那个数。

MATLAB 中，mean(x)返回 x 的均值，median(x)返回中位数。

2. 表示数据散度的统计量：标准差、方差和极差

标准差 s 定义为

$$s=\left[\frac{1}{n-1}\sum_{i=1}^{n}(x_i-\bar{x})^2\right]^{\frac{1}{2}}$$

它是各个数据与均值偏离程度的度量，这种偏离不妨称为变异。

方差是标准差的平方 s^2。

极差是 $x=(x_1,x_2,\cdots,x_n)$的最大值与最小值之差。

MATLAB 中，std(x)返回 x 的标准差，var(x)返回方差，range(x)返回极差。

注意，标准差 s 的定义中，对 n 个 $x_i-\bar{x}$ 的平方求和，却被 $n-1$ 除，这是出于对无偏估计的要求。若需要改为被 n 除，则可用 MATLAB 中的 std(x,1)和 var(x,1)来实现。

3. 表示分布形状的统计量：偏度和峰度

偏度反映分布的对称性，$\nu_1>0$ 称为右偏态，此时位于均值右边的数据比位于左边的数据多；$\nu_1<0$ 称为左偏态，情况相反；而 ν_1 接近 0，则可认为分布是对称的。

峰度是分布形状的另一种度量，正态分布的峰度为 3，若 ν_2 比 3 大得多，则表示分布有沉重的尾巴，说明样本中含有较多远离均值的数据。因而峰度可以用作衡量偏离正态分布的尺度之一。

MATLAB 中，skewness(x)返回 x 的偏度，kurtosis(x)返回峰度。

在以上用 MATLAB 计算各个统计量的命令中，若 x 为矩阵，则作用于 x 的列返回一个行向量。

统计量中最重要、最常用的是均值和标准差。由于样本是随机变量，它们作为样本的函数自然也是随机变量，当用它们去推断总体时，有多大的可靠性就与统计量的概率分布有关。因此需要知道几个重要分布的简单性质。

3.3.2　分布描述性统计

随机变量的特性完全由它的(概率)分布函数或(概率)密度函数来描述。设有随机变量 X，其分布函数定义为 $X\leqslant x$ 的概率，即 $F(x)=P\{X\leqslant x\}$。若 X 是连续型随机变量，则其密度函数 $p(x)$与 $F(x)$的关系为

$$F(x)=\int_{-\infty}^{x}p(x)\mathrm{d}x$$

分位数是常用的一个概念，其定义为：对于 $0<\alpha<1$，使某分布函数 $F(x)=\alpha$ 的 x 成为这个分布的 α 分位数，记作 x_α。

前面画过的直方图是频数分布图，频数除以样本容量 n，称为频率。当 n 充分大时，频率是概率的近似，因此直方图可以看作密度函数图形的(离散化)近似。

3.4　数据可视化

对数据进行统计之后，就会对数据有一定的认识了，但还是不够直观。最直观的方法就是

将这些数据进行可视化，用图的形式将数据的特征表现出来，这样就能够更清晰地认识数据了。

MATLAB 提供了非常丰富的数据可视化函数，可以利用这些函数进行各种形式的数据可视化，但从数据建模的角度，还是数据分布形态、中心分布、关联情况等角度的数据可视化最有用。

3.4.1 基本可视化

基本可视化是最常用的方法。在对数据进行可视化探索时，通常先用 plot 这样最基本的绘图命令来绘制各变量的分布趋势，以了解数据的基本特征。

下面的程序就是对 Excel 中的数据进行可视化分析的例子。

```
%数据可视化——基本绘图
%读取数据
clc, clear al, close all
X = xlsread('dataTableA2.xlsx');
%绘制变量 dv1 的基本分布
N = size(X,1);
id = 1:N;
figure
plot( id', X(:,2),'LineWidth',1)
set(gca,'linewidth',2);
xlabel(' 编号 ','fontsize',12);
ylabel('dv1', 'fontsize',12);
title(' 变量 dv1 分布图 ','fontsize',12);
```

该程序产生如图 3－7 所示的数据可视化结果。图 3－7 是用 plot 绘制的数据最原始的分布形态，通过该图能了解数据大致的分布中心、边界、数据集中程度等信息。

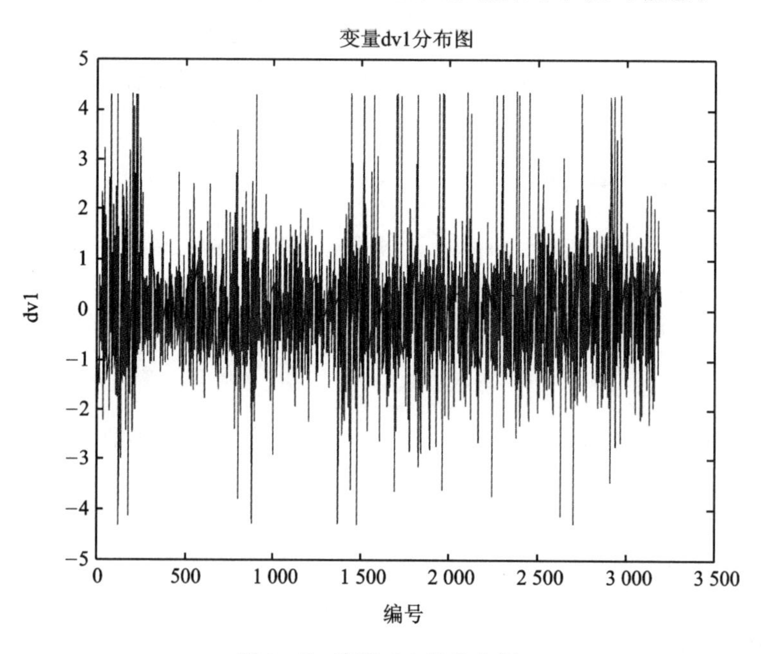

图 3－7 变量 dv1 的分布图

3.4.2 数据分布形状可视化

在数据建模中,数据的分布特征对了解数据是非常有利的,可以用下面的代码绘制变量 dv1～dv4 的柱状分布图。

```
%同时绘制变量 dv1～dv4 的柱状分布图
Figure
subplot(2,2,1);
hist(X(:,2));
title('dv1 柱状分布图 ','fontsize',12)
subplot(2,2,2);
hist(X(:,3));
title('dv2 柱状分布图 ','fontsize',12)
subplot(2,2,3);
hist(X(:,4));
title('dv3 柱状分布图 ','fontsize',12)
subplot(2,2,4);
hist(X(:,5));
title('dv4 柱状分布图 ','fontsize',12)
```

图 3-8 即为用 hist 绘制的变量的柱状分布图,该图的优势是更直观地反映了数据的集中程度。由该图可以看出,变量 dv3 过于集中,这对数据建模是不利的,相当于这个变量基本是固定值,对任何样本都是一样的,没有区分效果,这样的变量就可以考虑删除了。可见对数据进行可视化分析,意义还是很大的。

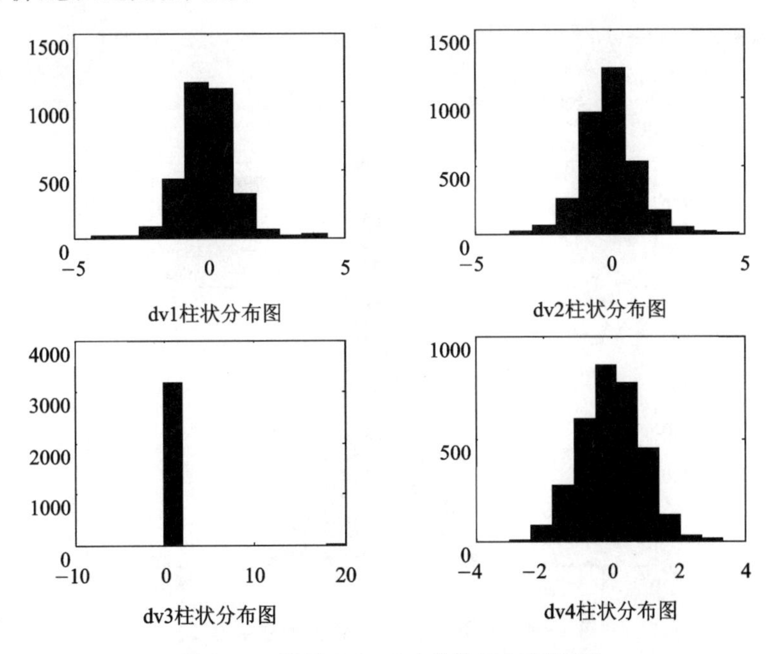

图 3-8　变量 dv1～dv4 的柱状分布图(1)

也可以将常用的统计量绘制在分布图中,这样更有利于把握数据的特征,就像是得到了数据的地图,这对全面认识数据是非常有利的。以下代码实现了这种图的绘制,得到的图如图 3-9 所示。

```
%数据可视化——数据分布形状图
%读取数据
clc, clear al, close all
X = xlsread('dataTableA2.xlsx');
dv1 = X(:,2);
%绘制变量 dv1 的柱状分布图
h = -5:0.5:5;
n = hist(dv1,h);
figure
bar(h, n)
%计算常用的形状度量指标
mn = mean(dv1);                          %均值
sdev = std(dv1);                         %标准差
mdsprd = iqr(dv1);                       %四分位数
mnad = mad(dv1);                         %中位数
rng = range(dv1);                        %极差
%标识度量数值
x = round(quantile(dv1,[0.25,0.5,0.75]));
y = (n(h==x(1)) + n(h==x(3)))/2;
line(x,[y,y,y],'marker','x','color','r')
x = round(mn + sdev*[-1,0,1]);
y = (n(h==x(1)) + n(h==x(3)))/2;
line(x,[y,y,y],'marker','o','color',[0 0.5 0])
x = round(mn + mnad*[-1,0,1]);
y = (n(h==x(1)) + n(h==x(3)))/2;
line(x,[y,y,y],'marker','*','color',[0.75 0 0.75])
x = round([min(dv1),max(dv1)]);
line(x,[1,1],'marker','.','color',[0 0.75 0.75])
legend('Data','Midspread','Std Dev','Mean Abs Dev','Range')
```

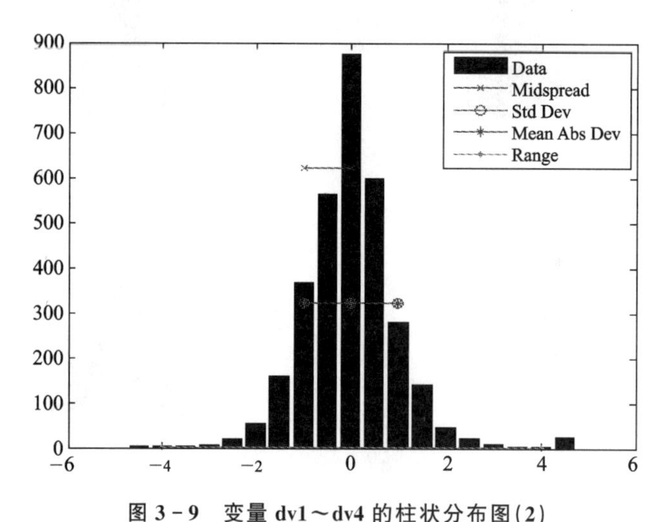

图 3-9　变量 dv1～dv4 的柱状分布图(2)

3.4.3　数据关联可视化

数据关联可视化对分析哪些变量更有效具有更直观的效果，所以在进行变量筛选前，可以先利用关联可视化了解各变量间的关联关系。具体实现代码如下：

```
%数据可视化——变量相关性
%读取数据
clc, clear al, close all
X = xlsread('dataTableA2.xlsx');
Vars = X(:,7:12);
%绘制变量间相关性关联图
Figure
plotmatrix(Vars)
%绘制变量间相关性强度图
covmat = corrcoef(Vars);
figure
imagesc(covmat);
grid;
colorbar;
```

该程序产生两幅图：一幅是变量间相关性关联图(见图 3-10)，通过该图可以看出任意两个变量的数据关联趋向；另一幅是变量间相关性强度图(见图 3-11)，宏观上表现为变量间的关联强度，实践中往往用于筛选变量。

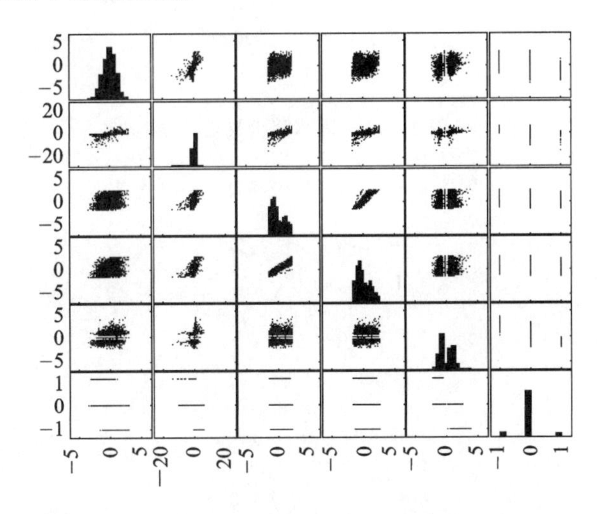

图 3-10　变量间相关性关联图

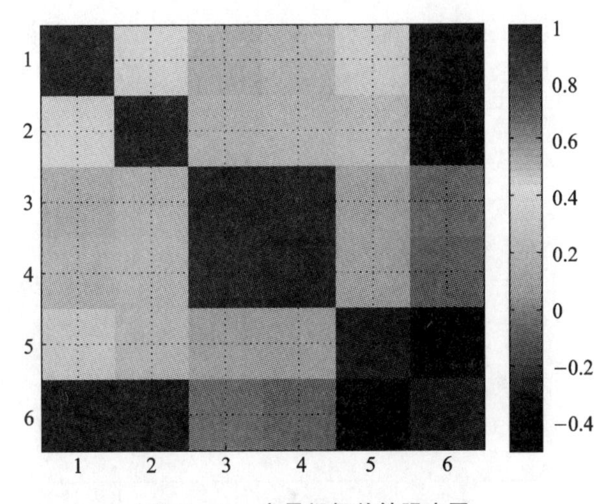

图 3-11　变量间相关性强度图

3.4.4 数据分组可视化

数据分组可视化是指按照不同的分位数将数据进行分组，典型的图形是箱体图。箱体图的含义如图 3-12 所示。根据箱体图可以看出数据的分布特征和异常值的数量，这对于确定是否需要进行异常值处理是很有利的。

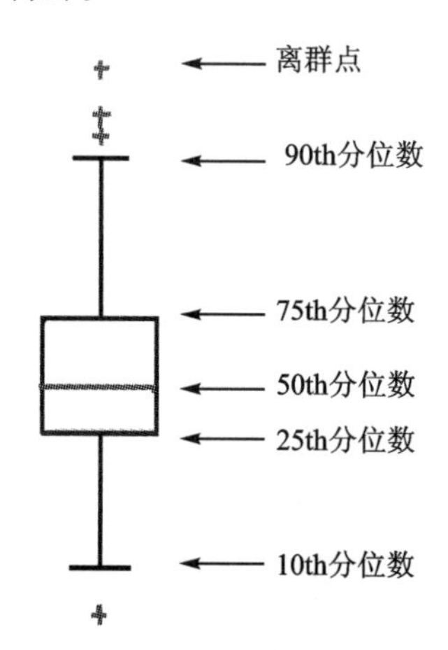

图 3-12 箱体图含义示意图

绘制箱体图的 MATLAB 命令是 boxplot，可以按照以下方式实现对数据的分组可视化：

```
% 数据可视化——数据分组
% 读取数据
clc, clear al, close all
X = xlsread('dataTableA2.xlsx');
dv1 = X(:,2);
eva = X(:,12);
% Boxplot
figure
boxplot(X(:,2:12))
figure
boxplot(dv1, eva)
```

该程序产生了所有变量的箱体图(见图 3-13)和两个变量的关系箱体图(见图 3-14)，这样就能更全面地得出各变量的数据分布特征及任意两个变量的关系特征。

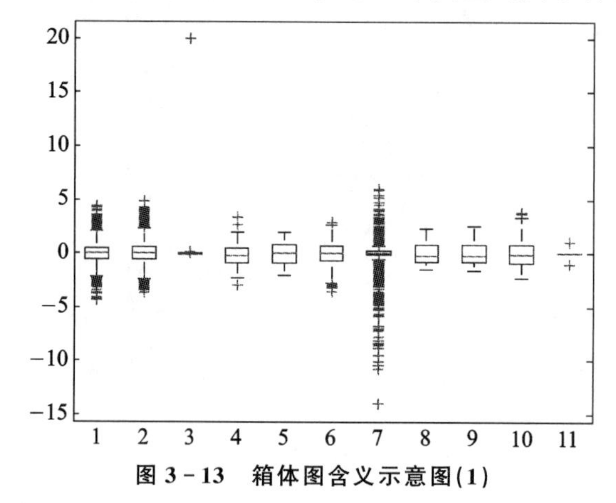

图 3-13 箱体图含义示意图(1)

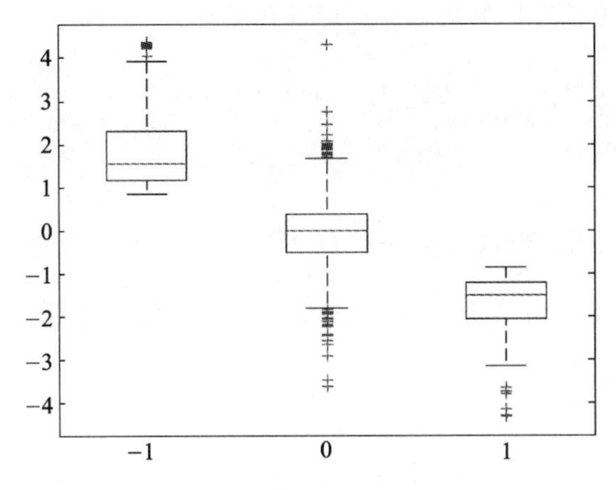

图3-14 箱体图含义示意图(2)

3.5 数据降维

3.5.1 主成分分析(PCA)基本原理

在数据建模中,经常会遇到多个变量的问题,而且在多数情况下,多个变量之间常常存在一定的相关性。当变量个数较多且变量之间存在复杂关系时,会显著增加问题的复杂性。如果有一种方法可以将多个变量综合为少数几个代表性变量,使这些变量既能够代表原始变量的绝大多数信息又互不相关,那么这样的方法无疑有助于对问题的分析和建模。这时,就可以考虑用主成分分析法。

1. PCA基本思想

主成分分析采取的是数学降维的方法,其所要做的就是设法将原来众多具有一定相关性的变量,重新组合为一组新的相互无关的综合变量来代替原来的变量。通常,数学上的处理方法就是将原来的变量做线性组合,作为新的综合变量,但是这种组合如果不加以限制,则可以有很多。应该如何选择呢?如果将选取的第一个线性组合即第一个综合变量记为 F_1,自然希望它尽可能多地反映原来变量的信息。这里"信息"用方差来测量,即希望 $\mathrm{Var}(F_1)$越大,表示 F_1 包含的信息越多。因此在所有的线性组合中,所选取的 F_1 应该是方差最大的,故称 F_1 为第一主成分。如果第一主成分不足以代表原来 p 个变量的信息,再考虑选取 F_2,即第二个线性组合。为了有效地反映原来的信息,F_1 已有的信息就不需要再出现在 F_2 中,用数学语言表达就是要求 $\mathrm{Cov}(F_1,F_2)=0$,称 F_2 为第二主成分(注:Cov表示统计学中的协方差)。以此类推,可以构造出第三、第四、……、第 p 个主成分。

2. PCA方法步骤

关于PCA方法的理论推导这里不再赘述,重点是如何应用PCA解决实际问题。下面先简单介绍PCA的典型步骤。

① 对原始数据进行标准化处理。假设样本观测数据矩阵为

$$\boldsymbol{X}=\begin{bmatrix} x_{11} & x_{12} & \cdots & x_{1p} \\ x_{21} & x_{22} & \cdots & x_{2p} \\ \vdots & \vdots & & \vdots \\ x_{n1} & x_{n2} & \cdots & x_{np} \end{bmatrix}$$

那么可以按照如下方法对原始数据进行标准化处理：

$$x_{ij}^{*}=\frac{x_{ij}-\bar{x}_{j}}{\sqrt{\operatorname{Var}(x_{j})}}\quad(i=1,2,\cdots,n;j=1,2,\cdots,p)$$

其中，

$$\bar{x}_{j}=\frac{1}{n}\sum_{i=1}^{n}x_{ij},\ \operatorname{Var}(x_{j})=\frac{1}{n-1}\sum_{i=1}^{n}(x_{ij}-\bar{x}_{j})^{2}\quad(j=1,2,\cdots,p)$$

② 计算样本相关系数矩阵。为了方便，假定原始数据标准化后仍用 $\boldsymbol{X}$ 表示，则经标准化处理后的数据的相关系数为

$$\boldsymbol{R}=\begin{bmatrix}r_{11} & r_{12} & \cdots & r_{1p}\\ r_{21} & r_{22} & \cdots & r_{2p}\\ \vdots & \vdots & & \vdots\\ r_{p1} & r_{p2} & \cdots & r_{pp}\end{bmatrix}$$

其中，

$$r_{ij}=\frac{\operatorname{Cov}(x_{i},x_{j})}{\sqrt{\operatorname{Var}(x_{1})}\sqrt{\operatorname{Var}(x_{2})}}=\frac{\sum_{k=1}^{n}(x_{ki}-\bar{x}_{i})(x_{kj}-\bar{x}_{j})}{\sqrt{\sum_{k=1}^{n}(x_{ki}-\bar{x}_{i})^{2}}\sqrt{\sum_{k=1}^{n}(x_{kj}-\bar{x}_{j})^{2}}}\quad(n>1)$$

③ 计算相关系数矩阵 $\boldsymbol{R}$ 的特征值$(\lambda_{1},\lambda_{2},\cdots,\lambda_{p})$和相应的特征向量：

$$\boldsymbol{a}_{i}=(a_{i1},a_{i2},\cdots,a_{ip})\quad(i=1,2,\cdots,p)$$

④ 选择重要的主成分，并写出主成分表达式。主成分分析可以得到 p 个主成分，但是，由于各个主成分的方差是递减的，包含的信息量也是递减的，所以实际分析时，一般不是选取 p 个主成分，而是根据各个主成分累计贡献率的大小选取前 k 个主成分。这里贡献率是指某个主成分的方差占全部方差的比重，实际也就是某个特征值占全部特征值合计的比重，即

$$\text{贡献率}=\frac{\lambda_{i}}{\sum_{i=1}^{p}\lambda_{i}}$$

贡献率越大，说明该主成分所包含的原始变量的信息越强。主成分个数 k 的选取，主要根据主成分的累计贡献率来决定，即一般要求累计贡献率达到 85%以上，这样才能保证综合变量能包括原始变量的绝大多数信息。

另外，在实际应用中，选择了重要的主成分后，还要注意主成分实际含义的解释。主成分分析中，一个很关键的问题是如何给主成分赋予新的意义，给出合理的解释。一般而言，这个解释是根据主成分表达式的系数结合定性分析来进行的。主成分是原来变量的线性组合，在这个线性组合中各变量的系数有大有小，有正有负，有的大小相当。线性组合中，各变量系数的绝对值大者表明该主成分主要综合了绝对值大的变量。这几个变量综合在一起应赋予怎样的实际意义，这要结合具体实际问题和专业，给出恰当的解释，进而才能达到深刻分析的目的。

⑤ 计算主成分得分。根据标准化的原始数据，按照各个样品，分别代入主成分表达式，就可以得到各主成分下各个样品的新数据，即为主成分得分。具体形式如下：

$$\begin{bmatrix} F_{11} & F_{12} & \cdots & F_{1k} \\ F_{21} & F_{22} & \cdots & F_{2k} \\ \vdots & \vdots & & \vdots \\ F_{n1} & F_{n2} & \cdots & F_{nk} \end{bmatrix}$$

其中，

$$F_{ij}=a_{j1}x_{i1}+a_{j2}x_{i2}+\cdots+a_{jp}x_{ip} \quad (i=1,2,\cdots,n;j=1,2,\cdots,k)$$

⑥ 依据主成分得分的数据，进一步对问题进行后续的分析和建模。后续的分析和建模常见的形式有主成分回归、变量子集合的选择、综合评价等。下面将以实例的形式介绍如何用 MATLAB 来实现 PCA 过程。

3.5.2 PCA 应用案例：企业综合实力排序

为了系统分析某 IT 类企业的经济效益，选择了 8 个不同的利润指标，对 15 家企业进行了调研，并得到如表 3-3 所列的数据。请根据这些数据对这 15 家企业进行综合实力排序。

表 3-3　企业综合实力评价表

企业序号	净利润率/%	固定资产利润率/%	总产值利润率/%	销售收入利润率/%	产品成本利润率/%	物耗利润率/%	人均利润/(千元・人$^{-1}$)	流动资金利润率/%
1	40.4	24.7	7.2	6.1	8.3	8.7	2.442	20
2	25	12.7	11.2	11	12.9	20.2	3.542	9.1
3	13.2	3.3	3.9	4.3	4.4	5.5	0.578	3.6
4	22.3	6.7	5.6	3.7	6	7.4	0.176	7.3
5	34.3	11.8	7.1	7.1	8	8.9	1.726	27.5
6	35.6	12.5	16.4	16.7	22.8	29.3	3.017	26.6
7	22	7.8	9.9	10.2	12.6	17.6	0.847	10.6
8	48.4	13.4	10.9	9.9	10.9	13.9	1.772	17.8
9	40.6	19.1	19.8	19	29.7	39.6	2.449	35.8
10	24.8	8	9.8	8.9	11.9	16.2	0.789	13.7
11	12.5	9.7	4.2	4.2	4.6	6.5	0.874	3.9
12	1.8	0.6	0.7	0.7	0.8	1.1	0.056	1
13	32.3	13.9	9.4	8.3	9.8	13.3	2.126	17.1
14	38.5	9.1	11.3	9.5	12.2	16.4	1.327	11.6
15	26.2	10.1	5.6	15.6	7.7	30.1	0.126	25.9

由于本问题中涉及 8 个指标，这些指标间的关联关系并不明确，且各指标数值的数量级也有差异，为此这里将首先借助 PCA 方法对指标体系进行降维处理，然后根据 PCA 打分结果实现对企业的综合实力排序。

根据前面介绍的 PCA 步骤，编写了 MATLAB 程序，如 P3-1 所示。

程序编号	P3-1	文件名称	PCAa.m	说明	PCA 方法的 MATLAB 实现

```
%PCA 方法的 MATLAB 实现
%-----------------------------------------------------------------------------
%%数据导入及处理
clc
clear all
A=xlsread('Coporation_evaluation.xlsx','B2:I16');
%数据标准化处理
a=size(A,1);
b=size(A,2);
for i=1:b
    SA(:,i)=(A(:,i)-mean(A(:,i)))/std(A(:,i));
end
%%计算相关系数矩阵的特征值和特征向量
CM=corrcoef(SA);                               %计算相关系数矩阵(correlation matrix)
[V,D]=eig(CM);                                 %计算特征值和特征向量
for j=1:b
    DS(j,1)=D(b+1-j,b+1-j);                    %对特征值按降序进行排序
end
for i=1:b
    DS(i,2)=DS(i,1)/sum(DS(:,1));              %贡献率
    DS(i,3)=sum(DS(1:i,1))/sum(DS(:,1));       %累积贡献率
end
%%选择主成分及对应的特征向量
T=0.9;  %主成分信息保留率
for K=1:b
    if  DS(K,3)>=T
        Com_num=K;
        break;
    end
end
%提取主成分对应的特征向量
for j=1:Com_num
    PV(:,j)=V(:,b+1-j);
end
%%计算各评价对象的主成分得分
new_score=SA*PV;
for i=1:a
    total_score(i,1)=sum(new_score(i,:));
    total_score(i,2)=i;
end
result_report=[new_score,total_score];         %将各主成分得分与总分放在同一个矩阵中
result_report=sortrows(result_report,-4);      %按总分降序排序
%%输出模型及结果报告
disp('特征值及其贡献率、累计贡献率:')
DS
disp('信息保留率 T 对应的主成分数与特征向量:')
Com_num
PV
disp('主成分得分及排序(按第 4 列的总分进行降序排序,前 3 列为各主成分得分,第 5 列为企业编号)')
result_report
```

运行程序，显示如下结果报告：

```
特征值及其贡献率、累计贡献率：
DS =
     5.7361    0.7170    0.7170
     1.0972    0.1372    0.8542
     0.5896    0.0737    0.9279
     0.2858    0.0357    0.9636
     0.1456    0.0182    0.9818
     0.1369    0.0171    0.9989
     0.0060    0.0007    0.9997
     0.0027    0.0003    1.0000
信息保留率 T 对应的主成分数与特征向量：
Com_num  =   3
PV =
     0.3334    0.3788    0.3115
     0.3063    0.5562    0.1871
     0.3900   -0.1148   -0.3182
     0.3780   -0.3508    0.0888
     0.3853   -0.2254   -0.2715
     0.3616   -0.4337    0.0696
     0.3026    0.4147   -0.6189
     0.3596   -0.0031    0.5452
主成分得分及排序(按第 4 列的总分进行降序排序，前 3 列为各主成分得分，第 5 列为企业编号)
result_report =
     5.1936   -0.9793    0.0207    4.2350    9.0000
     0.7662    2.6618    0.5437    3.9717    1.0000
     1.0203    0.9392    0.4081    2.3677    8.0000
     3.3891   -0.6612   -0.7569    1.9710    6.0000
     0.0553    0.9176    0.8255    1.7984    5.0000
     0.3735    0.8378   -0.1081    1.1033   13.0000
     0.4709   -1.5064    1.7882    0.7527   15.0000
     0.3471   -0.0592   -0.1197    0.1682   14.0000
     0.9709    0.4364   -1.6996   -0.2923    2.0000
    -0.3372   -0.6891    0.0188   -1.0075   10.0000
    -0.3262   -0.9407   -0.2569   -1.5238    7.0000
    -2.2020   -0.1181    0.2656   -2.0545    4.0000
    -2.4132    0.2140   -0.3145   -2.5137   11.0000
    -2.8818   -0.4350   -0.3267   -3.6435    3.0000
    -4.4264   -0.6180   -0.2884   -5.3327   12.0000
```

由该报告可知，第 9 家企业的综合实力最强，第 12 家企业的综合实力最弱。报告还给出了各主成分的权重信息(贡献率)及与原始变量的关联关系(特征向量)，这样就可以根据实际问题作进一步的分析。

以上是一种比较简单的应用实例，具体的 PCA 方法的使用还要根据实际问题和需要灵活处理。

3.5.3 相关系数降维

定义 设有如下两组观测值：

$$X: x_1, x_2, \cdots, x_n$$

$$Y: y_1, y_2, \cdots, y_n$$

则称 $r = \dfrac{\sum_{i=1}^{n}(X_i - \overline{X})(Y_i - \overline{Y})}{\sqrt{\sum_{i=1}^{n}(X_i - \overline{X})^2}\sqrt{\sum_{i=1}^{n}(Y_i - \overline{Y})^2}}$ 为 X 与 Y 的相关系数。

相关系数用 r 表示，r 在 $-1 \sim +1$ 之间取值。相关系数 r 的绝对值大小(即 $|r|$)，表示两个变量之间的直线相关强度；相关系数 r 的正负号，表示相关的方向，分别是正相关和负相关；若相关系数 $r=0$，则称零线性相关，简称零相关；若相关系数 $|r|=1$，则表示两个变量是完全相关的，这时两个变量之间的关系为确定性的函数关系，这种情况在行为科学与社会科学中是极少存在的。

一般，若观测数据的个数足够多，计算出来的相关系数 r 就会更真实地反映客观事物之间的本来面目。

当 $0.7<|r|<1$ 时，称为高度相关；当 $0.4 \leqslant |r| < 0.7$ 时，称为中等相关；当 $0.2 \leqslant |r| < 0.4$ 时，称为低度相关；当 $|r|<0.2$ 时，称为极低相关或接近零相关。

由于事物之间联系的复杂性，在实际研究中，通过统计方法确定出来的相关系数 r 即使高度相关，在解释相关系数的时候，也还要结合具体变量的性质特点和有关专业知识进行。两个高度相关的变量，它们之间可能具有明显的因果关系，也可能只具有部分因果关系，还可能没有直接的因果关系；其数量上的相互关联，只是它们共同受到其他第三个变量所支配的结果。除此之外，相关系数 r 接近零，只能表示这两个变量不存在明显的直线性相关模式，但不能肯定地说这两个变量之间就没有规律性的联系。通过散点图有时会发现，两个变量之间存在明显的某种曲线性相关，但计算直线性相关系数时，其 r 值往往接近零。对于这一点，读者应该有所认识。

3.6 小　结

本章介绍了数据探索的相关内容。在数据建模中，数据探索的目的是为建模做准备，包括衍生变量、数据可视化、样本筛选和数据降维。从这几个方面的内容可以看出，实际上，数据探索还是集中在数据进一步的处理上，它所要解决的问题是对哪些变量建模，用哪些样本。可以说，数据探索是深度的数据预处理，相比一般的数据预处理，数据探索阶段更强调的是探索性，即要探索用哪些变量建模更合适。

衍生变量是为了得到更多有利于描述问题的变量，其要点是通过创造性和务实的设计产生一些与问题的研究有关的变量。衍生变量的方式很多，也很灵活，要有助于问题的研究。但也要掌握适度，过多的衍生变量会稀释原有变量，所以并不是变量越多越好。

数据的统计和数据可视化的主要目的还是进一步了解数据，了解哪些变量包含的信息更多、更规范，对描述所研究的事物更有利。这部分的内容相对较简单，也有自己的固定模式，只要通过这些基本的数据分析方法能够分析出哪些变量包含了有效的数据信息就可以了。样本选择更多的是从数据记录中筛选数据，一是要注意筛选出的数据对建模来说是足够的，二是要具有代表性。

关于数据降维，这里介绍了两个方法：主成分分析法和相关系数法。在数据建模中，并不是所有项目都需要用到这两种方法进行降维的。事实上很少的项目中会直接使用主成分分析法进行降维，但有时会使用主成分分析法分析案例中的影响因素；而相关系数法，则是一个既简单、灵活，又非常有效的方法，当数据变量较多时，该方法可以只是进行变量的筛选。

参考文献

[1] 卓金武，王鸿钧. MATLAB 数学建模方法与实践[M]. 3 版. 北京：北京航空航天大学出版社，2018.
[2] 周英，卓金武，卞月青. 大数据挖掘系统方法与实例分析[M]. 北京：机械工业出版社，2016.
[3] 谢中华. MATLAB 统计分析与应用[M]. 2 版. 北京：北京航空航天大学出版社，2015.

第 4 章

数据的拟合和回归

以数据为基础而建立数学模型的方法称为数据建模方法,包括回归、统计、机器学习、深度学习、灰色预测、主成分分析、神经网络、时间序列分析等方法,其中最常用的方法还是回归方法。本章主要介绍在数学建模中常用的几种回归方法的 MATLAB 实现过程。

根据回归方法中因变量的个数和回归函数的类型(线性或非线性),可将回归方法分为一元线性回归、一元非线性回归和多元回归。另外,还有两种特殊的回归方式:一种是在回归过程中可以调整变量数量的回归方法,称为逐步回归;另一种是以指数结构函数作为回归模型的回归方法,称为 Logistic 回归。本章逐一介绍这几种回归方法。

4.1 一元回归

4.1.1 一元线性回归

【例 4-1】 近 10 年来,某市社会商品零售总额与职工工资总额(单位:亿元)的数据见表 4-1,请建立社会商品零售总额与职工工资总额数据的回归模型。

表 4-1 商品零售总额与职工工资总额

亿元

职工工资总额	23.8	27.6	31.6	32.4	33.7	34.9	43.2	52.8	63.8	73.4
商品零售总额	41.4	51.8	61.7	67.9	68.7	77.5	95.9	137.4	155.0	175.0

该问题是典型的一元回归问题。首先要确定的是线性还是非线性,然后就可以利用对应的回归方法建立它们之间的回归模型了。具体实现的 MATLAB 代码如下:

(1)输入数据

```
clc, clear all, close all
x=[23.80,27.60,31.60,32.40,33.70,34.90,43.20,52.80,63.80,73.40];
y=[41.4,51.8,61.70,67.90,68.70,77.50,95.90,137.40,155.0,175.0];
```

(2)采用最小二乘回归

```
Figure
plot(x,y,'r*')                              %作散点图
xlabel('x(职工工资总额)','fontsize', 12)     %横坐标名
ylabel('y(商品零售总额)', 'fontsize',12)     %纵坐标名
set(gca,'linewidth',2);
%采用最小二乘拟合
Lxx=sum((x-mean(x)).^2);
Lxy=sum((x-mean(x)).*(y-mean(y)));
b1=Lxy/Lxx;
b0=mean(y)-b1*mean(x);
y1=b1*x+b0;
```

```
hold on
plot(x, y1,'linewidth',2);
```

运行上面的程序，得到如图 4-1 所示的回归图形。在用最小二乘回归之前，先绘制了数据的散点图，这样就可以从图形上判断这些数据是否近似呈线性关系。当发现它们的确近似在一条线上后，再用线性回归的方法进行回归，这样更符合分析数据的一般思路。

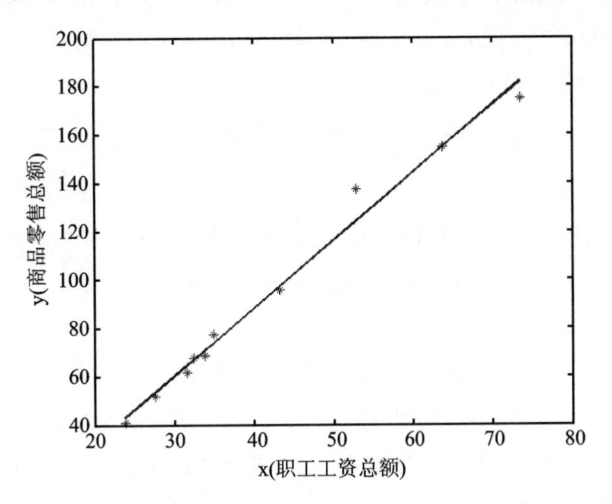

图 4-1　职工工资总额和商品零售总额关系趋势图

(3) 采用 LinearModel. fit 函数进行线性回归

```
m2 = LinearModel.fit(x,y)
```

运行结果如下：

```
m2 =
Linear regression model:
    y ~ 1 + x1
Estimated Coefficients:
                    Estimate      SE          tStat      pValue
    (Intercept)     -23.549       5.1028      -4.615     0.0017215
    x1               2.7991       0.11456     24.435     8.4014e-09
R-squared: 0.987,   Adjusted R-Squared 0.985
F-statistic vs. constant model: 597, p-value = 8.4e-09
```

(4) 采用 regress 函数进行回归

```
Y = y';
X = [ones(size(x,2),1),x'];
[b, bint, r, rint, s] = regress(Y, X)
```

运行结果如下：

```
b =
  -23.5493
    2.7991
```

在以上回归程序中，使用了两个回归函数 LinearModel. fit 和 regress。在实际使用中，根据需要选一种就可以了。函数 LinearModel. fit 输出的内容为典型的线性回归的参数。regress

的用法多样，在 MATLAB 的帮助文档中关于 regress 的用法有以下几种：

```
b = regress(y,X)
[b,bint] = regress(y,X)
[b,bint,r] = regress(y,X)
[b,bint,r,rint] = regress(y,X)
[b,bint,r,rint,stats] = regress(y,X)
[...] = regress(y,X,alpha)
```

输入有 y(因变量，列向量)、X(与自变量组成的矩阵)和 alpha(显著性水平，缺省时默认为 0.05)。

输出 b 为($\hat{\beta}_0$,$\hat{\beta}_1$)；bint 是 β_0、β_1 的置信区间；r 是残差(列向量)；rint 是残差的置信区间；stats 包含 4 个统计量：决定系数 R^2(R 为相关系数)、F 值、$F(1,n-2)$分布大于 F 值的概率 p、剩余方差 s^2。

s^2 也可由程序 sum(r.^2)/(n−2)计算。其意义和用法如下：R^2 的值越接近 1，变量的线性相关性越强，说明模型有效；如果满足 $F_{1-\alpha}(1,n-2)<F$，则认为变量 y 与 x 显著地有线性关系，其中 $F_{1-\alpha}(1,n-2)$的值可查 F 分布表，或直接用 MATLAB 命令 finv(1−α,1, n−2)计算得到；如果 $p<\alpha$，表示线性模型可用。这三个值可以相互印证。s^2 的值主要用来比较模型是否有改进，其值越小说明模型精度越高。

4.1.2 一元非线性回归

在实际问题中，变量间的关系并不都是线性的，此时就应该用非线性回归。用非线性回归首先要解决的问题是回归方程中的参数如何估计。下面通过一个实例来说明如何利用非线性回归技术解决实际的问题。

【例 4-2】 为了解百货商店销售额 x 与流通费率 y(这是反映商业活动的一个质量指标，指每元商品流转额所分摊的流通费用)之间的关系，收集了 9 个商店的有关数据(见表 4-2)。请建立它们关系的数学模型。

表 4-2 销售额与流通费率数据

样本点	销售额 x/万元	流通费率 y/%	样本点	销售额 x/万元	流通费率 y/%
1	1.5	7.0	6	16.5	2.5
2	4.5	4.8	7	19.5	2.4
3	7.5	3.6	8	22.5	2.3
4	10.5	3.1	9	25.5	2.2
5	13.5	2.7			

为了得到 x 与 y 之间的关系，先绘制出它们之间的散点图，即如图 4-2 所示的“雪花”点图。由该图可以判断它们之间的关系近似为对数关系或指数关系，为此可以利用这两种函数形式进行非线性拟合，具体实现步骤及每个步骤的结果如下。

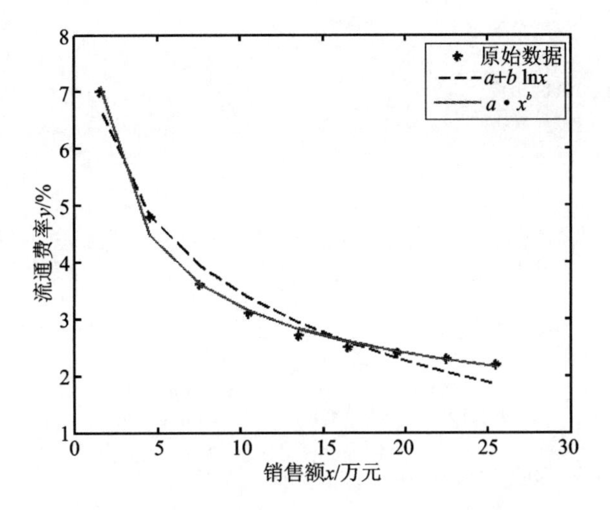

图 4－2　销售额与流通费率之间的关系图

（1）输入数据

```
clc, clear all, close all
x=[1.5, 4.5, 7.5,10.5,13.5,16.5,19.5,22.5,25.5];
y=[7.0,4.8,3.6,3.1,2.7,2.5,2.4,2.3,2.2];
plot(x,y,'*','linewidth',2);
set(gca,'linewidth',2);
xlabel('销售额 x/万元','fontsize', 12)
ylabel('流通费率 y/%', 'fontsize',12)
```

（2）对数形式非线性回归

```
m1 = @(b,x) b(1) + b(2) * log(x);
nonlinfit1 = fitnlm(x,y,m1,[0.01;0.01])
b=nonlinfit1.Coefficients.Estimate;
Y1=b(1,1)+b(2,1)*log(x);
hold on
plot(x,Y1,'--k','linewidth',2)
```

运行结果如下：

```
nonlinfit1 =
Nonlinear regression model:
    y ~ b1 + b2 * log(x)
Estimated Coefficients:
            Estimate        SE          tStat        pValue
b1            7.3979      0.26667       27.742      2.0303e-08
b2           -1.713       0.10724      -15.974      9.1465e-07
R-Squared: 0.973,   Adjusted R-Squared 0.969
F-statistic vs. constant model: 255, p-value = 9.15e-07
```

（3）指数形式非线性回归

```
m2 = 'y ~ b1 * x^b2';
nonlinfit2 = fitnlm(x,y,m2,[1;1])
b1=nonlinfit2.Coefficients.Estimate(1,1);
b2=nonlinfit2.Coefficients.Estimate(2,1);
```

```
Y2 = b1 * x.^b2;
hold on
plot(x,Y2,'r','linewidth',2)
legend('原始数据','a + b * lnx','a * x^b')
```

运行结果如下：

```
nonlinfit2 =
Nonlinear regression model:
    y ~ b1 * x^b2
Estimated Coefficients:
             Estimate        SE           tStat         pValue
    b1        8.4112       0.19176        43.862      8.3606e-10
    b2      -0.41893       0.012382      -33.834      5.1061e-09
R-Squared: 0.993,   Adjusted R-Squared 0.992
F-statistic vs. zero model: 3.05e+03, p-value = 5.1e-11
```

在该案例中，选择了两种函数形式进行非线性回归。从回归结果来看，对数形式的决定系数为 0.973，而指数形式的决定系数为 0.993，后者优于前者，所以可以认为指数形式的函数形式更符合 y 与 x 之间的关系，这样就可以确定它们之间的函数关系形式了。

4.2 多元回归

【例 4-3】 某科学基金会希望估计从事某研究的学者的年薪 Y 与他们的研究成果（论文、著作等）的质量指标 X_1、从事研究工作的时间 X_2、能成功获得资助的指标 X_3 之间的关系，为此按一定的实验设计方法调查了 24 位研究学者，得到表 4-3 所列的数据（i 为学者序号），试建立 Y 与 X_1, X_2, X_3 之间关系的数学模型，并得出有关结论和作统计分析。

表 4-3 从事某种研究的学者的相关指标数据

i	1	2	3	4	5	6	7	8	9	10	11	12
x_{i1}	3.5	5.3	5.1	5.8	4.2	6.0	6.8	5.5	3.1	7.2	4.5	4.9
x_{i2}	9	20	18	33	31	13	25	30	5	47	25	11
x_{i3}	6.1	6.4	7.4	6.7	7.5	5.9	6.0	4.0	5.8	8.3	5.0	6.4
y_i	33.2	40.3	38.7	46.8	41.4	37.5	39.0	40.7	30.1	52.9	38.2	31.8
i	13	14	15	16	17	18	19	20	21	22	23	24
x_{i1}	8.0	6.5	6.6	3.7	6.2	7.0	4.0	4.5	5.9	5.6	4.8	3.9
x_{i2}	23	35	39	21	7	40	35	23	33	27	34	15
x_{i3}	7.6	7.0	5.0	4.4	5.5	7.0	6.0	3.5	4.9	4.3	8.0	5.8
y_i	43.3	44.1	42.5	33.6	34.2	48.0	38.0	35.9	40.4	36.8	45.2	35.1

该问题是典型的多元回归问题，但能否应用多元线性回归，最好先通过数据可视化判断它们之间的变化趋势，如果近似满足线性关系，则可以利用多元线性回归方法对该问题进行回归。具体步骤如下：

(1) 作出因变量 Y 与各自变量的样本散点图

作散点图的目的主要是观察因变量 Y 与各自变量间是否有比较好的线性关系，以便选择恰当的数学模型形式。图 4－3 分别为年薪 Y 与成果质量指标 X_1、研究工作时间 X_2、获得资助的指标 X_3 之间的散点图。从图中可以看出，这些点大致分布在一条直线旁边，因此，可判断有比较好的线性关系，可以采用线性回归。绘制图 4－3 的代码如下：

```
subplot(1,3,1),plot(x1,Y,'g*'),
subplot(1,3,2),plot(x2,Y,'k+'),
subplot(1,3,3),plot(x3,Y,'ro'),
```

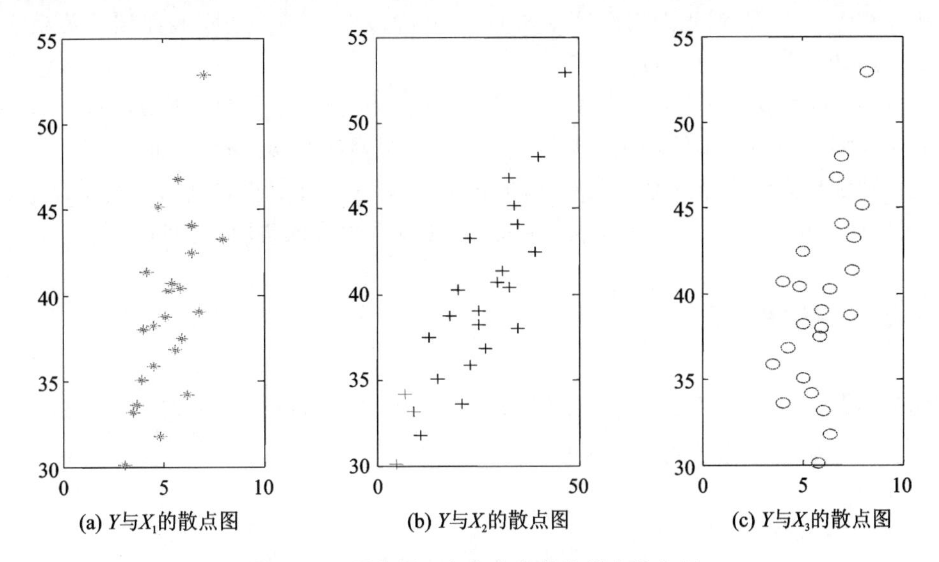

图 4－3　因变量 Y 与各自变量的样本散点图

(2)进行多元线性回归

这里可以直接使用 regress 函数执行多元线性回归，具体代码如下：

```
x1 = [3.5 5.3 5.1 5.8 4.2 6.0 6.8 5.5 3.1 7.2 4.5 4.9 8.0 6.5 6.5 3.7 6.2 7.0 4.0 4.5 5.9 5.6 4.8 3.9];
x2 = [9 20 18 33 31 13 25 30 5 47 25 11 23 35 39 21 7 40 35 23 33 27 34 15];
x3 = [6.1 6.4 7.4 6.7 7.5 5.9 6.0 4.0 5.8 8.3 5.0 6.4 7.6 7.0 5.0 4.0 5.5 7.0 6.0 3.5 4.9 4.3 8.0 5.0];
Y = [33.2 40.3 38.7 46.8 41.4 37.5 39.0 40.7 30.1 52.9 38.2 31.8 43.3 44.1 42.5 33.6 34.2 48.0 38.
    0 35.9 40.4 36.8 45.2 35.1];
n = 24; m = 3;
X = [ones(n,1),x1',x2',x3'];
[b,bint,r,rint,s] = regress(Y',X,0.05);
```

运行后即得到结果，如表 4－4 所列。

表 4－4　对初步回归模型的计算结果

回归系数	回归系数的估计值	回归系数的置信区间
β_0	18.015 7	[13.905 2,22.126 2]
β_1	1.081 7	[0.390 0,1.773 3]
β_2	0.321 2	[0.244 0,0.398 4]
β_3	1.283 5	[0.669 1,1.897 9]

注：$R^2=0.910\ 6$，$F=67.919\ 5$，$p<0.000\ 1$，$s^2=3.071\ 9$。

计算结果包括回归系数 $b=(\beta_0,\beta_1,\beta_2,\beta_3)=(18.015\ 7,\ 1.081\ 7,\ 0.321\ 2,\ 1.283\ 5)$，回归系数的置信区间，以及统计变量 stats(它包含 4 个检验统计量：相关系数的平方 R^2，假设检

验统计量 F，与 F 对应的概率 p，s^2）。因此得到初步的回归方程为

$$\hat{y}=18.0157+1.0817x_1+0.3212x_2+1.2835x_3$$

由结果对模型的判断：回归系数置信区间不包含零点表示模型较好，残差在零点附近也表示模型较好，接着就是利用检验统计量 R、F、p 的值判断该模型是否可用。

① 相关系数 R 的评价：本例 R 的绝对值为 0.954 2，表明线性相关性较强。

② F 检验：当 $F>F_{1-\alpha}(m,n-m-1)$ 时，即认为因变量 y 与自变量 $x_1,x_2,\cdots,x_m$ 之间有显著的线性相关关系；否则认为因变量 y 与自变量 $x_1,x_2,\cdots,x_m$ 之间线性相关关系不显著。本例 $F=67.919>F_{1-0.05}(3,20)=3.10$。

③ p 值检验：若 $p<\alpha$（α 为预定显著水平），则说明因变量 y 与自变量 $x_1,x_2,\cdots,x_m$ 之间有显著的线性相关关系。本例输出结果 $p<0.0001$，显然满足 $p<\alpha=0.05$。

以上三种统计方法推断的结果是一致的，说明因变量与自变量之间有显著的线性相关关系，所得线性回归模型可用。s^2 当然越小越好，这主要在模型改进时作为参考。

4.3 逐步回归

【例 4-4】 （Hald,1960）Hald 数据是关于水泥生产的数据。某种水泥在凝固时放出的热量 Y 与水泥中 4 种化学成分所占的百分比有关：

X_1：$3CaO \cdot Al_2O_3$

X_2：$3CaO \cdot SiO_2$

X_3：$4CaO \cdot Al_2O_3 \cdot Fe_2O_3$

X_4：$2CaO \cdot SiO_2$

在生产中测得 12 组数据，见表 4-5，试建立 Y 关于这些因子的“最优”回归方程。

表 4-5 水泥生产的数据

序号	1	2	3	4	5	6	7	8	9	10	11	12
X_1	7	1	11	11	7	11	3	1	2	21	1	11
X_2	26	29	56	31	52	55	71	31	54	47	40	66
X_3	6	15	8	8	6	9	17	22	18	4	23	9
X_4	60	52	20	47	33	22	6	44	22	26	34	12
Y	78.5	74.3	104.3	87.6	95.9	109.2	102.7	72.5	93.1	115.9	83.8	113.3

对于例 4-4 中的问题，可以使用多元线性回归、多元多项式回归，但也可以考虑使用逐步回归。从逐步回归的原理来看，逐步回归是以上两种回归方法的结合，可以自动使得方程的因子设置最合理。对于该问题，逐步回归的代码如下：

```
X=[7,26,6,60;1,29,15,52;11,56,8,20;11,31,8,47;7,52,6,33;11,55,9,22;3,71,17,6;1,31,22,44;
   2,54,18,22;21,47,4,26;1,40,23,34;11,66,9,12];                        %自变量数据
Y=[78.5,74.3,104.3,87.6,95.9,109.2,102.7,72.5,93.1,115.9,83.8,113.3];   %因变量数据
Stepwise(X,Y,[1,2,3,4],0.05,0.10)          % in=[1,2,3,4]表示 X1、X2、X3、X4 均保留在模型中
```

程序执行后显示逐步回归操作界面，如图 4-4 所示。

在图 4-4 中，变量 X1、X2、X3、X4 均保留在模型中，用蓝色行显示，窗口右侧按钮上方提示：Move X3 out（表示将变量 X3 剔除回归方程），单击 Next Step 按钮，进行下一步运算，将第

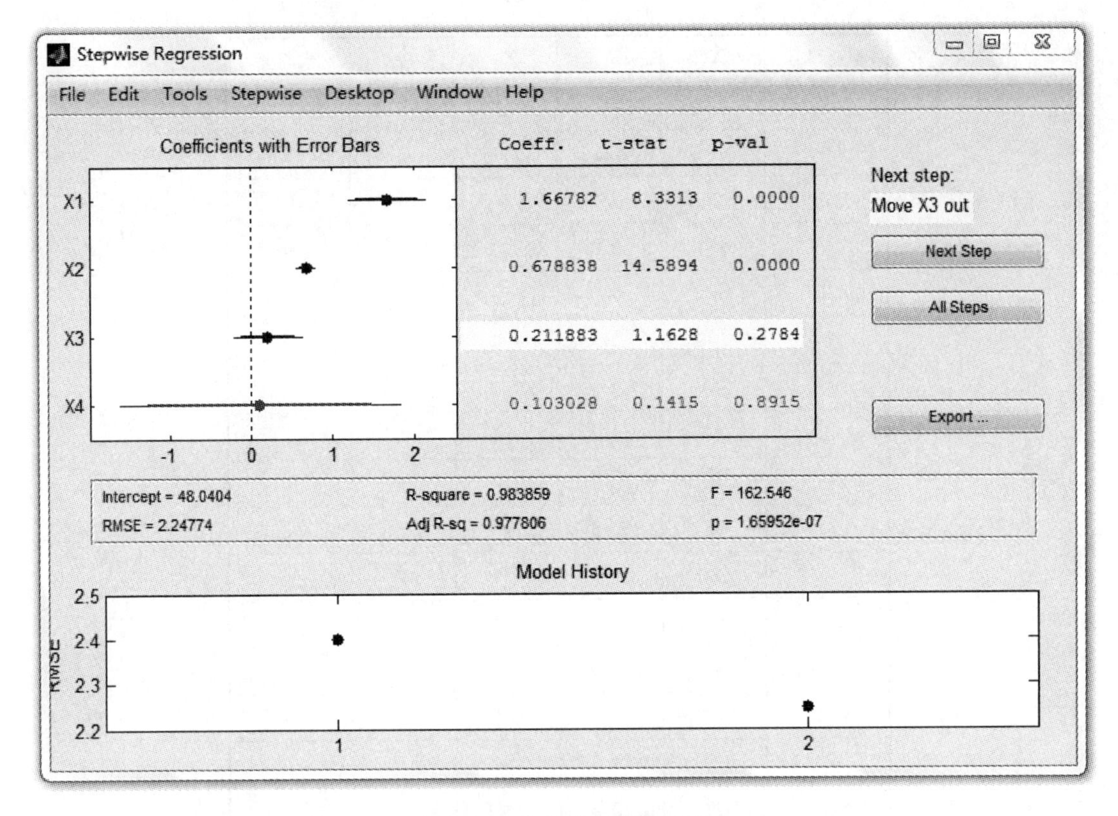

图 4-4　逐步回归操作界面

3 列数据对应的变量 X3 剔除回归方程。单击 Next Step 按钮后，剔除的变量 X3 所对应的行用红色表示，同时又得到提示：Move X4 out（将变量 X4 剔除回归方程），单击 Next Step 按钮。一直重复这样的操作，直到 Next Step 按钮变灰，表明逐步回归结束，此时得到的模型即为逐步回归最终的结果。

4.4　Logistic 回归

【例 4-5】　企业到金融商业机构贷款，金融商业机构需要对企业进行评估。评估结果为 0、1 两种形式，0 表示企业两年后破产，将拒绝贷款；而 1 表示企业两年后具备还款能力，可以贷款。在表 4-6 中，已知前 20 家企业的三项评价指标值和评估结果，试建立模型对其他 5 家企业（企业 21～25）进行评估。

表 4-6　企业还款能力评价表

企业编号	X_1	X_2	X_3	Y	预测值
1	−62.8	−89.5	1.7	0	0
2	3.3	−3.5	1.1	0	0
3	−120.8	−103.2	2.5	0	0
4	−18.1	−28.8	1.1	0	0

续表 4-6

企业编号	X_1	X_2	X_3	Y	预测值
5	−3.8	−50.6	0.9	0	0
6	−61.2	−56.2	1.7	0	0
7	−20.3	−17.4	1	0	0
8	−194.5	−25.8	0.5	0	0
9	20.8	−4.3	1	0	0
10	−106.1	−22.9	1.5	0	0
11	43	16.4	1.3	1	1
12	47	16	1.9	1	1
13	−3.3	4	2.7	1	1
14	35	20.8	1.9	1	1
15	46.7	12.6	0.9	1	1
16	20.8	12.5	2.4	1	1
17	33	23.6	1.5	1	1
18	26.1	10.4	2.1	1	1
19	68.6	13.8	1.6	1	1
20	37.3	33.4	3.5	1	1
21	−49.2	−17.2	0.3	?	0
22	−19.2	−36.7	0.8	?	0
23	40.6	5.8	1.8	?	1
24	34.6	26.4	1.8	?	1
25	19.9	26.7	2.3	?	1

对于该问题，很明显可以用 Logistic 模型来回归，具体求解程序如下：

```
% logistic 回归 MATLAB 实现程序
%% 数据准备
clc, clear, close all
X0 = xlsread('logistic_ex1.xlsx', 'A2:C21');            % 回归模型的输入
Y0 = xlsread('logistic_ex1.xlsx', 'D2:D21');            % 回归模型的输出
X1 = xlsread('logistic_ex1.xlsx', 'A2:C26');            % 预测数据输入
%% logistics 函数
GM = fitglm(X0,Y0,'Distribution','binomial');
Y1 = predict(GM,X1);
%% 模型的评估
N0 = 1:size(Y0,1); N1 = 1:size(Y1,1);
plot(N0', Y0, '-kd');
hold on; scatter(N1', Y1, 'b')
xlabel('数据点编号'); ylabel('输出值');
```

得到的回归结果与原始数据的比较如图 4-5 所示。

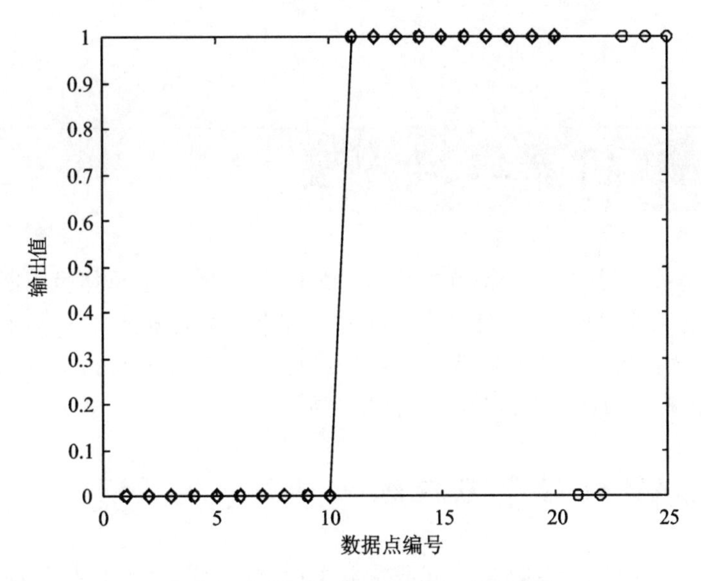

图 4-5　回归结果与原始数据的比较图

4.5 小　结

本章主要介绍数学建模中常用的几种回归方法。在使用回归方法的时候，首先要判断自变量的个数，如果超过 2 个，则需要用到多元回归的方法，否则考虑用一元回归。然后判断是线性还是非线性，这对于一元回归是比较容易的，而如果是多元，往往其他变量保持不变，将多元转化为一元再去判断是线性还是非线性的。如果变量很多，而且复杂，则可以首先考虑多元线性回归，检验回归效果，也可以用逐步回归。总之，用回归方法比较灵活，根据具体情况还是比较容易找到合适的方法的。

参考文献

[1] 卓金武，王鸿钧. MATLAB 数学建模方法与实践. [M]. 3 版. 北京：北京航空航天大学出版社，2018.

第 5 章

MATLAB 机器学习方法

近年来全国赛的题目中,多少都有些数据的题目,而且数据量总体呈不断增加的趋势。这是由于在科研界和工业界已积累了比较丰富的数据,伴随大数据概念的兴起及机器学习(machine learning)技术的发展,这些数据需要转化成更有意义的知识或模型。所以在建模竞赛中,只要数据量比较大,就有机器学习的用武之地。

5.1 MATLAB 机器学习概况

机器学习是一门多领域交叉学科,它涉及概率论、统计学、计算机科学以及软件工程。机器学习是指一套工具或方法,凭借这套工具和方法,利用历史数据对机器进行“训练”进而“学习”到某种模式或规律,并建立预测未来结果的模型。

机器学习涉及两类学习方法,如图 5-1 所示。第一类是有监督学习,主要用于决策支持,它利用有标识的历史数据进行训练,以实现对新数据的预测。有监督学习方法主要包括分类和回归,第 4 章介绍的回归方法,从机器学习的角度也是一种有监督的学习方法。本章主要介绍分类方法。第二类是无监督学习,主要用于知识发现,它在历史数据中发现隐藏的模式或内在结构。无监督学习方法主要包括聚类。

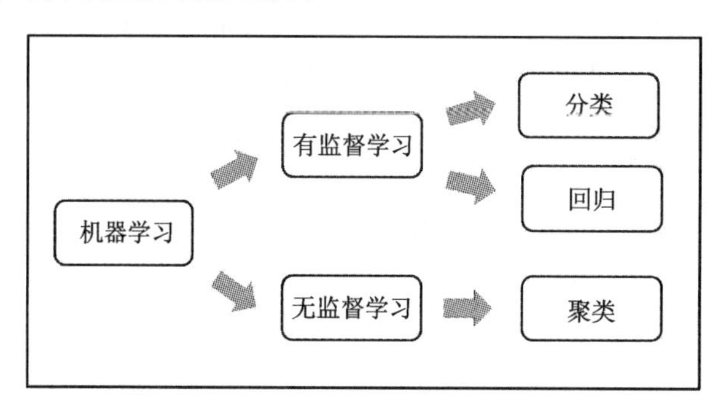

图 5-1 机器学习方法

MATLAB 统计与机器学习工具箱(Statistics and Machine Learning Toolbox)支持大量的分类模型、回归模型和聚类模型,并提供专门的应用程序(APP),以图形化的方式实现模型的训练、验证,以及模型之间的比较。

1. 分　类

分类技术预测的数据对象是离散值。例如,电子邮件是否为垃圾邮件,肿瘤是恶性还是良性等。分类模型将输入数据分类,典型应用包括医学成像、信用评分等。MATLAB 提供的经典分类方法如图 5-2 所示。

2. 聚　类

聚类算法用于在数据中寻找隐藏的模式或分组。聚类算法构成分组或类,类中的数据具有更高的相似度。聚类建模的相似度衡量可以通过欧几里得距离、概率距离或其他指标进行定义。MATLAB 支持的聚类方法如图 5-3 所示。

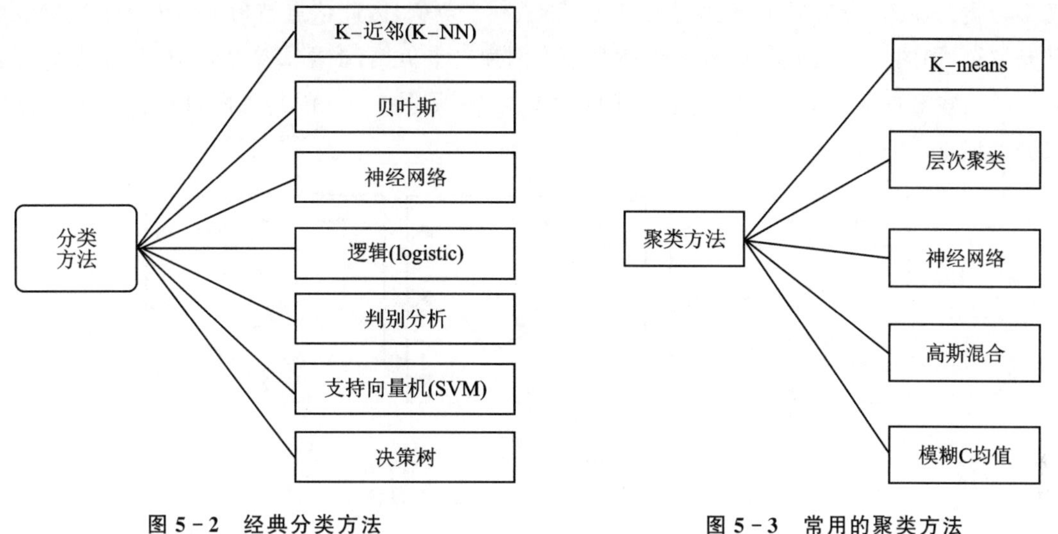

图 5-2　经典分类方法　　　　图 5-3　常用的聚类方法

以下将通过示例演示如何使用 MATLAB 提供的机器学习相关方法进行数据的分类和聚类。

5.2　分类方法

5.2.1　K-近邻分类

K-近邻(K-Nearest Neighbors,K-NN)算法是一种基于实例的分类方法,最初是由 Cover 和 Hart 于 1968 年提出的,是一种非参数的分类方法。

K-近邻分类方法计算每个训练样例到待分类样品的距离,取和待分类样品距离最近的 k 个训练样例,k 个样品中哪个类别的训练样例占多数,则待分类元组就属于哪个类别。使用最近邻确定类别的合理性可用下面的谚语来说明:"如果走像鸭子,叫像鸭子,看起来还像鸭子,那么它很可能就是一只鸭子",如图 5-4 所示。最近邻分类器把每个样例看作 d 维空间上的一个数据点,其中 d 是属性个数。给定一个测试样例,可以计算该测试样例与训练集中其他数据点的距离(邻近度),给定样例 z 的 K-近邻是指找出和 z 距离最近的 k 个数据点。

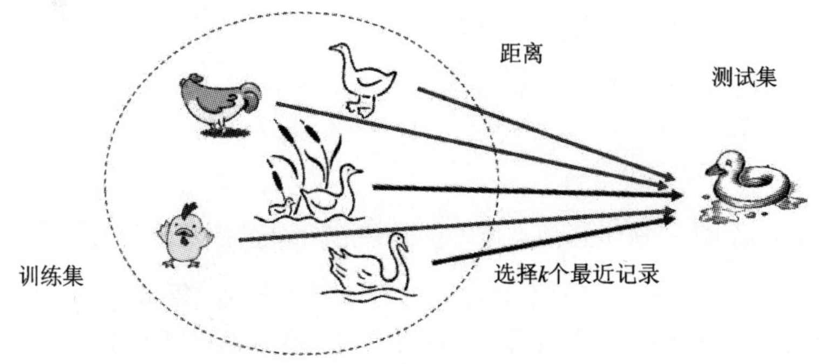

图 5-4　K-NN 方法原理示意图

图 5－5 给出了位于圆圈中心的数据点的 1－近邻、2－近邻和 3－近邻。该数据点根据其近邻的类标号进行分类。如果数据点的近邻中含有多个类标号，则将该数据点指派到其最近邻的多数类。在图 5－5(a)中，数据点的 1－近邻是一个负例，因此该点被指派到负类。如果最近邻是三个，如图 5－5(c)所示，其中包括两个正例和一个负例，根据多数表决方案，该点被指派到正类。在最近邻中正例和负例个数相同的情况下(见图 5－5(b))，可随机选择一个类标号来分类该点。

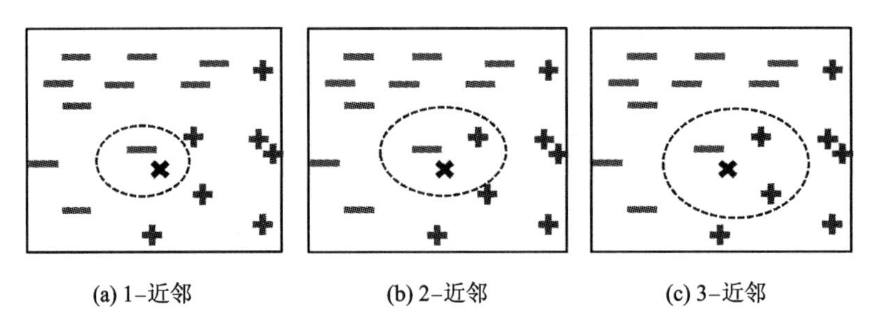

图 5－5　一个实例的 1－近邻、2－近邻和 3－近邻

K－NN 算法具体步骤如下：

① 初始化距离为最大值；

② 计算未知样本和每个训练样本的距离 dist；

③ 得到目前 k 个最近邻样本中的最大距离 maxdist；

④ 如果 dist 小于 maxdist，则将该训练样本作为 K－近邻样本；

⑤ 重复步骤②、③、④，直到未知样本和所有训练样本的距离都计算完；

⑥ 统计 k 个最近邻样本中每个类别出现的次数；

⑦ 选择出现频率最大的类别作为未知样本的类别。

根据 K－NN 算法的原理和步骤，可以看出，K－NN 算法对 k 值的依赖较高，所以 k 值的选择就非常重要了。如果 k 太小，预测目标容易产生变动性；相反，如果 k 太大，最近邻分类器可能会误分类测试样例，因为最近邻列表中可能包含远离其近邻的数据点(见图 5－6)。可通过有效参数的数目来确定 k 值。有效参数的数目大致等于 n/k，其中，n 是这个训练数据集中实例的数目。在实践中往往通过若干次实验来确定 k 值，取分类误差率最小的 k 值。

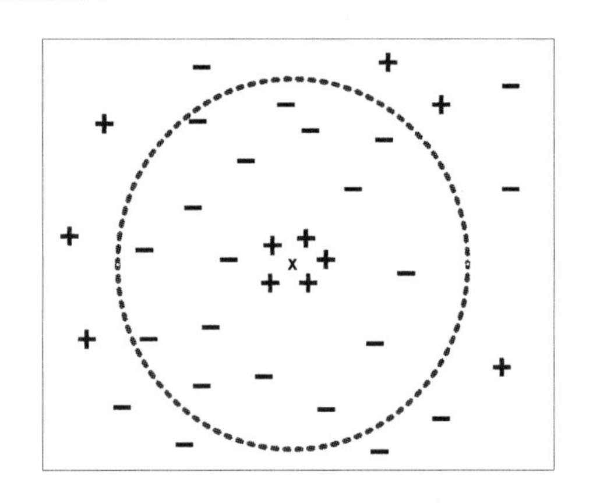

图 5－6　k 较大时的 K－近邻分类

【例 5－1】 背景：一家银行的工作人员通过电话调查客户是否会愿意购买一种理财产品，并记录调查结果 y。另外，银行有这些客户的一些资料 X，包括 16 个属性，如表 5－1 所列。现在希望建立一个分类器，来预测一个新客户是否愿意购买该产品。

表 5-1　银行客户资料的属性及意义

属性名称	属性意义及类型
age	年龄,数值变量
job	工作类型,分类变量
marital	婚姻状况,分类变量
education	学历情况,分类变量
default	信用状况,分类变量
balance	平均每年结余,数值变量
housing	是否有房贷,分类变量
loan	是否有个人贷款,分类变量
contact	留下的通信方式,分类变量
day	上次联系日期中日的数字,数值变量
month	上次联系日期中月的类别,分类变量
duration	上次联系持续时间(秒),数值变量
campaign	本次调查该客户的电话受访次数,数值变量
pdays	上次市场调查后到现在的天数,数值变量
previous	本次调查前与该客户联系的次数,数值变量
poutcome	之前市场调查的结果

现在就用 K－NN 算法建立该问题的分类器,在 MATLAB 中具体的实现步骤如下:

(1) 准备环境

```
clc, clear all, close all
```

(2) 导入数据及数据预处理

```
load bank.mat
%将分类变量转换成分类数组
names = bank.Properties.VariableNames;
category = varfun(@iscellstr, bank, 'Output', 'uniform');
for i = find(category)
    bank.(names{i}) = categorical(bank.(names{i}));
end
%跟踪分类变量
catPred = category(1:end-1);
%设置默认随机数生成方式,确保该脚本中的结果是可以重现的
rng('default');
%数据探索——数据可视化
figure(1)
gscatter(bank.balance,bank.duration,bank.y,'kk','xo')
xlabel('年平均余额/万元', 'fontsize',12)
ylabel('上次接触时间/秒', 'fontsize',12)
title('数据可视化效果图', 'fontsize',12)
set(gca,'linewidth',2);
%设置响应变量和预测变量
X = table2array(varfun(@double, bank(:,1:end-1)));  %预测变量
Y = bank.y;   %响应变量
disp('数据中 Yes & No 的统计结果:')
```

```
tabulate(Y)
% 将分类数组进一步转换成二进制数组，以便某些算法对分类变量的处理
XNum = [X(:,~catPred) dummyvar(X(:,catPred))];
YNum = double(Y) - 1;
```

执行以上程序，会得到数据中 yes 和 no 的统计结果：

```
Value     Count    Percent
no         888      88.80 %
yes        112      11.20 %
```

同时还会得到数据的可视化结果，如图 5-7 所示。图 5-7 显示的是两个变量(上次接触时间与年平均余额)的散点图，也可以说是这两个变量的相关性关系图，因为根据这些散点，能大致看出 yes 和 no 的两类人群关于这两个变量的分布特征。

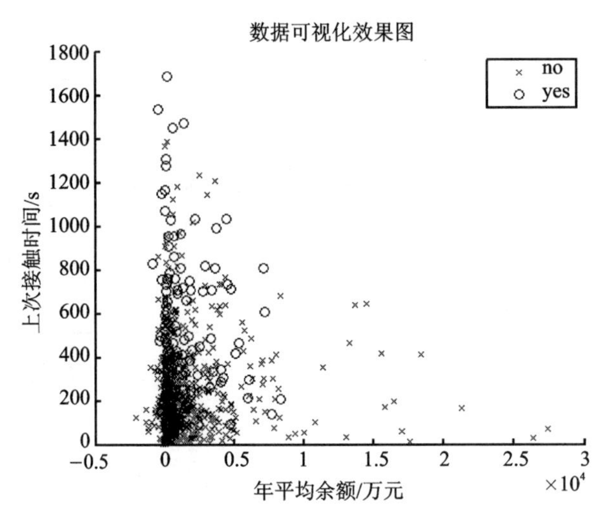

图 5-7 数据可视化结果

(3) 设置交叉验证方式

随机选择 40%的样本作为测试样本：

```
cv = cvpartition(height(bank),'holdout',0.40);
% 训练集
Xtrain = X(training(cv),:);
Ytrain = Y(training(cv),:);
XtrainNum = XNum(training(cv),:);
YtrainNum = YNum(training(cv),:);
% 测试集
Xtest = X(test(cv),:);
Ytest = Y(test(cv),:);
XtestNum = XNum(test(cv),:);
YtestNum = YNum(test(cv),:);
disp('训练集:')
tabulate(Ytrain)
disp('测试集:')
tabulate(Ytest)
```

程序执行结果如下：

```
训练集：
Value     Count      Percent
  no      528        88.00 %
  yes     72         12.00 %
测试集：
Value     Count      Percent
  no      360        90.00 %
  yes     40         10.00 %
```

(4) 训练 K－NN 分类器

```
knn = ClassificationKNN.fit(Xtrain,Ytrain,'Distance','seuclidean',...
                            'NumNeighbors',5);
 % 进行预测
[Y_knn, Yscore_knn] = knn.predict(Xtest);
Yscore_knn = Yscore_knn(:,2);
 % 计算混淆矩阵
disp('最近邻方法分类结果：')
C_knn = confusionmat(Ytest,Y_knn)
```

最近邻方法分类结果如下：

```
C_knn =
352     8
28      12
```

K－NN 方法在类别决策时，只与极少量的相邻样本有关，因此，采用这种方法可以较好地避免样本的不平衡问题。另外，由于 K－NN 方法主要靠周围有限的邻近的样本，而不是靠判别类域的方法来确定所属类别，因此对于类域的交叉或重叠较多的待分样本集来说，K－NN 方法较其他方法更为适合。

该方法的不足之处是计算量较大，因为对每一个待分类的样本都要计算它到全体已知样本的距离，才能求得它的 k 个最近邻点。针对该不足，主要有以下两类改进方法：

① 对于计算量大的问题，目前常用的解决方法是事先对已知样本点进行剪辑，去除对分类作用不大的样本。这样可以挑选出对分类计算有效的样本，使样本总数合理地减少，以同时达到减少计算量、存储量的双重效果。该算法适用于样本容量比较大的类域的自动分类，而那些样本容量较小的类域，采用这种算法容易产生误分。

② 对样本进行组织、整理、分群、分层，尽可能将计算压缩到接近测试样本邻域的小范围内，避免盲目地与训练样本集中的每个样本进行距离计算。

总的来说，该算法的适应性强，尤其适用于样本容量比较大的自动分类问题，而那些样本容量较小的分类问题，采用这种算法容易产生误分。

5.2.2 贝叶斯分类

贝叶斯分类是一类分类算法的总称，这类算法均以贝叶斯定理为基础，故统称为贝叶斯分类。

贝叶斯分类是一类利用概率统计知识进行分类的算法，其分类原理是贝叶斯定理。贝叶斯定理(Bayes' theorem)是由 18 世纪概率论和决策论的早期研究者 Thomas Bayes 发明的，故用其名字命名为贝叶斯定理。

贝叶斯定理是概率论中的一个结果，它与随机变量的条件概率以及边缘概率分布有关。

在有些关于概率的解说中，贝叶斯定理能够告诉人们如何利用新证据修改已有的看法。通常，事件 A 在事件 B(发生)的条件下的概率，与事件 B 在事件 A 的条件下的概率是不一样的，然而，这两者有确定的关系。贝叶斯定理就是对这种关系的陈述。

假设 X、Y 是一对随机变量，它们的联合概率 $P(X=x,Y=y)$是指 X 取值 x 且 Y 取值 y 的概率，条件概率是指一随机变量在另一随机变量取值已知的情况下取某一特定值的概率。例如，条件概率 $P(Y=y|X=x)$是指在变量 X 取值 x 的情况下，变量 Y 取值 y 的概率。X 和 Y 的联合概率、条件概率满足如下关系：

$$P(X,Y)=P(Y \mid X)P(X)=P(X \mid Y)P(Y)$$

此式变形可得到下面的公式：

$$P(Y \mid X)=\frac{P(X \mid Y)P(Y)}{P(X)}$$

称为贝叶斯定理。

贝叶斯定理很有用，因为它允许用先验概率 $P(Y)$、条件概率 $P(X|Y)$和证据 $P(X)$来表示后验概率。而在贝叶斯分类器中，朴素贝叶斯最为常用。下面介绍朴素贝叶斯的原理。

朴素贝叶斯分类是一种十分简单的分类算法，叫它朴素贝叶斯分类是因为这种方法的思想真的很朴素。朴素贝叶斯的思想基础是这样的：对于给出的待分类项，求解在此项出现的条件下各个类别出现的概率，哪个最大，就认为此待分类项属于哪个类别。通俗来说，就好比在街上看到一个黑人，我让你猜他是从哪里来的，你十有八九猜非洲。为什么呢？因为黑人中非洲人的比率最高，当然也可能是美洲人或亚洲人，但在没有其他可用信息的条件下，我们会选择条件概率最大的类别。这就是朴素贝叶斯的思想基础。

朴素贝叶斯分类器以简单的结构和良好的性能受到人们的关注，它是最优秀的分类器之一。朴素贝叶斯分类器建立在一个类条件独立性假设(朴素假设)的基础之上：给定类结点(变量)后，各属性结点(变量)之间相互独立。根据朴素贝叶斯的类条件独立假设，有

$$P(X \mid C_i)=\prod_{k=1}^{m} P(X_k \mid C_i)$$

条件概率 $P(X_1|C_i)$，$P(X_2|C_i)$，…，$P(X_n|C_i)$可以从训练数据集求得。根据此方法，对一个未知类别的样本 X，可以先计算出 X 属于每一个类别 C_i 的概率 $P(X|C_i)P(C_i)$，然后选择其中概率最大的类别作为其类别。

朴素贝叶斯分类的正式步骤如下：

① 设 $x=\{a_1,a_2,\cdots,a_m\}$为一个待分类项，而每个 a 为 x 的一个特征属性；

② 有类别集合 $C=\{y_1,y_2,\cdots,y_n\}$；

③ 计算 $P(y_1|x),P(y_2|x),\cdots,P(y_n|x)$；

④ 如果 $P(y_k|x)=\max\{P(y_1|x),P(y_2|x),\cdots,P(y_n|x)\}$，则 $x\in y_k$。

那么现在的关键就是如何计算第③步中的各条件概率。可以这么做：

(a) 找到一个已知分类的待分类项集合，这个集合叫作训练样本集。

(b) 统计得到在各类别下各个特征属性的条件概率估计，即

$$P(a_1 \mid y_1),P(a_2 \mid y_1),\cdots,P(a_m \mid y_1);$$
$$P(a_1 \mid y_2),P(a_2 \mid y_2),\cdots,P(a_m \mid y_2);$$
$$\vdots$$
$$P(a_1 \mid y_n),P(a_2 \mid y_n),\cdots,P(a_m \mid y_n)$$

(c) 如果各个特征属性是条件独立的,则根据贝叶斯定理有如下推导:

$$P(y_i \mid x)=\frac{P(x \mid y_i)P(y_i)}{P(x)}$$

因为分母对于所有类别为常数,因此只要将分子最大化即可;又因为各特征属性是条件独立的,所以有

$$P(x \mid y_i)P(y_i)=P(a_1 \mid y_i)P(a_2 \mid y_i)\cdots P(a_m \mid y_i)P(y_i)=P(y_i)\prod_{j=1}^{m}P(a_j \mid y_i)$$

根据上述分析,朴素贝叶斯分类的流程可以由图 5-8 表示(暂时不考虑验证)。

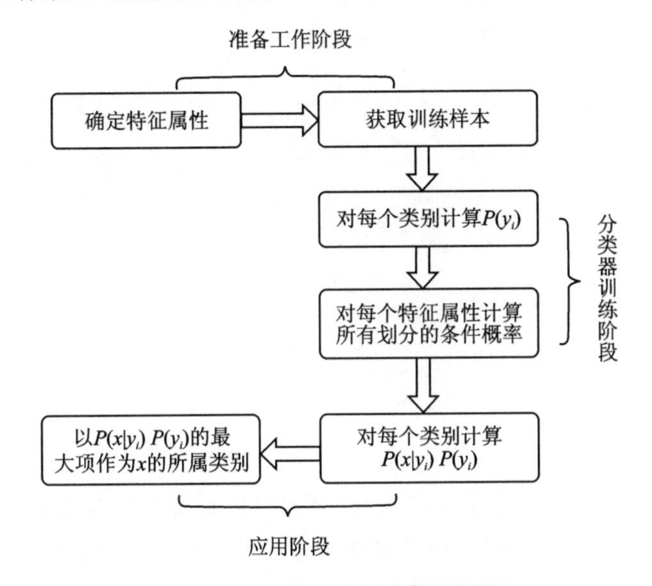

图 5-8　朴素贝叶斯分类流程图

由图 5-8 可以看到,整个朴素贝叶斯分类分为三个阶段:

第一阶段:准备工作阶段。这个阶段的任务是为朴素贝叶斯分类做必要的准备,主要工作是根据具体情况确定特征属性,并对每个特征属性进行适当划分,然后由人工对一部分待分类项进行分类,形成训练样本集合。这一阶段的输入是所有待分类数据,输出是特征属性和训练样本。这一阶段是整个朴素贝叶斯分类中唯一需要人工完成的阶段,其质量对整个过程将有重要影响。分类器的质量很大程度上由特征属性、特征属性划分及训练样本质量决定。

第二阶段:分类器训练阶段。这个阶段的任务就是生成分类器,主要工作是计算每个类别在训练样本中的出现频率及每个特征属性划分对每个类别的条件概率估计,并记录结果。其输入是特征属性和训练样本,输出是分类器。这一阶段是机械性阶段,根据前面讨论的公式,由程序自动计算完成。

第三阶段:应用阶段。这个阶段的任务是使用分类器对待分类项进行分类,其输入是分类器和待分类项,输出是待分类项与类别的映射关系。这一阶段也是机械性阶段,由程序完成。

朴素贝叶斯算法成立的前提是各属性之间相互独立。当数据集满足这种独立性假设时,分类的准确度较高,否则可能较低。另外,该算法没有分类规则输出。

在许多场合,朴素贝叶斯(Naïve Bayes,NB)分类可以与决策树和神经网络分类算法相媲美,其算法能运用到大型数据库中,且方法简单,分类准确率高,速度快。由于贝叶斯定理假设一个属性值对给定类的影响独立于其他的属性值,而此假设在实际情况中经常是不成立的,因

此其分类准确率可能会下降。为此，就出现了许多降低独立性假设的贝叶斯分类算法，如TAN(Tree Augmented Bayes Network)算法、贝叶斯网络分类器(Bayesian Network Classifier,BNC)等。

【例 5-2】 用朴素贝叶斯算法来训练例 5-1 中关于银行市场调查的分类器。

具体实现代码如下：

```
dist = repmat({'normal'},1,width(bank) - 1);
dist(catPred) = {'mvmn'};
% 训练分类器
Nb = NaiveBayes.fit(Xtrain,Ytrain,'Distribution',dist);
% 进行预测
Y_Nb = Nb.predict(Xtest);
Yscore_Nb = Nb.posterior(Xtest);
Yscore_Nb = Yscore_Nb(:,2);
% 计算混淆矩阵
disp('贝叶斯方法分类结果:')
C_nb = confusionmat(Ytest,Y_Nb)
```

贝叶斯方法分类结果如下：

```
C_nb =
305    55
19     21
```

朴素贝叶斯分类器一般具有以下特点：

① 简单，高效，健壮。面对孤立的噪声点，朴素贝叶斯分类器是健壮的，因为从数据中估计条件概率时，这些点被平均；另外，朴素贝叶斯分类器也可以处理属性值遗漏问题。而面对无关属性，该分类器依然是健壮的，因为如果 X_i 是无关属性，那么 $P(X_i|Y)$ 几乎变成了均匀分布，X_i 的类条件概率不会对总的后验概率的计算产生影响。

② 相关属性可能会降低朴素贝叶斯分类器的性能，因为对这些属性，条件独立的假设已不成立。

5.2.3 支持向量机分类

支持向量机(Support Vector Machine,SVM)法是由 Vapnik 等人于 1995 年提出的，具有相对优良的性能指标。该方法是建立在统计学理论基础上的机器学习方法。通过学习算法，SVM 可以自动找出那些对分类有较好区分能力的支持向量，由此构造出的分类器可以最大化类与类的间隔，因而有较好的适应能力和较高的分辨率。该方法只需由各类域的边界样本的类别来决定最后的分类结果。

SVM 属于有监督(有导师)学习方法，即已知训练点的类别，求训练点和类别之间的对应关系，以便将训练集按照类别分开，或者预测新的训练点所对应的类别。由于 SVM 在实例的学习中能够提供清晰、直观的解释，所以在文本分类、文字识别、图像分类、升序序列分类等方面的实际应用中，其都呈现了非常好的性能。

SVM 构建了一个分割两类的超平面(这也可以扩展到多类问题)。在构建的过程中，SVM 算法试图使两类之间的分割达到最大化，如图 5-9 所示。

以一个很大的边缘分隔两个类可以使期望泛化误差最小化。“最小化泛化误差”的含义是：当对新的样本(数值未知的数据点)进行分类时，基于学习所得的分类器(超平面)，使我们

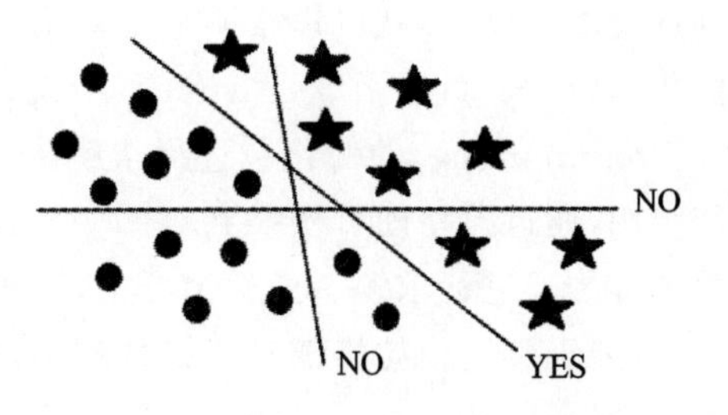

图 5-9　SVM 划分算法示意图

(对其所属分类)预测错误的概率被最小化。直觉上,这样的一个分类器实现了两个分类之间的分离边缘最大化。图 5-9 解释了"最大化边缘"的概念。和分类器平面平行、分别穿过数据集中的一个或多个点的两个平面称为边界平面(bounding plane),这些边界平面的距离称为边缘(margin),而"通过 SVM 学习"的含义是找到最大化这个边缘的超平面。落在边界平面上的(数据集中的)点称为支持向量(support vector)。这些点在这一理论中的作用至关重要,故称为"支持向量机"。支持向量机的基本思想就是,与分类器平行的两个平面,能很好地分开两类不同的数据,且穿越两类数据区域集中的点,现在欲寻找最佳超几何分隔平面使之与两个平面间的距离最大,如此便能实现分类总误差最小。支持向量机是基于统计学模式识别理论之上的,其理论相对难懂一些,因此本节侧重用实例来引导和讲解。

支持向量机最初是在研究线性可分问题的过程中提出的,所以这里先来介绍线性 SVM 的基本原理。为不失一般性,假设容量为 n 的训练样本集 $\{(\boldsymbol{x}_i, y_i), i=1,2,\cdots,n\}$ 由两个类别组成(黑体符号表示向量或矩阵),若 $\boldsymbol{x}_i$ 属于第一类,则记为 $y_i=1$;若 $\boldsymbol{x}_i$ 属于第二类,则记为 $y_i=-1$。

若存在分类超平面:

$$\boldsymbol{w}^{\mathrm{T}}\boldsymbol{x}+\boldsymbol{b}=\boldsymbol{0}$$

能够将样本正确地划分成两类,即相同类别的样本都落在分类超平面的同一侧,则称该样本集是线性可分的,即满足

$$\begin{cases}\boldsymbol{w}^{\mathrm{T}}\boldsymbol{x}_i+\boldsymbol{b}\geqslant \boldsymbol{1}, y_i=1\\ \boldsymbol{w}^{\mathrm{T}}\boldsymbol{x}_i+\boldsymbol{b}\leqslant -\boldsymbol{1}, y_i=-1\end{cases} \tag{5-1}$$

此处,可知平面 $\boldsymbol{w}^{\mathrm{T}}\boldsymbol{x}_i+\boldsymbol{b}=\boldsymbol{1}$ 和 $\boldsymbol{w}^{\mathrm{T}}\boldsymbol{x}_i+\boldsymbol{b}=-\boldsymbol{1}$ 即为该分类问题中的边界超平面,这个问题可以回归到初中学过的线性规划问题。边界超平面 $\boldsymbol{w}^{\mathrm{T}}\boldsymbol{x}_i+\boldsymbol{b}=\boldsymbol{1}$ 到原点的距离为 $\dfrac{|\boldsymbol{b}-\boldsymbol{1}|}{\|\boldsymbol{w}\|}$;而边界超平面 $\boldsymbol{w}^{\mathrm{T}}\boldsymbol{x}_i+\boldsymbol{b}=-\boldsymbol{1}$ 到原点的距离为 $\dfrac{|\boldsymbol{b}+\boldsymbol{1}|}{\|\boldsymbol{w}\|}$。所以这两个边界超平面的距离是 $\dfrac{2}{\|\boldsymbol{w}\|}$。同时注意,这两个边界超平面是平行的。而根据 SVM 的基本思想,最佳超平面应该使两个边界平面的距离最大化,即最大化 $\dfrac{2}{\|\boldsymbol{w}\|}$,也就是最小化其倒数,即

$$\min \frac{\|\boldsymbol{w}\|}{2}=\frac{1}{2}\sqrt{\boldsymbol{w}^{\mathrm{T}}\boldsymbol{w}} \tag{5-2}$$

为了求解这个超平面的参数,可以以最小化式(5-2)为目标,而其要满足式(5-1)。

式(5-1)中的两个表达式可以综合表达为

$$y_i(\boldsymbol{w}^{\mathrm{T}}\boldsymbol{x}_i+\boldsymbol{b})\geqslant 1$$

由此,可以得到如下目标规划问题:

$$\min \frac{\|\boldsymbol{w}\|}{2}=\frac{1}{2}\sqrt{\boldsymbol{w}^{\mathrm{T}}\boldsymbol{w}}$$

$$\text{s.t. } y_i(\boldsymbol{w}^{\mathrm{T}}\boldsymbol{x}_i+\boldsymbol{b})\geqslant 1,\quad i=1,2,\cdots,n$$

得到这个形式以后，就可以很明显地看出它是一个凸优化问题，或者更具体地说，它是一个二次优化问题——目标函数是二次的，约束条件是线性的。这个问题可以用现成的 QP(Quadratic Programming)的优化包进行求解。虽然这个问题确实是一个标准 QP 问题，但是也有其特殊结构，通过拉格朗日变换到对偶变量(dual variable)的优化问题之后，可以找到一种更加有效的方法来进行求解。通常情况下，这种方法比直接使用通用的 QP 优化包进行优化更高效，而且便于推广。拉格朗日变换的作用，简单来说，就是通过给每一个约束条件加上一个拉格朗日乘值(Lagrange multiplier)α，就可以将约束条件融合到目标函数里去(也就是说，把条件融合到一个函数里，现在只用一个函数表达式便能清楚地表达出问题)。该问题的拉格朗日表达式为

$$L(\boldsymbol{w},\boldsymbol{b},\boldsymbol{\alpha})=\frac{1}{2}\|\boldsymbol{w}\|^2-\sum a_i[y_i(\boldsymbol{w}^{\mathrm{T}}\boldsymbol{x}_i+\boldsymbol{b})-1]$$

式中，$a_i>0(i=1,2,\cdots,n)$为 Lagrange 系数。

然后依据拉格朗日对偶理论将其转化为对偶问题，即

$$\begin{cases}\max L(\boldsymbol{\alpha})=\sum\limits_{i=1}^{n}a_i-\dfrac{1}{2}\sum\limits_{i=1}^{n}\sum\limits_{i=1}^{n}a_ia_jy_iy_j(\boldsymbol{x}_i^{\mathrm{T}}\boldsymbol{x}_j)\\ \text{s. t. }\ \sum\limits_{i=1}^{n}a_iy_i=0,a_i\geqslant 0\end{cases}$$

这个问题可以用二次规划方法求解。设求解所得的最优解为 $\boldsymbol{a}^*=[a_1^*,a_2^*,\cdots,a_n^*]^{\mathrm{T}}$，则可以得到最优的$\boldsymbol{w}^*$ 和 $\boldsymbol{b}^*$ 为

$$\begin{cases}\boldsymbol{w}^*=\sum\limits_{i=1}^{n}a_i^*\boldsymbol{x}_iy_i\\ \boldsymbol{b}^*=-\dfrac{1}{2}\boldsymbol{w}^*(\boldsymbol{x}_{\mathrm{r}}+\boldsymbol{x}_{\mathrm{s}})\end{cases}$$

式中，$\boldsymbol{x}_{\mathrm{r}}$ 和 $\boldsymbol{x}_{\mathrm{s}}$ 为两个类别中任意的一对支持向量。

最终得到的最优分类函数为

$$f(x)=\operatorname{sgn}\left[\sum_{i=1}^{n}a_i^*y_i(\boldsymbol{x}^{\mathrm{T}}\boldsymbol{x}_i)+\boldsymbol{b}^*\right]$$

在输入空间中，如果数据不是线性可分的，那么 0 支持向量机通过非线性映射 $\phi:R^n\to F$ 将数据映射到某个其他点积空间(称为特征空间)F，然后在 F 中执行上述线性算法。这只需计算点积$[\boldsymbol{\phi}(\boldsymbol{x})]^{\mathrm{T}}\boldsymbol{\phi}(\boldsymbol{x})$即可完成映射。在很多文献中，这一函数被称为核函数(kernel)，用$\boldsymbol{K}(\boldsymbol{x},y)=[\boldsymbol{\phi}(\boldsymbol{x})]^{\mathrm{T}}\boldsymbol{\phi}(\boldsymbol{x})$表示。

支持向量机的理论有三个要点：

① 最大化间距；

② 核函数；

③ 对偶理论。

对于线性 SVM，还有一种更便于理解和便于 MATLAB 编程的求解方法，即引入松弛变量，转化为纯线性规划问题。同时引入松弛变量后，SVM 更符合大部分的样本，因为对于大部分的情况，很难将所有的样本都明显地分成两类，总有少数样本寻找不到最佳超平面的情况。为了加深大家对 SVM 的理解，本书也详细介绍一下这种 SVM 的解法。

一个典型的线性 SVM 模型可以表示为

$$\begin{cases} \min \dfrac{\| \boldsymbol{w} \|^2}{2} + v\sum_{i=1}^{n}\lambda_i \\ \text{s. t.} \begin{cases} y_i(\boldsymbol{w}^{\mathrm{T}}\boldsymbol{x}_i + \boldsymbol{b}) + \lambda_i \geqslant 1 \\ \lambda_i \geqslant 0 \end{cases}, i = 1,2,\cdots,n \end{cases}$$

Mangasarian 证明该模型与下面模型的解几乎完全相同：

$$\begin{cases} \min v\sum_{i=1}^{n}\lambda_i \\ \text{s. t.} \begin{cases} y_i(\boldsymbol{w}^{\mathrm{T}}\boldsymbol{x}_i + \boldsymbol{b}) + \lambda_i \geqslant 1 \\ \lambda_i \geqslant 0 \end{cases}, i = 1,2,\cdots,n \end{cases}$$

这样，对于二分类的 SVM 问题就可以转化为非常便于求解的线性规划问题了。

【例 5 - 3】 用支持向量机的方法来训练例 5 - 1 中关于银行市场调查的分类器。

具体实现代码如下：

```
opts = statset('MaxIter',45000);
% 训练分类器
svmStruct = svmtrain(Xtrain,Ytrain,'kernel_function','linear',
                    'kktviolationlevel',0.2,'options',opts);
% 进行预测
Y_svm = svmclassify(svmStruct,Xtest);
Yscore_svm = svmscore(svmStruct, Xtest);
Yscore_svm = (Yscore_svm - min(Yscore_svm))/range(Yscore_svm);
% 计算混淆矩阵
disp('SVM 方法分类结果：')
C_svm = confusionmat(Ytest,Y_svm)
```

SVM 方法分类结果如下：

```
C_svm =
276     84
9       31
```

SVM 具有许多很好的性质，因此它已经成为广泛使用的分类算法之一。下面简要总结 SVM 的一般特征。

① SVM 学习问题可以表示为凸优化问题，因此可以利用已知的有效算法发现目标函数的全局最小值。而其他的分类方法(如基于规则的分类器和人工神经网络)都采用一种基于贪心学习的策略来搜索假设空间，这种方法一般只能获得局部最优解。

② SVM 通过最大化决策边界的边缘来控制模型的能力。尽管如此，用户必须提供其他参数，如使用的核函数类型，为了引入松弛变量所需的代价函数 C 等。当然一些 SVM 工具都会有默认设置，一般选择默认的设置就可以了。

③ 对数据中每个分类属性值引入一个亚变量，SVM 就可以应用于分类数据。例如，如果婚姻状况有三个值(单身，已婚，离异)，就可以对每一个属性值引入一个二元变量。

5.3 聚类方法

5.3.1 K－means 聚类

K－means 算法(即 K－均值聚类算法)是著名的划分聚类分割方法。划分方法的基本思想是:给定一个有 N 个元组或者记录的数据集,分裂法将构造 K 个分组,每一个分组代表一个聚类,$K<N$,而且这 K 个分组满足下列条件:

① 每一个分组至少包含一个数据记录;

② 每一个数据记录属于且仅属于一个分组。

对于给定的 K,算法首先给出一个初始的分组方法,以后通过反复迭代的方法改变分组,使得每一次改进之后的分组方案都较前一次好。而所谓好的标准就是:同一分组中的记录越近越好(已经收敛,反复迭代至组内的数据几乎无差异),而不同分组中的记录越远越好。

K－means 算法的工作原理:首先随机从数据集中选取 K 个点,每个点初始地代表每个簇的聚类中心,然后计算剩余各个样本到聚类中心的距离,将它赋给最近的簇,接着重新计算每一簇的平均值。整个过程不断重复,如果相邻两次调整没有明显变化,则说明数据聚类形成的簇已经收敛。本算法的一个特点是在每次迭代中都要考察每个样本的分类是否正确。若不正确,就要调整,在全部样本调整完后,再修改聚类中心,进入下一次迭代。这个过程将不断重复直到满足某个终止条件。终止条件可以是以下任何一个:

① 没有对象被重新分配给不同的聚类;

② 聚类中心再发生变化;

③ 误差平方和局部最小。

K－means 算法步骤:

① 从 n 个数据对象中任意选择 k 个对象作为初始聚类中心。

② 根据每个聚类对象的均值(中心对象),计算每个对象与这些中心对象的距离,并根据最小距离重新对相应对象进行划分。

③ 重新计算每个聚类的均值(中心对象),直到聚类中心不再变化。这种划分使得

$$E=\sum_{j=1}^{k}\sum_{x_i\in\omega_j}\|x_i-m_j\|^2$$

最小。式中,x_i 为第 i 样本点的位置;m_j 第 j 个聚类中心的位置。

④ 循环第②、③步,直到每个聚类不再发生变化为止。

K－means 算法是很典型的基于距离的聚类算法,采用距离作为相似性的评价指标,即认为两个对象的距离越近,其相似度就越大。该算法认为簇是由距离靠近的对象组成的,因此把得到紧凑且独立的簇作为最终目标。

K－means 算法的输入:聚类个数 k,包含 n 个数据对象的数据库;输出:满足方差最小标准的 k 个聚类。

处理流程:

① 从 n 个数据对象中任意选择 k 个对象作为初始聚类中心;

② 根据每个聚类对象的均值(中心对象),计算每个对象与这些中心对象的距离,并根据

最小距离重新对相应对象进行划分；

③ 重新计算每个(有变化)聚类的均值(中心对象)；

④ 循环②、③,直到每个聚类不再发生变化为止。

K-means 算法接受输入量 k,然后将 n 个数据对象划分为 k 个聚类,以便使所获得的聚类满足:同一聚类中的对象相似度较高,而不同聚类中的对象相似度较低。聚类相似度是利用各聚类中对象的均值获得一个"中心对象"(引力中心)来进行计算的。

K-means 算法的特点:采用两阶段反复循环过程算法,结束的条件是不再有数据元素被重新分配。

下面以一个小实例为载体来学习如何用 K-means 算法实现实际的分类问题。

【例 5-4】 已知有 20 个样本,每个样本有 2 个特征,数据分布如表 5-3 所列,试对这些数据进行分类。

表 5-3　数据分布

X_1	0	1	0	1	2	1	2	3	6	7
X_2	0	0	1	1	1	2	2	2	6	6
X_1	8	6	7	8	9	7	8	9	8	9
X_2	6	7	7	7	7	8	8	8	9	9

根据以上理论编写本例的 MATLAB 程序。

程序编号	P5-1	文件名称	kmeans_v1	说明	K-means 方法的 MATLAB 实现

```
%% K-means 方法的 MATLAB 实现
%% 数据准备和初始化
clc
clear
x=[0 0;1 0; 0 1; 1 1;2 1;1 2; 2 2;3 2; 6 6; 7 6; 8 6;
   6 7; 7 7; 8 7; 9 7 ; 7 8; 8 8; 9 8; 8 9 ; 9 9];
z=zeros(2,2);
z1=zeros(2,2);
z=x(1:2, 1:2);
%% 寻找聚类中心
while 1
    count=zeros(2,1);
    allsum=zeros(2,2);
    for i=1:20 % 对每一个样本 i,计算到两个聚类中心的距离
        temp1=sqrt((z(1,1)-x(i,1)).^2+(z(1,2)-x(i,2)).^2);
        temp2=sqrt((z(2,1)-x(i,1)).^2+(z(2,2)-x(i,2)).^2);
        if(temp1<temp2)
            count(1)=count(1)+1;
            allsum(1,1)=allsum(1,1)+x(i,1);
            allsum(1,2)=allsum(1,2)+x(i,2);
        else
            count(2)=count(2)+1;
            allsum(2,1)=allsum(2,1)+x(i,1);
            allsum(2,2)=allsum(2,2)+x(i,2);
        end
    end
    z1(1,1)=allsum(1,1)/count(1);
```

```
    z1(1,2) = allsum(1,2)/count(1);
    z1(2,1) = allsum(2,1)/count(2);
    z1(2,2) = allsum(2,2)/count(2);
    if(z == z1)
        break;
    else
        z = z1;
    end
end
% %结果显示
disp(z1);            %输出聚类中心
plot( x(:,1), x(:,2),'k * ',...
    'LineWidth',2,...
    'MarkerSize',10,...
    'MarkerEdgeColor','k',...
    'MarkerFaceColor',[0.5,0.5,0.5])
hold on
plot(z1(:,1),z1(:,2),'ko',...
    'LineWidth',2,...
    'MarkerSize',10,...
    'MarkerEdgeColor','k',...
    'MarkerFaceColor',[0.5,0.5,0.5])
set(gca,'linewidth',2) ;
xlabel(' 特征 x1','fontsize',12);
ylabel(' 特征 x2', 'fontsize',12);
title('K - means 分类图 ','fontsize',12);
```

运行程序，很快得到如图 5 - 10 所示结果，可以看出，K - means 聚类的效果非常显著。

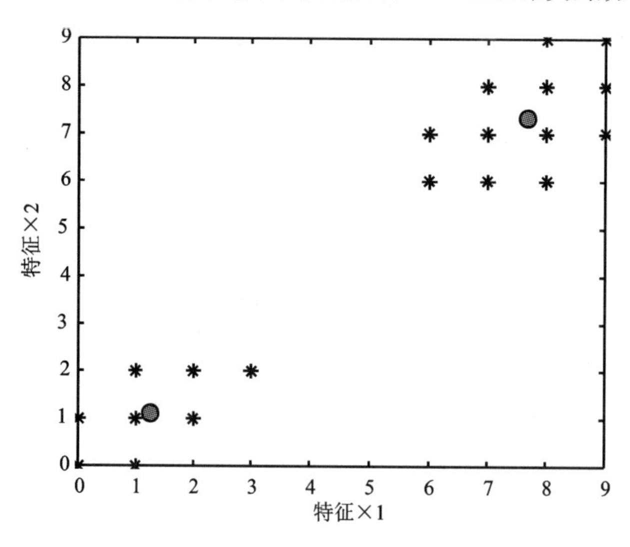

图 5 - 10　K - means 聚类分类图

以上实例中，根据 K - means 算法步骤，通过自主编程就可以实现对问题的聚类，这对加深算法的理解非常有帮助。在实际中，也可以使用更集成的方法——使用 kmeans 函数。下例将介绍如何使用 MATLAB 自带的 kmeans 函数高效实现该方法。

【例 5-5】 背景:一家银行希望对债券进行分类,但不知道分成几类合适。已经知道这些债券的一些基本的属性(见表 5-4)和这些债券目前的评级,所以希望先通过聚类来确定分成几类合适。

表 5-4　客户资料的属性及意义

属性名称	属性意义及类型
Type	债券的类型,分类变量
Name	发行债券的公司名称,字符变量
Price	债券的价格,数值型变量
Coupon	票面利率,数值变量
Maturity	到期日,符号日期
YTM	到期收益率,数值变量
CurrentYield	当前收益率,数值变量
Rating	评级结果,分类变量
Callable	是否随时可偿还,分类变量

下面用 K-means 算法来对这些债券样本进行聚类,在 MATLAB 中具体的实现步骤如下:

(1) 导入数据和预处理数据

```
clc, clear all, close all
load BondData
settle = floor(date);
% 数据预处理
bondData.MaturityN = datenum(bondData.Maturity,'dd-mmm-yyyy');
bondData.SettleN = settle * ones(height(bondData),1);
% 筛选数据
corp = bondData(bondData.MaturityN > settle &...
                bondData.Type == 'Corp'&...
                bondData.Rating >= 'CC'&...
                bondData.YTM < 30 &...
                bondData.YTM >= 0, :);
% 设置随机数生成方式,保证结果可重现
rng('default');
```

(2) 探索数据

```
Figure
gscatter(corp.Coupon,corp.YTM,corp.Rating)
set(gca,'linewidth',2);
xlabel('票面利率')
ylabel('到期收益率')
% 选择聚类变量
corp.RatingNum = double(corp.Rating);
bonds = corp{:,{'Coupon','YTM','CurrentYield','RatingNum'}};
% 设置类别数量
numClust = 3;
% 设置用于可视化聚类效果的变量
VX = [corp.Coupon, double(corp.Rating), corp.YTM];
```

执行以上代码产生了如图 5-11 所示的数据分布图,通过该图可以看出债券评级结果与指标变量之间的大致关系,即到期收益率越大,票面利率越大,债券被评为 CC 或 CCC 级别的可能性越高。

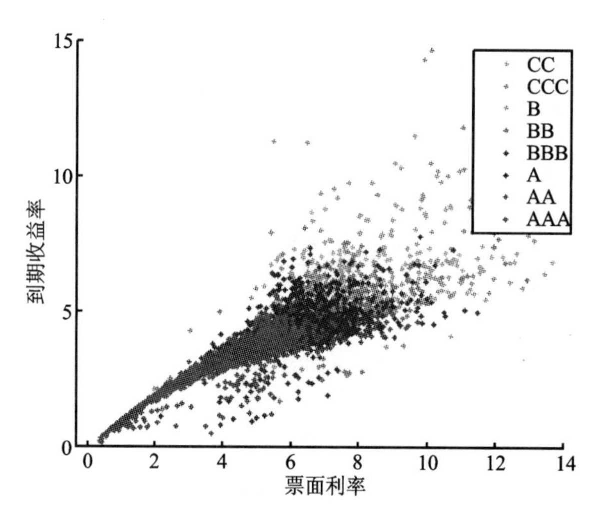

图 5-11　数据分布图

(3) K-means 聚类

```
dist_k = 'cosine';
kidx = kmeans(bonds, numClust,'distance', dist_k);
%绘制聚类效果图
Figure
F1 = plot3(VX(kidx == 1,1), VX(kidx == 1,2),VX(kidx == 1,3),'r * ', ...
           VX(kidx == 2,1), VX(kidx == 2,2),VX(kidx == 2,3),'bo', ...
           VX(kidx == 3,1), VX(kidx == 3,2),VX(kidx == 3,3),'kd');
set(gca,'linewidth',2);
grid on;
set(F1,'linewidth',2, 'MarkerSize',8);
xlabel(' 票面利率 ','fontsize',12);
ylabel(' 评级得分 ','fontsize',12);
ylabel(' 到期收益率 ','fontsize',12);
title('K-means 方法聚类结果 ')
%评估各类别的相关程度
dist_metric_k = pdist(bonds,dist_k);
dd_k = squareform(dist_metric_k);
[~,idx] = sort(kidx);
dd_k = dd_k(idx,idx);
figure
imagesc(dd_k)
set(gca,'linewidth',2);
xlabel(' 数据点 ','fontsize',12)
ylabel(' 数据点 ', 'fontsize',12)
title('K-means 聚类结果相关程度图 ', 'fontsize',12)
ylabel(colorbar,[' 距离矩阵:', dist_k])
axis square
```

以上代码具体执行了 K-means 方法聚类,并将结果以聚类效果图(见图 5-12)和簇间的相关程度图(见图 5-13)的形式表现了出来。

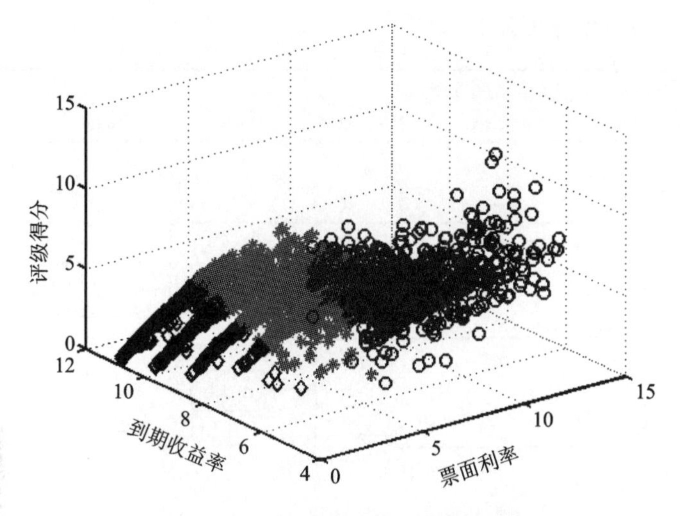

图 5 - 12　K - means 方法聚类结果图

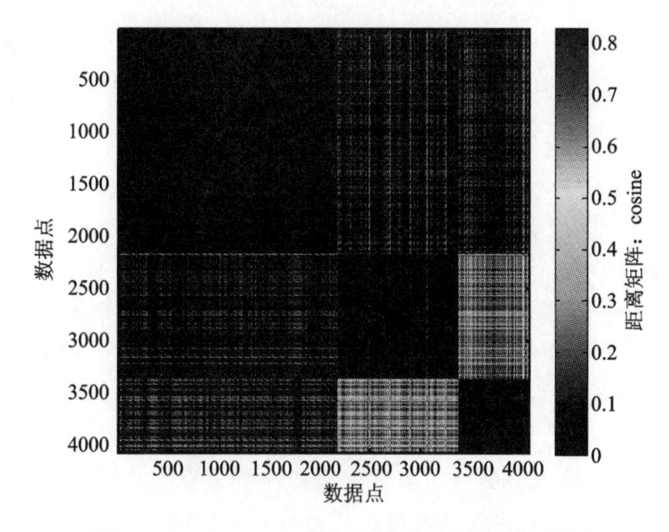

图 5 - 13　K - means 聚类结果簇间的相关程度图

① 在 K - means 算法中，K 是事先给定的，这个 K 值的选定是非常难以估计的。

② 在 K - means 算法中，首先需要根据初始聚类中心来确定一个初始划分，然后对初始划分进行优化。

③ K - means 算法需要不断地进行样本分类调整，不断地计算调整后的新的聚类中心，因此当数据量非常大时，算法计算的时间非常长。

④ K - means 算法对一些离散点和初始 K 值敏感，不同的距离初始值对同样的数据样本可能得到不同的结果。

5.3.2　层次聚类

层次聚类算法是通过将数据组织为若干组并形成一个相应的树来进行聚类的。根据层次是自底向上还是自顶向下形成，层次聚类算法可以进一步分为凝聚型的聚类（AGENES）算法和分裂型的聚类（DIANA）算法，如图 5 - 14 所示。一个完全层次聚类的质量由于无法对已经做的合并或分解进行调整而受到影响。但是层次聚类算法没有使用准则函数，它对数据结构的假设更少，所以它的通用性更强。

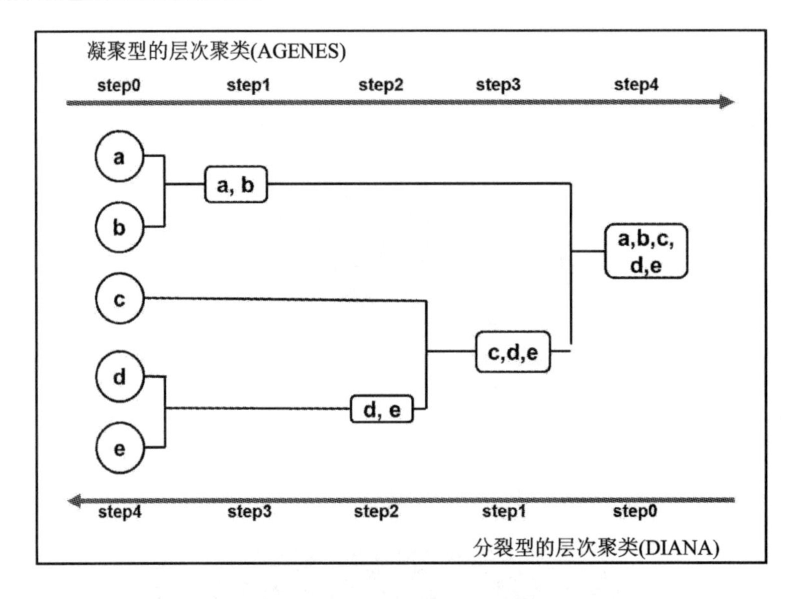

图 5－14　凝聚型和分裂型的层次聚类的处理过程

在实际应用中，一般有两种层次聚类方法。

① 凝聚型的层次聚类：这种自底向上的策略首先将每个对象作为一个簇，然后将这些原子簇合并为越来越大的簇，直到所有的对象都在一个簇中，或者某个终结条件被达到。大部分的层次聚类方法都属于一类，它们在簇间的相似度的定义有点不一样。

② 分裂型的层次聚类：这种自顶向下的策略与凝聚型的层次聚类有些不一样，它首先将所有对象放在一个簇中，然后慢慢地细分为越来越小的簇，直到每个对象自行形成一簇，或者直到满足其他的一个终结条件，例如满足了某个期望的簇数目，又或者两个最近的簇之间的距离达到了某一个阈值。

图 5－14 描述了一个凝聚型的层次聚类方法和一个分裂型的层次聚类方法在一个包括五个对象数据集合{a，b，c，d，e}上的处理过程。初始时，AGENES 将每个样本点自为一簇，之后这样的簇依照某一种准则逐渐合并。例如，簇 C1 中的某个样本点和簇 C2 中的一个样本点相隔的距离是所有不同类簇的样本点间欧几里得距离最近的，则认为簇 C1 和簇 C2 是相似可合并的。这就是一类单链接的方法，其每一个簇能够被簇中其他所有的对象代表，两簇之间的相似度是由这里的两个不同簇中的距离最相近的数据点对的相似度来定义的。聚类的合并进程往复地进行，直到其他的对象合并形成了一个簇。而 DIANA 方法的运行过程中，初始时 DIANA 将所有样本点归为同一类簇，然后根据某种准则逐渐分裂。例如，类簇 C 中两个样本点 A 和 B 之间的距离是类簇 C 中所有样本点间距离最远的一对，那么样本点 A 和 B 将分裂成两个簇 C1 和 C2，并且先前类簇 C 中其他样本点根据与 A 和 B 之间的距离，分别纳入到簇 C1 和 C2 中(例如，类簇 C 中样本点 O 与样本点 A 的欧几里得距离为 2，与样本点 B 的欧几里得距离为 4，因为 Distance(A，O)<Distance(B，O)，所以 O 将纳入到类簇C1 中)。

AGENES 算法的核心步骤：

输入：K(目标类簇数)、D(样本点集合)；

输出：K 个类簇集合。

AGENES 算法的具体步骤：

① 将 D 中每个样本点当作其类簇；

② 重复第①步；

③ 找到分属两个不同类簇，且距离最近的样本点对；

④ 将两个类簇合并；

⑤ util 类簇数 $=K$。

DIANA 算法的核心步骤：

输入：K（目标类簇数）、D（样本点集合）；

输出：K 个类簇集合。

DIANA 算法的具体步骤：

① 将 D 中所有样本点归并成类簇；

② 重复第①步；

③ 在同类簇中找到距离最远的样本点对；

④ 以该样本点对为代表，将原类簇中的样本点重新分属到新类簇；

⑤ util 类簇数 $=K$。

【例 5-6】　用层次聚类方法对例 5-5 的债券进行聚类。

具体实现代码如下：

```
dist_h = 'spearman';
link = 'weighted';
hidx = clusterdata(bonds, 'maxclust', numClust, 'distance' , dist_h, 'linkage', link);
%绘制聚类效果图
Figure
F2 = plot3(VX(hidx == 1,1), VX(hidx == 1,2),VX(hidx == 1,3),'r * ', ...
           VX(hidx == 2,1), VX(hidx == 2,2),VX(hidx == 2,3), 'bo', ...
           VX(hidx == 3,1), VX(hidx == 3,2),VX(hidx == 3,3), 'kd');
set(gca,'linewidth',2);
grid on
set(F2,'linewidth',2, 'MarkerSize',8);
set(gca,'linewidth',2);
xlabel('票面利率','fontsize',12);
ylabel('评级得分','fontsize',12);
ylabel('到期收益率','fontsize',12);
title('层次聚类方法聚类结果')
%评估各类别的相关程度
dist_metric_h = pdist(bonds,dist_h);
dd_h = squareform(dist_metric_h);
[~,idx] = sort(hidx);
dd_h = dd_h(idx,idx);
figure
imagesc(dd_h)
```

```
set(gca,'linewidth',2);
xlabel('数据点','fontsize',12)
ylabel('数据点','fontsize',12)
title('层次聚类结果相关程度图')
ylabel(colorbar,['距离矩阵:', dist_h])
axis square
%计算同型相关系数
Z = linkage(dist_metric_h,link);
cpcc = cophenet(Z,dist_metric_h);
disp('同表象相关系数:')
disp(cpcc)
%层次结构图
set(0,'RecursionLimit',5000)
figure
dendrogram(Z)
set(gca,'linewidth',2);
set(0,'RecursionLimit',500)
xlabel('数据点','fontsize',12)
ylabel ('距离','fontsize',12)
title(['CPCC: ' sprintf('%0.4f',cpcc)])
```

程序执行结果如下：

```
同表象相关系数:
0.8903
```

得到的结果是利用 cophenet 函数得到的描述聚类树信息与原始数据距离之间相关性的同表象相关系数，这个值越大越好。

本小节代码具体执行了层次聚类方法聚类，并产生了聚类效果图(见图 5 - 15)、簇间相关程度图(见图 5 - 16)和簇的层次结构图(见图 5 - 17)。

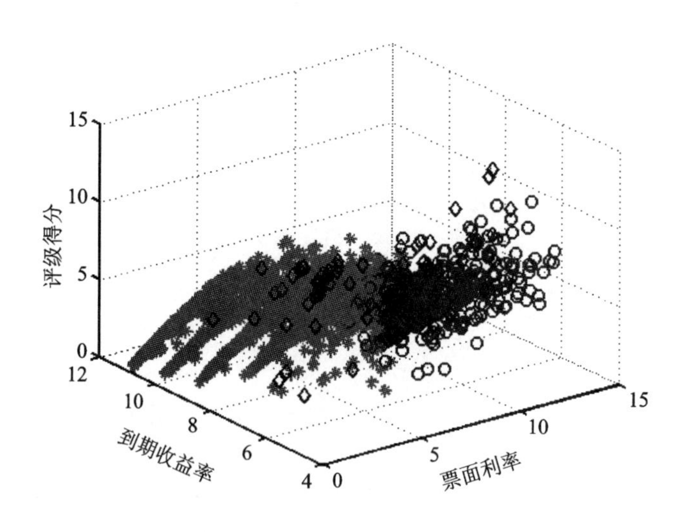

图 5 - 15　层次聚类方法聚类结果图

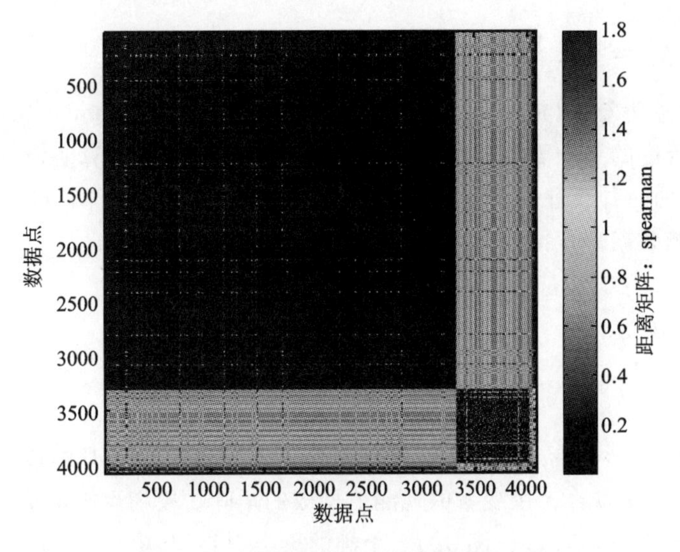

图 5－16　层次聚类结果簇间相关程度图

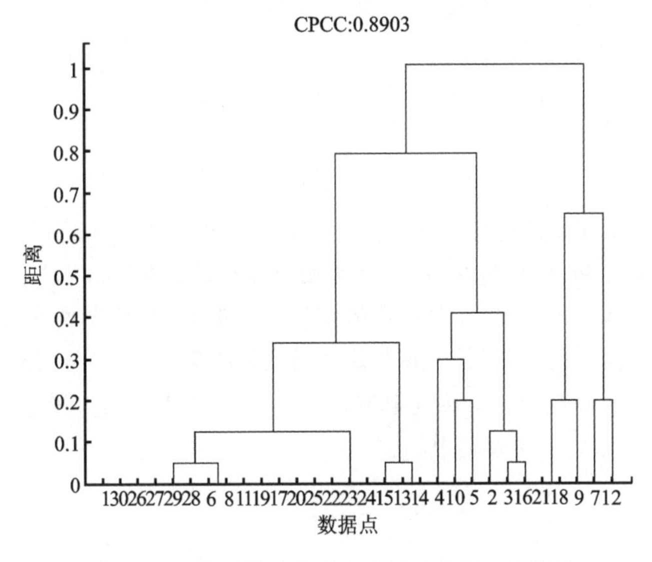

图 5－17　层次聚类方法产生的簇的层次结构图

① 在凝聚型的层次聚类和分裂型的层次聚类的所有方法中，都需要用户提供希望得到的聚类的单个数量和阈值作为聚类分析的终止条件，但是对于复杂的数据来说，这个是很难事先判定的。尽管层次聚类的方法实现很简单，但是偶尔会遇见合并或分裂点抉择的困难。这样的抉择特别关键，因为只要其中的两个对象被合并或者分裂，接下来的处理将只能在新生成的簇中完成，已形成的处理就不能被撤销，两个聚类之间也不能交换对象。如果在某个阶段没有选择合并或分裂的决策，就会导致质量不高的聚类结果。而且这种聚类方法不具有特别好的可伸缩性，因为它们合并或分裂的决策需要经过检测和估算大量的对象或簇。

② 层次聚类算法由于要使用距离矩阵，所以它的时间和空间复杂性都很高，几乎不能在大数据集上使用。层次聚类算法只处理符合某静态模型的簇，忽略了不同簇间的信息，而且忽略了簇间的互连性(互连性是指簇间距离较近数据对的多少)和近似度(近似度是指簇间数据对的相似度)。

5.3.3 模糊 C-均值聚类

模糊 C-均值聚类算法(Fuzzy C-means Algorithm,FCMA)是用隶属度确定每个数据点属于某个聚类的程度的一种聚类算法。1973 年,Bezdek 提出了该算法,作为早期硬 C-均值聚类(HCM)方法的一种改进。

给定样本观测数据矩阵:

$$\boldsymbol{X}=\begin{bmatrix} x_1 \\ x_2 \\ \vdots \\ x_n \end{bmatrix}=\begin{bmatrix} x_{11} & x_{12} & \cdots & x_{1p} \\ x_{21} & x_{22} & \cdots & x_{2p} \\ \vdots & \vdots & & \vdots \\ x_{n1} & x_{n2} & \cdots & x_{np} \end{bmatrix}$$

其中,$\boldsymbol{X}$ 的每一行为一个样品(或观测),每一列为一个变量的 n 个观测值,也就是说,$\boldsymbol{X}$ 是由 n 个样品($x_1,x_2,\cdots,x_n$)的 p 个变量的观测值构成的矩阵。模糊聚类就是将 n 个样品划分为 c 类($2\leqslant c\leqslant n$),记 $V=(v_1,v_2,\cdots,v_c)$为 c 个类的聚类中心,其中 $v_i=(v_{i1},v_{i2},\cdots,v_{ip})(i=1,2,\cdots,c)$。在模糊划分中,每个样品不是严格地划分为某一类,而是以一定的隶属度划分,这里 $0\leqslant u_{ik}\leqslant 1,\sum_{i=1}^{i}u_{ik}=1$。

定义目标函数

$$J(\boldsymbol{U},V)=\sum_{k=1}^{n}\sum_{i=1}^{c}u_{ik}^{in}d_{ik}^{2}$$

其中,$\boldsymbol{U}=(u_{ik})_{c\times n}$ 为隶属度矩阵,$d_{ik}=\|x_k-v_i\|$。显然 $J(\boldsymbol{U},V)$表示了各类中样品到聚类中心的加权平方距离之和,权重是样品 x_k 属于第 i 类的隶属度的 m 次方。模糊 C-均值聚类法的聚类准则是求 $\boldsymbol{U}$、V,使得 $J(\boldsymbol{U},V)$取得最小值。模糊 C-均值聚类法的具体步骤如下:

① 确定类的个数 c,幂指数 $m>1$ 和初始隶属度矩阵 $\boldsymbol{U}^{(0)}=(u_{ik}^{(0)})$,通常的做法是取[0,1]上的均匀分布随机数来确定初始隶属度矩阵 $\boldsymbol{U}^{(0)}$。令 $l=1$ 表示第 1 步迭代。

② 通过下式计算第 l 步的聚类中心 $V^{(l)}$:

$$v_i^{(l)}=\frac{\sum_{k=1}^{n}(u_{ik}^{(l-1)m}x_k)}{\sum_{k=1}^{n}(u_{ik}^{(l-1)})^m}\quad(i=1,2,\cdots,c)$$

③ 修正隶属度矩阵 $\boldsymbol{U}^{(l)}$,计算目标函数值 $J^{(l)}$。

$$u_{ik}^{(l)}=1\Big/\sum_{j=1}^{c}(d_{ik}^{(l)}/d_{jk}^{(l)})^{\frac{2}{m-1}}\quad(i=1,2,\cdots,c;k=1,2,\cdots,n)$$

$$J^{(l)}(\boldsymbol{U}^{(l)},V^{(l)})=\sum_{k=1}^{n}\sum_{i=1}^{c}(u_{ik}^{(l)})^m(d_{ik}^{(l)})^2$$

其中,$d_{ik}^{(l)}=\|x_k-v_i^{(l)}\|$。

④ 对给定的隶属度终止容限 $\varepsilon_u>0$(或目标函数终止容限 $\varepsilon_J>0$,或最大迭代步长 $L_{\max}$),当 $\max\{|u_{ik}^{(l)}-u_{ik}^{(l-1)}|\}<\varepsilon_u$(或当 $l>1$,$|J^{(l)}-J^{(l-1)}|<\varepsilon_J$ 或 $l\geqslant L_{\max}$)时,停止迭代,否则 $l=l+1$,然后转到步骤②。

经过以上步骤的迭代之后,可以求得最终的隶属度矩阵 $\boldsymbol{U}$ 和聚类中心 V,使得目标函数 $J(\boldsymbol{U},V)$的值达到最小。根据最终的隶属度矩阵 $\boldsymbol{U}$ 中元素的取值可以确定所有样品的归属,

当 $u_{jk}=\max\limits_{1\leqslant i\leqslant c}\{u_{ik}\}$ 时，可将样品 x_k 归为第 j 类。

【例 5-7】 用 FCM 算法对例 5-5 的债券进行聚类。

具体实现代码如下：

```
options = nan(4,1);
options(4) = 0;
[centres,U] = fcm(bonds,numClust, options);
[~, fidx] = max(U);
fidx = fidx';
%绘制聚类效果图
Figure
F4 = plot3(VX(fidx == 1,1), VX(fidx == 1,2),VX(fidx == 1,3),'r*', ...
           VX(fidx == 2,1), VX(fidx == 2,2),VX(fidx == 2,3),'bo', ...
           VX(fidx == 3,1), VX(fidx == 3,2),VX(fidx == 3,3),'kd');
set(gca,'linewidth',2);
grid on
set(F4,'linewidth',2, 'MarkerSize',8);
xlabel('票面利率','fontsize',12);
ylabel('评级得分','fontsize',12);
ylabel('到期收益率','fontsize',12);
title('模糊 C-means 方法聚类结果')
```

图 5-18 所示为 FCM 算法产生的聚类效果。

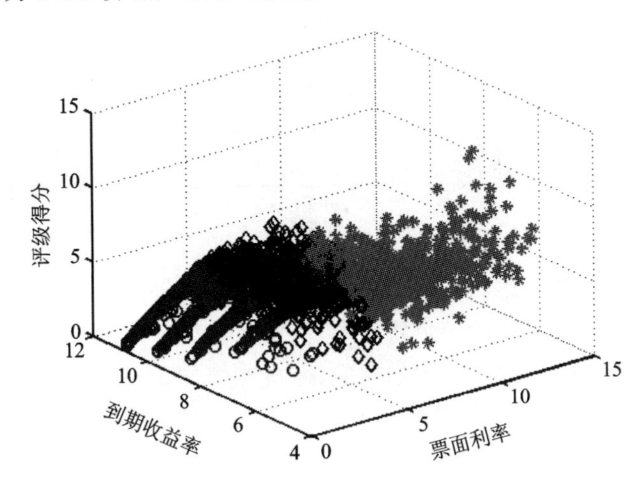

图 5-18　FCM 算法产生的聚类效果图

FCM 算法用隶属度确定每个样本属于某个聚类的程度。它与 K-means 算法和中心点算法等相比，计算量可大大减少，因为它省去了多重迭代的反复计算过程，效率将大大提高。同时，模糊聚类分析可根据数据库中的相关数据计算形成模糊相似矩阵，形成相似矩阵之后，直接对相似矩阵进行处理即可，无须多次反复扫描数据库。根据实验要求动态设定 m 值，以满足不同类型数据挖掘任务的需要，适于高维度数据的处理，具有较好的伸缩性，便于找出异常点。但 m 值是根据经验或者实验得来的，故具有不确定性，可能影响实验结果；并且，由于梯度法的搜索方向总是沿着能量减小的方向，使得算法存在易陷入局部极小值和对初始化敏感的缺点。为了克服上述缺点，可在 FCM 算法中引入全局寻优法，以摆脱 FCM 聚类运算时可能陷入的局部极小点，优化聚类效果。

5.4 深度学习

5.4.1 深度学习的崛起

人工智能、机器学习和深度学习之间的关系如图 5－19 所示。横轴代表的是粗略的时间线，从 1950 年开始，纵轴代表应用的广度。应用范围从推理和感知等基本模块到自动驾驶和语音识别。人工智能是首要的领域，涵盖了所有这些应用程序和术语的起源，可以追溯到 1956 年 John McCarthy 举办的研讨会议，著名科学家和数学家 Marvin Minsky 和 Claude Shannon 也都出席了会议。在 20 世纪 70 年代，一个新的子领域开始出现，专家系统变得相当普遍，人们把这个子领域称为机器学习。今天，几乎在每个技术方面都能遇到它，从垃圾检测、语音识别到机器人等应用。最近算法的突破和强大的计算设备的可用性带来了一个新的分支，叫作深度学习。深度学习在自动驾驶、自然语言处理和机器人技术等领域已经取得了显著成果，期待在不久的将来它使许多新的应用成为可能。

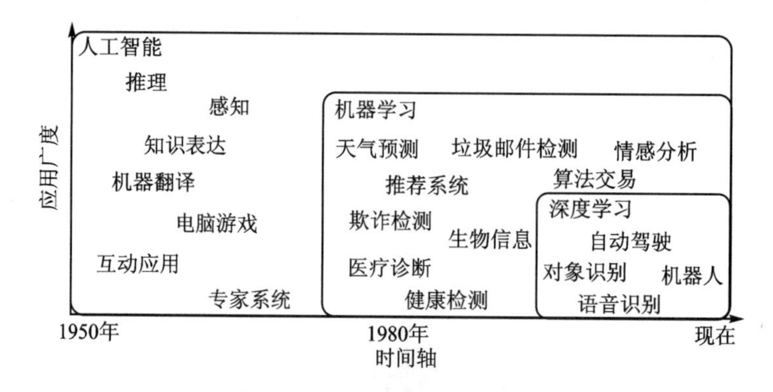

图 5－19　人工智能、机器学习和深度学习的关系

深度学习是机器学习研究中的一个新领域，其动机在于建立、模拟人脑进行分析学习的神经网络，模仿人脑的机制来解释数据，例如图像、声音和文本。深度学习的概念源于人工神经网络的研究，含多隐层的多层感知器就是一种深度学习结构。深度学习通过组合低层特征形成更加抽象的高层表示属性类别或特征，以发现数据的分布式特征表示，可以简单地理解其为神经网络的发展。

5.4.2 深度学习的原理

深度学习的实质，是通过构建具有很多隐层的机器学习模型和海量的训练数据(见图 5－20)，来学习更有用的特征，从而最终提升分类或预测的准确性。因此，“深度模型”是手段，“特征学习”是目的。相较于传统的浅层学习，深度学习的不同在于：①强调了模型结构的深度，通常有 5 层、6 层甚至 10 多层的隐层节点；②明确突出了特征学习的重要性，也就是说，通过逐层特征变换，将样本在原空间的特征表示变换到一个新特征空间，从而使分类或预测更加容易。与人工构造特征的方法相比，利用大数据来学习特征，更能够刻画数据的丰富内在信息。

2006 年，加拿大多伦多大学教授、机器学习领域的泰斗 Geoffrey Hinton 和他的学生在《科学》杂志上发表了一篇文章，开启了深度学习在学术界和工业界的浪潮。这篇文章有两个主要观点：①多隐层的人工神经网络具有优异的特征学习能力，学习得到的特征对数据有更本质的刻画，从而更有利于可视化或分类；②深度神经网络在训练上的难度，可以通过"逐层初始化"(layer-wise pre-training)来有效克服，而逐层初始化是通过无监督学习实现的。当前多数分类、回归等学习方法为浅层结构算法，其局限性在于有限样本和计算单元对复杂函数的表示能力有限，针对复杂分类问题，其泛化能力受到一定制约。深度学习可通过学习一种深层非线性网络结构，实现复杂函数逼近，表征输入数据的表示，并展现强大的从少数样本集中学习数据集本质特征的能力。

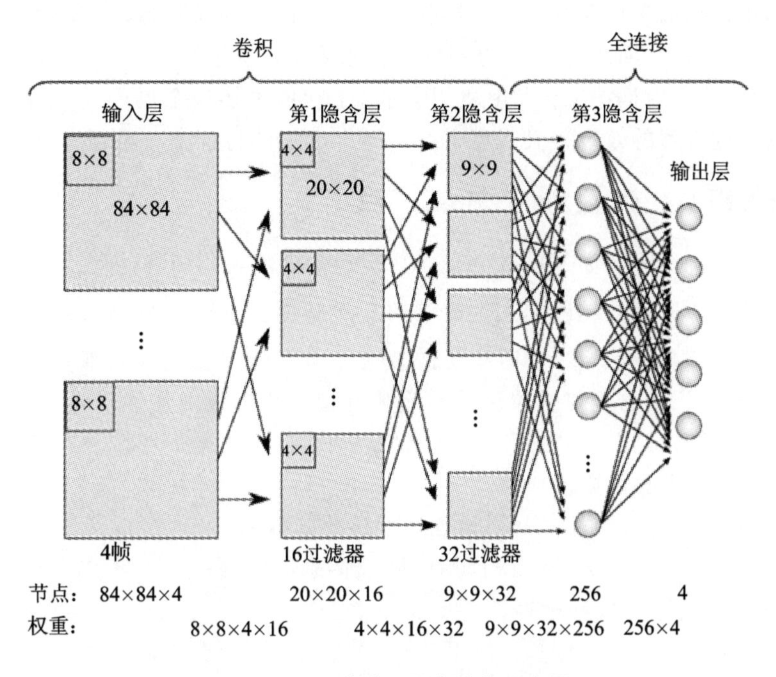

图 5-20　深度学习网络结构示意图

深度学习与传统的神经网络之间有相同的地方，也有很多不同。二者的相同之处在于深度学习采用了与神经网络相似的分层结构，系统由包括输入层、隐层(多层)、输出层组成的多层网络组成，只有相邻层节点之间有连接，同一层以及跨层节点之间相互无连接，每一层可以看作是一个回归模型。这种分层结构比较接近人类大脑的结构。为了克服神经网络训练中出现的问题，深度学习采用了与神经网络很不同的训练机制。传统神经网络中，采用反向传播方式进行，简单讲就是采用迭代的算法来训练整个网络，随机设定初值，计算当前网络的输出，然后根据当前输出和标签之间的差去改变前面各层的参数，直到收敛(整体是一个梯度下降法)。而深度学习整体上是一个层层传导的训练机制。这样做的原因是，如果采用反向传播的机制，对于一个深层网络(7 层以上)，残差传播到最前面的层已经变得太小，会出现所谓的梯度扩散问题。

5.4.3　深度学习训练过程

深度学习训练过程如下：

① 使用自底向上的非监督学习(就是从底层开始，一层一层地往顶层训练)。

采用无标定数据(有标定数据也可)分层训练各层参数，这一步可以看作是一个无监督训练过程，是和传统神经网络区别最大的部分(这个过程可以看作是特征学习过程)。

具体的，先用无标定数据训练第一层，训练时先学习第一层的参数(这一层可以看作是得到一个使得输出和输入差别最小的三层神经网络的隐层)，由于模型能力的限制以及稀疏性的约束，使得得到的模型能够学习到数据本身的结构，从而得到比输入更具有表示能力的特征；在学习得到第 $n-1$ 层后，将 $n-1$ 层的输出作为第 n 层的输入，训练第 n 层，由此分别得到各层的参数。

② 自顶向下的监督学习(就是通过带标签的数据去训练，误差自顶向下传输，对网络进行微调)。

基于第①步得到的各层参数进一步调整整个多层模型的参数，这一步是一个有监督训练的过程；第①步类似神经网络的随机初始化初值过程，由于深度学习的第①步不是随机初始化，而是通过学习输入数据的结构得到的，因而这个初值更接近全局最优，从而能够取得更好的效果。所以深度学习的效果很大程度上归功于第①步的特征学习过程。

5.4.4 MATLAB 深度学习训练过程

下面通过一个例子介绍如何用 MATLAB 实现深度学习的训练过程。

【例 5-8】 所研究的问题是人类活动的分类问题：人类活动传感器数据来自于人们进行不同活动(走路、爬楼梯、坐着等)时携带的智能手机中传感器测量的观测值，目标是建立一个分类器，可以自动识别给定传感器测量的活动类型。数据集由加速度计和陀螺仪的数据组成，进行的活动包括“走路”“爬楼梯”“坐”“站立”“平躺”。数据采用公开的数据(https://archive.ics.uci.edu)，主要数据包括：

① total_acc_(x / y / z)_train：原始加速度传感器数据；

② body_gyro_(x / y / z)_train：原始陀螺仪传感器数据；

③ trainActivity：训练数据标签；

④ testActivity：测试数据标签。

MATLAB 具体实现过程如下：

(1) 下载数据

```
if false % ~exist('UCI HAR Dataset','file')
    downloadSensorData;
end
if ~exist('rawSensorData_train.mat','file') && ~exist('rawSensorData_test.mat','file')
    LoadSensorData;
end
load rawSensorData_train
```

(2) 定义深度学习结构

```
allRawDataDL = cat(3, body_gyro_x_train, body_gyro_y_train, body_gyro_z_train, total_acc_x_
                  train, total_acc_y_train, total_acc_z_train);
C = num2cell(allRawDataDL, [2 3]);
C = cellfun(@squeeze, C, 'UniformOutput', false);
trainingData = table(C);
trainingData.activity = categorical(trainActivity);
% class(trainingData{:,1}) % should be cell
layers = [imageInputLayer([128 6])
          convolution2dLayer(3, 2)
          reluLayer
```

```
        maxPooling2dLayer([12 2], 'Stride', 1)
        fullyConnectedLayer(5)
        softmaxLayer
        classificationLayer()];
options = trainingOptions('sgdm','MaxEpochs',15, ...
                          'InitialLearnRate',0.005);
convnet = trainNetwork(trainingData, layers, options);
```

脚本运行结果如下：

```
|==================================================================================|
|    Epoch    |  Iteration  | Time Elapsed |  Mini-batch  |  Mini-batch  | Base Learning |
|             |             |  (seconds)   |     Loss     |   Accuracy   |     Rate      |
|==================================================================================|
|           1|            1|         0.27 |       1.6101 |       11.72% |        0.0050 |
|           1|           50|         2.18 |       1.0049 |       49.22% |        0.0050 |
|           2|          100|         3.56 |       0.6705 |       66.41% |        0.0050 |
|           3|          150|         4.99 |       0.5285 |       72.66% |        0.0050 |
|           4|          200|         6.45 |       0.5423 |       75.00% |        0.0050 |
|           5|          250|         8.09 |       0.6598 |       59.38% |        0.0050 |
|           6|          300|        10.04 |       0.5536 |       74.22% |        0.0050 |
|           7|          350|        11.79 |       0.4877 |       77.34% |        0.0050 |
|           8|          400|        13.20 |       0.5901 |       72.66% |        0.0050 |
|           8|          450|        14.69 |       0.5148 |       75.78% |        0.0050 |
|           9|          500|        16.22 |       0.5011 |       75.00% |        0.0050 |
|          10|          550|        17.76 |       0.5818 |       69.53% |        0.0050 |
|          11|          600|        19.23 |       0.4174 |       82.81% |        0.0050 |
|          12|          650|        21.01 |       0.3457 |       88.28% |        0.0050 |
|          13|          700|        22.63 |       0.3659 |       90.63% |        0.0050 |
|          14|          750|        24.27 |       0.4962 |       78.91% |        0.0050 |
|          15|          800|        25.79 |       0.3703 |       83.59% |        0.0050 |
|          15|          850|        27.33 |       0.3301 |       86.72% |        0.0050 |
|          15|          855|        27.46 |       0.3719 |       81.25% |        0.0050 |
|==================================================================================|
```

(3) 训练深度网络

```
load rawSensorData_test
%
allRawDataTestDL = cat(3, body_gyro_x_test, body_gyro_y_test, body_gyro_z_test, total_acc_x_
                   test, total_acc_y_test, total_acc_z_test);
Ctest = num2cell(allRawDataTestDL, [2 3]);
Ctest = cellfun(@squeeze, Ctest, 'UniformOutput', false);
testData = table(Ctest);
testData.activity = categorical(testActivity);
Y_test = classify(convnet, testData(:,1));
accuracy_test = sum(Y_test == testActivity)/numel(testActivity) % #ok<*NOPTS>
cm = confusionmat(testActivity, Y_test);

% Display in a table
test_results = array2table(cm, ...,'RowNames',
{'Walking', 'ClibmingStairs', 'Sitting', 'Standing', 'Laying'}, ...'VariableNames',
{'Walking', 'ClibmingStairs', 'Sitting', 'Standing', 'Laying'})
```

脚本运行结果如下：

```
accuracy_test =
    0.7818
test_results =
  5×5 table
                        Walking    ClibmingStairs    Sitting    Standing    Laying
                        _______    ______________    _______    ________    ______

    Walking             300        194                 0          2          0
    ClibmingStairs      231        649                 0         11          0
    Sitting             6          2                 335        143          5
    Standing            6          4                  38        484          0
    Laying              0          0                   1          0        536
```

5.5 小 结

机器学习的算法较多，主要研究的还是分类和聚类的问题。从应用的角度，分类为主，聚类往往为分类服务（先通过聚类确定分类的最佳类别）。在数学建模中，机器学习适合于数据类的建模问题，并且数据量相对较多。关于算法的选择，最好根据算法的原理和具体问题的场景来确定，或者将常用的算法（本章介绍的）都使用一遍，从而选择一个最佳的算法。关于深度学习，在数学建模中应用还非常少，但会是一个趋势，在需要选择特征的一类建模问题中，深度学习就是一个很有价值的技术。

参考文献

[1] Davide Anguita，Alessandro Ghio，Luca Oneto，et al. 使用多类硬件支持向量机在智能手机上进行人类活动识别[C]. 国际环境协助生活研讨会（IWAAL 2012），维多利亚，加泰罗尼亚，西班牙，2012.

第6章 其他数据建模方法

数据建模的方法比较多，除了常见的回归和机器学习等大类方法，还有一些专业领域的方法，比如灰色系统、神经网络等方法。本章主要介绍一些有特色的数据建模方法。

6.1 灰色预测方法

6.1.1 灰色预测概述

在数学建模中经常遇到数据的预测问题，甚至在有些赛题中，数据预测占主导地位，如表6-1所列。

表6-1 CUMCM数据预测题目

年 度	类 别	题 目	命题人
2003	A题	SARS的传播问题	CUMCM组委会
2005	A题	长江水质的评价和预测问题	韩中庚
2006	B题	艾滋病疗法的评价及疗效的预测问题	边馥萍
2007	A题	中国人口增长预测问题	唐云

有些赛题则是在求解的过程中进行数据预测，如2009年CUMCM的D题“会议筹备”，要求参赛者对与会人数进行预测。灰色模型（Gray Model，又称灰色理论）有严格的理论基础，其最大的优点是实用，用灰色模型预测的结果比较稳定，不仅适用于大数据量的预测，在数据量较少时预测结果依然较准确。

灰色预测通过鉴别系统因素之间发展趋势的相异程度，生成有较强规律性的数据序列，然后建立相应的微分方程模型，从而预测事物未来的发展趋势。灰色理论认为：系统的行为现象尽管是朦胧的、复杂的，但毕竟是有序的，是有整体功能的。在建立灰色预测模型之前，需先对原始时间序列进行数据处理，经过数据预处理后的数据序列称为生成列。灰色预测是以灰色理论为基础的，在诸多的灰色模型中，以灰色系统中单序列一阶线性微分方程模型GM(1,1)模型最为常用。

6.1.2 灰色模型的预测步骤

下面简要介绍GM(1,1)模型的预测步骤。设有原始数据列：

$$x^{(0)}=(x^{(0)}(1),x^{(0)}(2),\cdots,x^{(0)}(n)) \quad (n\text{ 为数据个数})$$

如果根据 $x^{(0)}$ 数据列建立GM(1,1)来实现预测功能，则基本步骤如下：

步骤1 原始数据累加以便弱化随机序列的波动性和随机性，得到新数据序列

$$x^{(1)}=(x^{(1)}(1),x^{(1)}(2),\cdots,x^{(1)}(n))$$

其中，$x^{(1)}(t)$中各数据表示对应前几项数据的累加

$$x^{(1)}(t)=\sum_{k=1}^{t}x^{(0)}(k),\quad t=1,2,3,\cdots,n$$

或

$$x^{(1)}(t+1)=\sum_{k=1}^{t+1}x^{(0)}(k),\quad t=1,2,3,\cdots,n$$

步骤 2　对 $x^{(1)}(t)$建立 $x^{(1)}(t)$的一阶线性微分方程

$$\frac{\mathrm{d}x^{(1)}}{\mathrm{d}t}+ax^{(1)}=u$$

其中，a，u 为待定系数，分别称为发展系数和灰色作用量，a 的有效区间是$(-2,2)$，并记 a，u 构成的矩阵为 $\hat{\boldsymbol{a}}=\begin{pmatrix}a\\u\end{pmatrix}$。只要求出参数 a，u，就能求出 $x^{(1)}(t)$，进而求出 $x^{(0)}$的未来预测值。

步骤 3　对累加生成数据作均值生成 $\boldsymbol{B}$ 与常数项向量 $\boldsymbol{Y}_n$，即

$$\boldsymbol{B}=\begin{bmatrix}0.5(x^{(1)}(1)+x^{(1)}(2))\\0.5(x^{(1)}(2)+x^{(1)}(3))\\0.5(x^{(1)}(n-1)+x^{(1)}(n))\end{bmatrix}$$

$$\boldsymbol{Y}_n=(x^{(0)}(2),x^{(0)}(3),\cdots,x^{(0)}(n))^{\mathrm{T}}$$

步骤 4　用最小二乘法求解灰参数 $\hat{\boldsymbol{a}}$，则

$$\hat{\boldsymbol{a}}=\begin{pmatrix}a\\u\end{pmatrix}=(\boldsymbol{B}^{\mathrm{T}}\boldsymbol{B})^{-1}\boldsymbol{B}^{\mathrm{T}}\boldsymbol{Y}_n$$

步骤 5　将灰参数 $\hat{\boldsymbol{a}}$ 代入$\frac{\mathrm{d}x^{(1)}}{\mathrm{d}t}+ax^{(1)}=u$，并对$\frac{\mathrm{d}x^{(1)}}{\mathrm{d}t}+ax^{(1)}=u$ 进行求解，得

$$\hat{x}^{(1)}(t+1)=(x^{(0)}(1)-\frac{u}{a})\mathrm{e}^{-at}+\frac{u}{a}$$

由于 $\hat{\boldsymbol{a}}$ 是通过最小二乘法求出的近似值，所以 $\hat{x}^{(1)}(t+1)$函数表达式是一个近似表达式，为了与原序列 $x^{(1)}(t+1)$区分开来故记为 $\hat{x}^{(1)}(t+1)$。

步骤 6　对函数表达式 $\hat{x}^{(1)}(t+1)$及 $\hat{x}^{(1)}(t)$进行离散并将二者作差以便还原 $x^{(0)}$原序列，得到近似数据序列 $\hat{x}^{(0)}(t+1)$如下：

$$\hat{x}^{(0)}(t+1)=\hat{x}^{(1)}(t+1)-\hat{x}^{(1)}(t)$$

步骤 7　对建立的灰色模型进行检验，步骤如下：

① 计算 $x^{(0)}$与 $\hat{x}(0)(t)$之间的残差 $e^{(0)}(t)$和相对误差 $q(x)$：

$$e^{(0)}(t)=x^{(0)}-\hat{x}^{(0)}(t)$$

$$q(x)=e^{(0)}(t)/x^{(0)}(t)$$

② 求原始数据 $x^{(0)}$的均值以及方差 s_1；

③ 求 $e^{(0)}(t)$的平均值 $\bar{q}$ 以及残差的方差 s_2；

④ 计算方差比 $C=\frac{s_2}{s_1}$；

⑤ 求小误差概率 $P=P\{|e(t)|<0.6745s_1\}$；

⑥ 灰色模型精度检验如表 6-2 所列。

表 6-2　灰色模型精度检验对照表

等　级	相对误差 q	方差比 C	小误差概率 P
Ⅰ级	<0.01	<0.35	>0.95
Ⅱ级	<0.05	<0.50	<0.80
Ⅲ级	<0.10	<0.65	<0.70
Ⅳ级	>0.20	>0.80	<0.60

在实际应用过程中，检验模型精度的方法并不唯一。可以利用上述方法进行模型的检验，也可以根据 $q(x)$ 的误差百分比并结合预测数据与实际数据之间的测试结果酌情认定模型是否合理。

步骤 8　利用模型进行预测

$$\hat{x}^{(0)} = \left[\underbrace{\hat{x}^{(0)}(1),\hat{x}^{(0)}(2),\cdots,\hat{x}^{(0)}(n)}_{\text{原数列的模拟}},\underbrace{\hat{x}^{(0)}(n+1),\cdots,\hat{x}^{(0)}(n+m)}_{\text{未来数列的预测}}\right]$$

6.1.3　灰色预测典型 MATLAB 程序结构

灰色预测中有很多关于矩阵的运算，这可是 MATLAB 的强项，所以 MATLAB 是实现灰色预测的首选。用 MATLAB 编写灰色预测程序时，可以完全按照预测模型的求解步骤，即：

步骤 1　对原始数据进行累加；

步骤 2　构造累加矩阵 $\boldsymbol{B}$ 与常数向量；

步骤 3　求解灰参数；

步骤 4　将参数代入预测模型进行数据预测。

下面以一个公司收入预测问题来介绍灰色预测的 MATLAB 实现过程。

已知某公司 1999—2008 年的利润为(单位：元/年)：

[89 677,99 215,109 655,120 333,135 823,159 878,182 321,209 407,246 619,300 670]，试预测该公司未来几年的利润情况。

具体的 MATLAB 程序如 P6-1 所示。

程序编号	P6-1	文件名称	main0601.m	说明	灰色预测公司的利润

```
clear
syms a b;
c = [a b]';
A = [89677,99215,109655,120333,135823,159878,182321,209407,246619,300670];
B = cumsum(A);                    % 原始数据累加
n = length(A);
fori = 1:(n-1)
    C(i) = (B(i) + B(i+1))/2;  % 生成累加矩阵
end
 % 计算待定参数的值
D = A;D(1) = [];
D = D';
E = [ - C;ones(1,n-1)];
c = inv(E * E') * E * D;
c = c';
a = c(1);b = c(2);
 % 预测后续数据
```

```
F = [];F(1) = A(1);
fori = 2:(n + 10)
    F(i) = (A(1) - b/a)/exp(a * (i - 1)) + b/a ;
end
G = [];G(1) = A(1);
fori = 2:(n + 10)
    G(i) = F(i) - F(i - 1); % 得到预测出来的数据
end
t1 = 1999:2008;
t2 = 1999:2018;
G
plot(t1,A,'o',t2,G)   % 原始数据与预测数据的比较
```

运行该程序，得到的预测数据如下：

```
G =
  1.0e + 006 *
  Columns 1 through 14
    0.0897    0.0893    0.1034    0.1196    0.1385    0.1602    0.1854
    0.2146    0.2483    0.2873    0.3325    0.3847    0.4452    0.5152
    Columns 15 through 20
    0.5962    0.6899    0.7984    0.9239    1.0691    1.2371
```

该程序还显示了预测数据与原始数据的比较图，如图 6-1 所示。

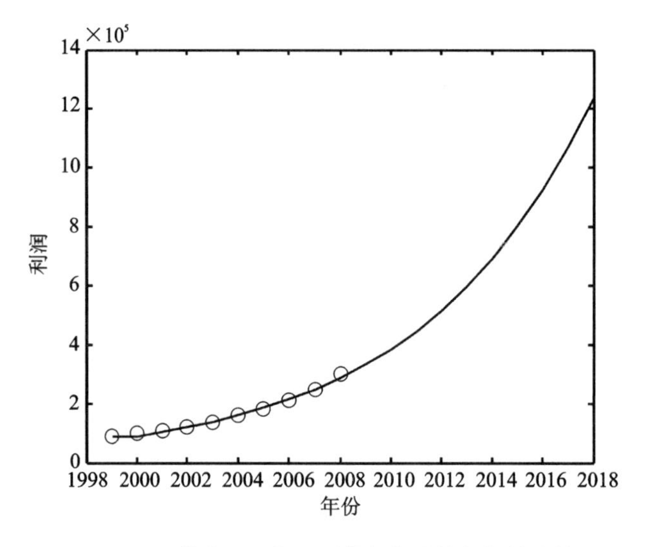

图 6-1　某公司利润预测数据与原始数据的比较

6.1.4　应用实例：与会代表人数(CUMCM 2009D)

(1) 问题描述

该题要求为会议筹备组制订一个预订宾馆客房、租借会议室、租用客车的合理方案。为了解决这个问题，需要先预测与会代表的人数。预测的依据是代表回执数量及往届的与会人员数据。已知本届会议的回执情况(见表 6-3)及以往几届会议代表回执和与会情况(见表 6-4)，要解决的问题是：根据这些数据预测本届与会代表人数。

表 6-3　本届会议的代表回执中有关住房要求的信息

人

性　别	合住 1	合住 2	合住 3	独住 1	独住 2	独住 3
男	154	104	32	107	68	41
女	78	48	17	59	28	19

说明：表头第一行中的数字 1、2、3 分别指每天每间 120～160 元、161～200 元、201～300 元三种不同价格的房间。合住是指两人住一间。独住是指可安排单人间，或一人单独住一个双人间。

（2）问题求解

根据表 6-3 的数据，可知本届发来回执的数量为 755。根据表 6-4 的数据，可以知道发来回执但未与会的代表数、未发回执但与会的代表以及发来回执数间的关系。

表 6-4　以往几届会议代表回执和与会情况

人

代表数	第一届	第二届	第三届	第四届
发来回执的代表数	315	356	408	711
发来回执但未与会的代表数	89	115	121	213
未发回执但与会的代表数	57	69	75	104

定义 6.1　未知与会率＝未发回执但与会的代表数/发来回执的代表数

定义 6.2　缺席率＝发来回执但未与会的代表数/发来回执的代表数

根据以上定义，可以得到往届的缺席率和未知与会率，如表 6-5 所列。

表 6-5　往届的缺席率和未知与会率

缺席率和未知与会率	第一届	第二届	第三届	第四届
缺席率	0.28254	0.323034	0.296569	0.299578
未知与会率	0.180952	0.19382	0.183824	0.146273

从表 6-5 可以看出，缺席率一直保持在 0.3 左右，而未知与会率却变化较大。由此，认为第五届的缺席率仍为 0.3，这样缺席的人数为：755×0.3＝226.5，为了保守起见，对 226.5 进行向下取整，即缺席的人数为 226 人。

未知与会率变化相对剧烈，不适合应用比例方法确定，同时由于数据有限，所以应用灰色预测方法比较合适。从实际问题的角度，认为以未知与会率为研究对象较为合适。将往届的未知与会率数据带入程序 P6-1，并对输入数据和预测数据做相应修改，可很快得到本届的未知与会率为 0.1331，所以本届未发回执但与会的代表数量为：755×0.1331＝100.4905，同样保守考虑，向上取整为 101 人。这样就可以预测本届与会代表的数量为：755＋101－226＝630。

6.1.5　灰色预测经验小结

关于灰色预测的经验，总结如下：

① 先熟悉程序中各条命令的功能，以加深对灰色预测理论的理解；

② 在实际使用时，可以直接套用程序框架，把原数据和时间序列数据替换就可以了；

③ 模型的误差检验可以灵活处理，可以进行预测数据与原始数据的比较，也可以对预测数据进行其他方式的精度检验。

6.2 神经网络

6.2.1 神经网络的原理

神经网络是分类技术中的重要方法之一。人工神经网络(Artificial Neural Networks，ANN)是一种应用类似于大脑神经突触连接的结构进行信息处理的数学模型。在这种模型中，大量的结点(或称"神经元""单元")之间相互连接构成网络，即"神经网络"，以达到处理信息的目的。神经网络通常需要进行训练，训练的过程就是网络进行学习的过程。训练改变了网络结点的连接权的值，使其具有分类的功能，经过训练的网络就可用于对象的识别。神经网络的优势在于：

① 可以任意精度逼近任意函数；

② 神经网络方法本身属于非线性模型，能够适应各种复杂的数据关系；

③ 神经网络具有很强的学习能力，它能比很多分类算法更好地适应数据空间的变化；

④ 神经网络借鉴人脑的物理结构和机理，能够模拟人脑的某些功能，具备"智能"的特点。

人工神经网络的研究是由试图模拟生物神经系统而激发的。人类的大脑主要由称为神经元(neuron)的神经细胞组成，神经元通过叫作轴突(axon)的纤维丝连在一起。当神经元受到刺激时，神经脉冲通过轴突从一个神经元传到另一个神经元。一个神经元通过树突(dendrite)连接到其他神经元的轴突，树突是神经元细胞的延伸物。树突和轴突的连接点叫作神经键(synapse)。神经学家发现，人的大脑通过在同一个脉冲反复刺激下改变神经元之间的神经键连接强度来进行学习。

类似于人脑的结构，ANN 由一组相互连接的结点和有向链构成。本节将分析一系列 ANN 模型，从最简单的模型感知器(perceptron)开始，看看如何训练这种模型解决分类问题。

图 6-3 展示了一个简单的神经网络结构——感知器。感知器包含两种结点：几个输入结点，用来表示输入属性；一个输出结点，用来提供模型输出。神经网络结构中的结点通常叫作神经元或单元。在感知器中，每个输入结点都通过一个加权的链连接到输出结点。这个加权的链用来模拟神经元间神经键连接的强度。像生物神经系统一样，训练一个感知器模型就相当于不断调整链的权值，直到能拟合训练数据的输入、输出关系为止。

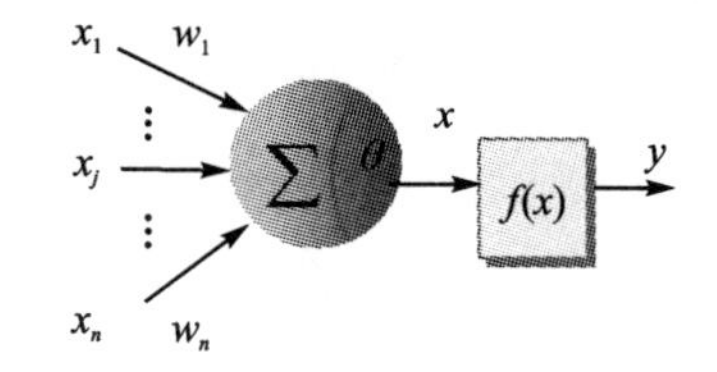

图 6-3 感知器结构示意图

感知器对输入加权求和，再减去偏置因子 t，然后考察结果的符号，得到输出值 $\hat{y}$。例如，在一个有三个输入结点的感知器中，各结点到输出结点的权值都等于 0.3，偏置因子 $t=0.4$，模型的输出计算公式如下：

$$\hat{y}=\begin{cases}1, & 0.3x_1+0.3x_2+0.3x_3-0.4>0\\-1, & 0.3x_1+0.3x_2+0.3x_3-0.4<0\end{cases}$$

例如，如果 $x_1=1, x_2=1, x_3=0$，那么 $\hat{y}=+1$，因为 $0.3x_1+0.3x_2+0.3x_3-0.4$ 是正的。

另外，如果 $x_1=0,x_2=1,x_3=0$，那么 $\hat{y}=-1$，因为加权和减去偏置因子值为负。

注意感知器的输入结点和输出结点之间的区别。输入结点简单地把接收到的值传送给输出链，而不作任何转换。输出结点则是一个数学装置，计算输入的加权和，减去偏置项，然后根据结果的符号产生输出。更具体地，感知器模型的输出可以用如下数学方式表示：

$$\hat{y}=\text{sign}(w_1x_1+w_2x_2+\cdots+w_nx_n-t)$$

式中，$w_1,w_2,\cdots,w_n$ 是输入链的权值；$x_1,x_2,\cdots,x_n$ 是输入属性值；sign 为符号函数，作为输出神经元的激活函数(activation function)，当参数为正时输出 $+1$，参数为负时输出 -1。

感知器模型可以写成下面更简洁的形式：

$$\hat{y}=\text{sign}(\boldsymbol{wx}-t)$$

式中，$\boldsymbol{w}$ 是权值向量；$\boldsymbol{x}$ 是输入向量。

在感知器模型的训练阶段，权值参数不断调整直到输出和训练样例的实际输出一致。感知器具体的学习算法如下：

① 令 $D=\{(x_i,y_i),\ i=1,2,\cdots,N\}$ 是训练样例集；

② 用随机值初始化权值向量 $\boldsymbol{w}^{(0)}$；

③ 对每个训练样例 (x_i,y_i)，计算预测输出 $\hat{y}_i^{(k)}$；

④ 对每个权值 w_j 更新权值 $w_j^{(k+1)}=w_j^{(k)}+\lambda(y_i-\hat{y}_i^{(k)})x_{ij}$；

⑤ 重复步骤③和④直至满足终止条件。

算法的主要计算是权值更新公式：

$$w_j^{(k+1)}=w_j^{(k)}+\lambda(y_i-\hat{y}_i^{(k)})x_{ij}$$

式中，$w(k)$ 是第 k 次循环后第 i 个输入链上的权值；参数 λ 为学习率(learning rate)；x_{ij} 是训练样例 x_i 的第 j 个属性值。权值更新公式的理由是相当直观的。由权值更新公式可以看出，新权值 $w(k+1)$ 等于旧权值 $w(k)$ 加上一个正比于预测误差 $(y-\hat{y})$ 的项。如果预测正确，那么权值保持不变；否则，按照如下方法更新。

- 如果 $y=+1,\hat{y}=-1$，那么预测误差 $(y-\hat{y})=2$。为了补偿这个误差，需要通过提高所有正输入链的权值、降低所有负输入链的权值来提高预测输出值。
- 如果 $y=-1,\hat{y}=+1$，那么预测误差 $(y-\hat{y})=-2$。为了补偿这个误差，需要通过降低所有正输入链的权值、提高所有负输入链的权值来减少预测输出值。

在权值更新公式中，对误差项影响最大的链，需要的调整最大。然而，权值不能改变太大，因为仅对当前训练样例计算了误差项；否则，以前的循环中所作的调整就会失效。学习率 λ 在 0～1 之间，可以用来控制每次循环时的调整量，如果 λ 接近 0，那么新权值主要受旧权值的影响；如果 λ 接近 1，则新权值对当前循环中的调整量更加敏感。在某些情况下，可以使用一个自适应的 λ 值：在前几次循环时 λ 值相对较大，而在接下来的循环中 λ 逐渐减小。

用于分类常见的神经网络模型包括：BP(Back Propagation)神经网络、RBF 网络、Hopfield 网络、自组织特征映射神经网络、学习矢量化神经网络。目前，神经网络分类算法研究主要集中在以 BP 为代表的神经网络上。当前的神经网络仍普遍存在收敛速度慢、计算量大、训练时间长和不可解释等缺点。

6.2.2　神经网络的实例

【例 6-2】　用神经网络方法来训练例 5-1 中关于银行市场调查的分类器。

具体实现代码如下：

```
hiddenLayerSize = 5;
net = patternnet(hiddenLayerSize);
%设置训练集、验证机和测试集
net.divideParam.trainRatio = 70/100;
net.divideParam.valRatio = 15/100;
net.divideParam.testRatio = 15/100;
%训练网络
net.trainParam.showWindow = false;
inputs = XtrainNum';
targets = YtrainNum';
[net,~] = train(net,inputs,targets);
%用测试集数据进行预测
Yscore_nn = net(XtestNum')';
Y_nn = round(Yscore_nn);
%计算混淆矩阵
disp('神经网络方法分类结果:')
C_nn = confusionmat(YtestNum,Y_nn)
```

神经网络方法分类结果：

```
C_nn =
348    12
26     14
```

6.2.3 神经网络的特点

人工神经网络的一般特点概括如下：

① 至少含有一个隐藏层的多层神经网络，它是一种普适近似(universal approximator)，即可以用来近似任何目标函数。由于 ANN 具有丰富的假设空间，因此对于给定的问题，选择合适的拓扑结构来防止模型的过分拟合是很重要的。

② ANN 可以处理冗余特征，因为权值在训练过程中自动学习。冗余特征的权值非常小。

③ 神经网络对训练数据中的噪声非常敏感。处理噪声问题，一种方法是使用确认集来确定模型的泛化误差；另一种方法是每次迭代权值减少一个因子。

④ ANN 权值学习使用的梯度下降方法经常会收敛到局部极小值。避免局部极小值的方法是在权值更新公式中加一个动量项(momentum term)。

⑤ 训练 ANN 是一个很耗时的过程，特别是当隐藏结点数量很大时。然而，测试样例分类时，却非常快。

6.3 小波分析

6.3.1 小波分析概述

小波分析是近年来发展起来的一种新的时频分析方法。其典型应用包括齿轮变速控制、起重机的非正常噪声、通信信号处理、物理中的间断现象等。而频域分析的着眼点在于，区分突发信号和稳定信号，以及定量分析其能量；其典型应用包括细胞膜的识别、金属表面的探伤、金融学中快变量的检测、internet 的流量控制等。

从以上信号分析的典型应用可以看出，时频分析应用非常广泛，涵盖了物理学、工程技术、生物科学、经济学等众多领域，而且在很多情况下，单单分析其时域或频域的性质是不够的，比如在电力监测系统中，既要监控稳定信号的成分，又要准确定位故障信号。这就需要引入新的时频分析方法。小波分析正是应这类需求发展起来的。

在传统的傅里叶分析中，信号完全是在频域展开的，不包含任何时频的信息，这对于某些应用来说是很恰当的，因为信号的频率的信息对其是非常重要的。但其丢弃的时域信息可能对某些应用同样非常重要，所以人们对傅里叶分析进行了推广，提出了很多能表征时域和频域信息的信号分析方法，如短时傅里叶变换、Gabor 变换、时频分析、小波变换等。其中短时傅里叶变换是在傅里叶分析基础上引入时域信息的最初尝试，其基本假定是，在一定的时间窗内信号是平稳的，那么通过分割时间窗，在每个时间窗内把信号展开到频域就可以获得局部的频域信息，但是它的时域区分度只能依赖于大小不变的时间窗，对某些瞬态信号来说粒度还是太大。换言之，短时傅里叶分析只能在一个分辨率上进行。所以对很多应用来说不够精确，存在很大的缺陷。

而小波分析则克服了短时傅里叶变换在单分辨率上的缺陷，具有多分辨率分析的特点，在时域和频域都有表征信号局部信息的能力，时间窗和频率窗都可以根据信号的具体形态动态调整。一般情况下，在低频部分（信号较平稳），可以采用较低的时间分辨率提高频率的分辨率；在高频情况下（频率变化不大），可以用较低的频率分辨率换取精确的时间定位。因为这些特点，小波分析可以探测正常信号中的瞬态，并展示其频率成分，因此被称为数学显微镜，广泛应用于各个时频分析领域。

小波分析在图像处理中有非常重要的应用，包括图像压缩、图像去噪、图像融合、图像分解、图像增强等。

6.3.2　常见的小波分析方法

1. 一维连续小波变换

定义　设 $\psi(t)\in L^2(\mathbf{R})$，其傅里叶变换为 $\hat{\psi}(\omega)$，当 $\hat{\psi}(\omega)$ 满足允许条件（完全重构条件或恒等分辨条件）

$$C_\psi=\int_R \frac{|\hat{\psi}(\omega)|^2}{|\omega|}\mathrm{d}\omega<\infty \tag{6-1}$$

时，称 $\psi(t)$ 为一个基本小波或母小波。母函数 $\psi(t)$ 经伸缩和平移后得

$$\psi_{a,b}(t)=\frac{1}{\sqrt{|a|}}\psi\left(\frac{t-b}{a}\right)\quad(a,b\in\mathbf{R};a\neq 0) \tag{6-2}$$

称其为一个小波序列。其中 a 为伸缩因子，b 为平移因子。任意函数 $f(t)\in L^2(\mathbf{R})$ 的连续小波变换为

$$W_f(a,b)=\langle f,\psi_{a,b}\rangle=|a|^{-1/2}\int_{\mathbf{R}} f(t)\overline{\psi\left(\frac{t-b}{a}\right)}\mathrm{d}t \tag{6-3}$$

其重构公式（逆变换）为

$$f(t)=\frac{1}{C_\psi}\int_{-\infty}^{\infty}\int_{-\infty}^{\infty}\frac{1}{a^2}W_f(a,b)\psi\left(\frac{t-b}{a}\right)\mathrm{d}a\,\mathrm{d}b \tag{6-4}$$

由于基小波 $\psi(t)$ 生成的小波 $\psi_{a,b}(t)$ 在小波变换中对被分析的信号起着观测窗的作用，所

以 $\psi(t)$ 还应该满足一般函数的约束条件

$$\int_{-\infty}^{\infty} |\psi(t)| \mathrm{d}t < \infty \tag{6-5}$$

故 $\hat{\psi}(\omega)$ 是一个连续函数。这意味着，为了满足完全重构条件式，$\hat{\psi}(\omega)$ 在原点必须等于 0，即

$$\hat{\psi}(0) = \int_{-\infty}^{\infty} \psi(t) \mathrm{d}t = 0 \tag{6-6}$$

为了使信号重构的实现在数值上是稳定的，除完全重构条件外，还要求小波 $\psi(t)$ 的傅里叶变换满足下面的稳定性条件：

$$A \leqslant \sum_{-\infty}^{\infty} |\hat{\psi}(2^{-j}\omega)|^2 \leqslant B \tag{6-7}$$

式中，$0<A\leqslant B<\infty$。

从稳定性条件可以引出一个重要的概念。

定义（对偶小波） 若小波 $\psi(t)$ 满足稳定性条件式(6-7)，则定义一个对偶小波 $\tilde{\psi}(t)$，其傅里叶变换 $\hat{\tilde{\psi}}(\omega)$ 由下式给出：

$$\hat{\tilde{\psi}}(\omega) = \frac{\hat{\psi}^*(\omega)}{\sum_{j=-\infty}^{\infty} |\hat{\psi}(2^{-j}\omega)|^2} \tag{6-8}$$

注意，稳定性条件式(6-7)实际上是对式(6-8)分母的约束条件，它的作用是保证对偶小波的傅里叶变换存在的稳定性。值得指出的是，一个小波的对偶小波一般不是唯一的，然而，在实际应用中，人们又总是希望它们是唯一对应的。因此，寻找具有唯一对偶小波的合适小波也就成为小波分析中最基本的问题。

连续小波变换具有以下重要性质：

① 线性性：一个多分量信号的小波变换等于各个分量的小波变换之和。

② 平移不变性：若 $f(t)$ 的小波变换为 $W_f(a,b)$，则 $f(t-\tau)$ 的小波变换为 $W_f(a,b-\tau)$。

③ 伸缩共变性：若 $f(t)$ 的小波变换为 $W_f(a,b)$，则 $f(ct)$ 的小波变换为

$$\frac{1}{\sqrt{c}} W_f(ca,cb), \quad c>0$$

④ 自相似性：对应不同尺度参数 a 和不同平移参数 b 的连续小波变换之间是自相似的。

⑤ 冗余性：连续小波变换中存在信息表述的冗余度。

小波变换的冗余性事实上也是自相似性的直接反映，它主要表现在以下两个方面：

① 由连续小波变换恢复原信号的重构分式不是唯一的。也就是说，信号 $f(t)$ 的小波变换与小波重构不存在一一对应关系，而傅里叶变换与傅里叶反变换是一一对应的。

② 小波变换的核函数（即小波函数 $\psi_{a,b}(t)$）存在许多可能的选择（例如，它们可以是非正交小波、正交小波、双正交小波，甚至允许是彼此线性相关的）。

小波变换在不同的 (a,b) 之间的相关性增加了分析和解释小波变换结果的困难，因此，小波变换的冗余度应尽可能减小。它是小波分析中的主要问题之一。

2. 高维连续小波变换

对 $f(t)\in L^2(\mathbf{R}^n)(n>1)$，公式

$$f(t) = \frac{1}{C_\psi}\int_{-\infty}^{\infty}\int_{-\infty}^{\infty} \frac{1}{a^2} W_f(a,b)\psi\left(\frac{t-b}{a}\right) \mathrm{d}a\,\mathrm{d}b \tag{6-9}$$

存在几种扩展的可能性。一种可能性是选择小波 $f(t)\in L^2(\mathbf{R}^n)$，使其为球对称，其傅里叶变换也同样球对称

$$\hat{\psi}(\bar{\omega})=\eta(|\bar{\omega}|) \tag{6-10}$$

并且其相容性条件变为

$$C_\psi=(2\pi)^2\int_0^\infty |\eta(t)|^2\frac{\mathrm{d}t}{t}<\infty \tag{6-11}$$

对所有的 $f,g\in L^2(\mathbf{R}^n)$，有

$$\int_0^\infty \frac{\mathrm{d}a}{a^{n+1}}W_f(a,b)\overline{W}_g(a,b)\mathrm{d}b=C_\psi<f \tag{6-12}$$

式中，$W_f(a,b)=\langle\psi_{a,b}\rangle,\psi_{a,b}(t)=a^{-n/2}\psi\left(\frac{t-b}{a}\right)$，其中 $a\in\mathbf{R}^+,a\neq 0$ 且 $b\in\mathbf{R}^n$，式(6-9)也可以写为

$$f=C_\psi^{-1}\int_0^\infty\frac{\mathrm{d}a}{a^{n+1}}\int_{\mathbf{R}^n}W_f(a,b)\psi_{a,b}\mathrm{d}b \tag{6-13}$$

如果选择的小波 ψ 不是球对称的，则可以用旋转进行同样的扩展与平移。例如，在二维时，可定义

$$\psi_{a,b,\theta}(t)=a^{-1}\psi\left[\boldsymbol{R}_\theta^{-1}\left(\frac{t-b}{a}\right)\right] \tag{6-14}$$

这里，$a>0,b\in\mathbf{R}^2,\boldsymbol{R}_\theta=\begin{bmatrix}\cos\theta & -\sin\theta\\ \sin\theta & \cos\theta\end{bmatrix}$，相容条件变为

$$C_\psi=(2\pi)^2\int_0^\infty\frac{\mathrm{d}r}{r}\int_0^{2\pi}|\hat{\psi}(r\cos\theta,r\sin\theta)|^2\mathrm{d}\theta<\infty \tag{6-15}$$

该等式对应的重构公式为

$$f=C_\psi^{-1}\int_0^\infty\frac{\mathrm{d}a}{a^3}\int_{\mathbf{R}^2}\mathrm{d}b\int_0^{2\pi}W_f(a,b,\theta)\psi_{a,b,\theta}\mathrm{d}\theta \tag{6-16}$$

对于高于二维的情况，可以给出类似的结论。

3. 离散小波变换

在实际应用中，尤其是在计算机上实现时，连续小波必须加以离散化。因此，有必要讨论连续小波 $\psi_{a,b}(t)$ 和连续小波变换 $W_f(a,b)$ 的离散化。需要强调指出的是，这一离散化都是针对连续的尺度参数 a 和平移参数 b 的，而不是针对时间变量 t 的。这一点与大家习惯的时间离散化不同。在连续小波中，考虑函数：

$$\psi_{a,b}(t)=|a|^{-1/2}\psi\left(\frac{t-b}{a}\right)$$

这里 $b\in\mathbf{R},a\in\mathbf{R}^+$，且 $a\neq 0$，ψ 是容许的，为方便起见，在离散化中，总限制 a 只取正值，这样相容性条件就变为

$$C_\psi=\int_0^\infty\frac{|\hat{\psi}(\omega)|}{|\omega|}\mathrm{d}\omega<\infty \tag{6-17}$$

通常，把连续小波变换中尺度参数 a 和平移参数 b 的离散公式分别取作 $a=a_0^j,b=ka_0^jb_0$，这里 $j\in\mathbf{Z}$，扩展步长 $a_0\neq 1$ 是固定值，为方便起见，总是假定 $a_0>1$（由于 m 可取正也可取负，所以这个假定无关紧要）。所以对应的离散小波函数 $\psi_{j,k}(t)$ 可写作

$$\psi_{j,k}(t)=a_0^{-j/2}\psi\left(\frac{t-ka_0^jb_0}{a_0^j}\right)=a_0^{-j/2}\psi(a_0^{-j}t-kb_0) \tag{6-18}$$

而离散化小波变换系数则可表示为

$$C_{j,k}=\int_{-\infty}^{\infty}f(t)\psi_{j,k}^{*}(t)\mathrm{d}t=\langle f,\psi_{j,k}\rangle \tag{6-19}$$

其重构公式为

$$f(t)=C\sum_{-\infty}^{\infty}\sum_{-\infty}^{\infty}C_{j,k}\psi_{j,k}(t) \tag{6-20}$$

C 是一个与信号无关的常数。然而，怎样选择 a_0 和 b_0，才能够保证重构信号的精度呢？显然，网格点应尽可能密（即 a_0 和 b_0 尽可能小），如果网格点稀疏，那么使用的小波函数 $\psi_{j,k}(t)$ 和离散小波系数 $C_{j,k}$ 就会越少，信号重构的精确度就会越低。

实际计算中，不可能对全部尺度因子值和位移参数值计算连续小波（CWT）的 a，b 值，加之实际的观测信号都是离散的，所以信号处理中都是用离散小波变换（DWT）。大多数情况下，将尺度因子和位移参数按 2 的幂次进行离散。最有效的计算方法是 S. Mallat 于 1988 年发展的快小波算法（又称塔式算法）。对任一信号，离散小波变换的第一步运算是，将信号分为低频部分（称为近似部分）和离散部分（称为细节部分）。近似部分代表了信号的主要特征。第二步是对低频部分再进行相似运算。不过这时尺度因子已经改变，依次进行到所需要的尺度。除了连续小波（CWT）、离散小波（DWT），还有小波包（Wavelet Packet）和多维小波。

6.3.3 小波分析应用实例

1. 小波图像处理

小波分析在二维信号（图像）处理方面的优点主要体现在其时频分析特性，前面介绍了一些基于这种特性的应用的实例，但对二维信号小波系数的处理方法只介绍了阈值化方法一种。下面介绍曾在一维信号中用到的抑制系数的方法，这种方法在图像处理领域主要用于图像增强。

图像增强问题的基本目标是对图像进行一定的处理，使其结果比原图更适用于特定的应用领域。这里"特定"一词非常重要，因为几乎所有的图像增强问题都是与问题背景密切相关的，脱离了问题本身的知识，图像的处理结果可能并不一定适用，比如某种方法非常适用于处理 X 射线图像，但不一定也适用于火星探测图像。

在图像处理领域，图像增强问题主要通过时域（沿用信号处理的说法，空域可能对图像更适合）和频域处理两种方法来解决。时域方法通过直接在图像点上作用算子或掩码来解决，频域方法通过修改傅里叶变换系数来解决。这两种方法的优劣很明显，时域方法方便、快速，但会丢失很多点之间的相关信息；频域方法可以很详细地分离出点之间的相关，但需要做两次数量级为 nlogn 的傅里叶变换和逆变换的操作，计算量大很多。

小波分析是以上两种方法的权衡结果，建立在如下的认识基础上，即傅里叶分析在所有点的分辨率都是原始图像的尺度。对于问题本身的要求，可能不需要那么大的分辨率，而单纯的时域分析又显得太粗糙，小波分析的多尺度分析特性则为用户提供了更灵活的处理方法。可以选择任意的分解层数，用尽可能少的计算量得到满意的结果。

小波变换将一幅图像分解为大小、位置和方向都不同的分量。在做逆变换之前，可以改变小波变换域中某些系数的大小，这样就能够有选择地放大感兴趣的分量而减小不需要的分量。下面是图像增强的实例。

【例 6-3】 给定一个 wmandril.mat 图像信号。由于图像经二维小波分解后，图像的轮廓主要体现在低频部分，细节部分体现在高频部分，因此可以对低频分解系数进行增强处理，对高频分解系数进行衰减处理，从而达到图像增强的效果。

具体实现的 MATLAB 脚本如下：

```
load wmandril
%下面进行图像的增强处理
%用小波函数 sym4 对 X 进行 2 层小波分解
[c,s] = wavedec2(X,2,'sym4');
sizec = size(c);c1 = c;
%对分解系数进行处理以突出轮廓部分,弱化细节部分
for i = 1:sizec(2)
    if(c(i)>350)
c1(i) = 2 * c(i);
    else
c1(i) = 0.5 * c(i);
    end
end
%下面对处理后的系数进行重构
xx = waverec2(c1,s,'sym4');
%画出图像
colormap(map);
subplot(121);image(X);title('原始图像');axis square
subplot(122);image(xx);title('增强图像');axis square
```

脚本运行后，得到了如图 6-4 所示的图像增强效果图。

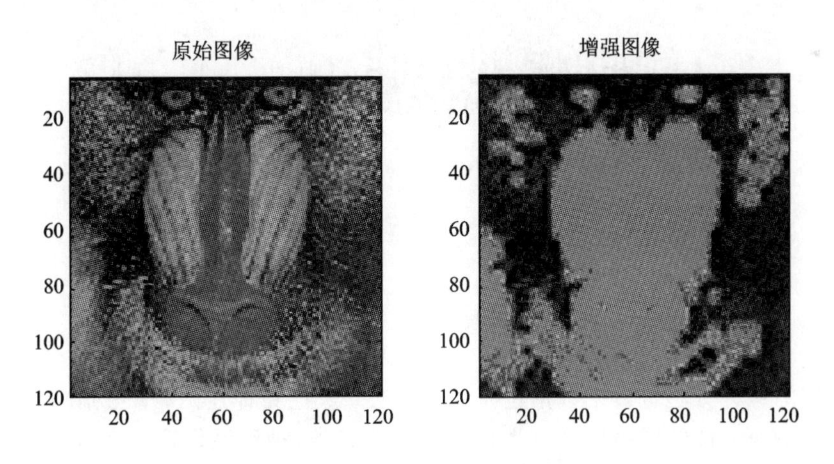

图 6-4　图像增强效果图

2. 小波数据去噪

小波技术的另一个应用是将具有噪声的信号数据进行去噪。

【例 6-4】 应用小波技术将具有噪声的信号数据去噪。

具体实现的 MATLAB 脚本如下：

```
clc, clear all, close all,
load nelec.mat;
sig = nelec;
denPAR = {[1 94 5.9 ; 94 1110 19.5 ; 1110 2000 4.5]};
```

```
wname = 'sym4';
level = 5;
sorh  = 's'; % type of thresholding
thr = 4.5;
[sigden_1,~,~,perf0,perfl2] = wdencmp('gbl',sig,wname,level,thr,sorh,1);
res = sig - sigden_1;
subplot(3,1,1);plot(sig,'r');        axis tight
title('Original Signal')
subplot(3,1,2);plot(sigden_1,'b');   axis tight
title('Denoised Signal');
subplot(3,1,3);plot(res,'k');        axis tight
title('Residual');
% perf0,perfl2
```

脚本运行后,得到了如图 6-5 所示的效果图。

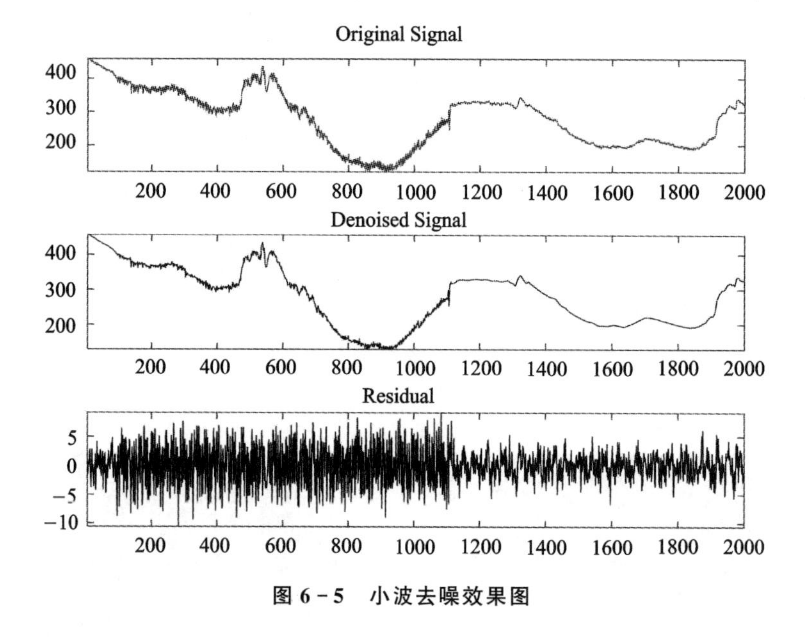

图 6-5 小波去噪效果图

6.4 小 结

本章介绍的三种方法也属于数据建模中的方法。灰色和神经网络一般用于预测,灰色系统适合小样本数据,神经网络更适合大样本数据。另外,神经网络适合多输入多输出的复杂预测问题。小波方法在数学建模中主要用于数据的预处理,比如去噪、提取数据特征、图像的增强等方面,但往往数据预处理是数学建模的基础工作,对得到更优秀的模型能起到重要的作用,所以小波这类方法也要了解。

参考文献

[1] 卓金武,王鸿钧. MATLAB 数学建模方法与实践[M]. 3 版. 北京:北京航空航天大学出版社,2018.

第 7 章

标准规划模型的 MATLAB 求解

规划类问题是常见的数学建模问题，离散系统的优化问题一般都可以通过规划模型来求解，所以在建模竞赛中，能够快速求解规划类模型是数学建模队员的基本素质。MATLAB 提供了强大的规划模型的求解命令，可以很快、很简单地得到所要的结果。一般的标准规划模型都可以用这些命令直接进行求解。本章主要介绍常见规划模型的 MATLAB 求解，包括线性规划、非线性规划和整数规划三个部分。掌握这个部分的操作，可以解决大部分规划模型的求解问题。

7.1 线性规划

在生产实践中，人们经常会遇到如何利用现有资源来安排生产，以取得最大经济效益的问题。此类问题构成了运筹学的一个重要分支——数学规划，而线性规划（Linear Programming，LP）则是数学规划的一个重要分支。历史上，线性规划理论发展的重要进程有：

1947 年，美国数学家 G. B. Dantzig（丹齐克）提出线性规划的一般数学模型和求解线性规划问题的通用方法——单纯形法，为这门学科奠定了基础。

1947 年，美国数学家 J. von Neumann（冯·诺伊曼）提出对偶理论，开创了线性规划的许多新的研究领域，扩大了它的应用范围和解题能力。

1951 年，美国经济学家 T. C. Koopmans（库普曼斯）把线性规划应用到经济领域，为此与康托罗维奇一起荣获了 1975 年的诺贝尔经济学奖。

目前，线性规划理论趋向完善，应用范围不断延伸，已经渗透到众多领域，特别是在计算机能处理成千上万个约束条件和决策变量的线性规划问题之后，线性规划的适用领域更为广泛了，已成为现代管理中经常采用的基本方法之一。

7.1.1 线性规划的实例与定义

【例 7-1】 央视为改版后的《非常 6+1》栏目播放两套宣传片。其中宣传片甲播映时间为 3 min30 s，广告时间为 30 s，收视观众为 60 万人，宣传片乙播映时间为 1 min，广告时间为 1 min，收视观众为 20 万人。广告公司规定每周至少有 3.5 min 广告，而电视台每周只能为该栏目宣传片提供不多于 16 min 的节目时间。电视台每周应播映两套宣传片各多少次，才能使收视观众最多？

分析 建模是解决线性规划问题极为重要的环节与技术。一个正确数学模型的建立要求建模者熟悉规划问题的生产和管理内容，明确目标要求和错综复杂的约束条件。本题首先将已知数据列成清单（见表 7-1）。

表 7-1 题意信息清单

类　别	播放片甲	播放片乙	节目要求	
片集时间/min	3.5	1		$\leqslant 16$
广告时间/min	0.5	1	$\geqslant 3.5$	
收视观众/万人	60	20		

设电视台每周应播映片甲 x 次，片乙 y 次，总收视观众为 z 万人，则

$$\max z = 60x + 20y \tag{7-1}$$

$$\text{s.t.}\begin{cases}4x + 2y \leqslant 16 \\ 0.5x + y \geqslant 3.5 \\ x, y \in \mathbf{N}\end{cases} \tag{7-2}$$

其中，变量 x、y 称为决策变量，式(7-1)被称为问题的目标函数，式(7-2)中的几个不等式是问题的约束条件，记为 s.t.（即 subject to）。上述即为一规划问题数学模型的三个要素。由于上面的目标函数及约束条件均为线性函数，故被称为线性规划问题。

在解决实际问题时，把问题归结成一个线性规划数学模型是很重要的一步，但往往也是较困难的一步，模型建立得是否恰当，直接影响到求解。而选取适当的决策变量，是建立有效模型的关键之一。

7.1.2 线性规划的 MATLAB 标准形式

线性规划的目标函数可以是求最大值，也可以是求最小值，约束条件的不等号可以是小于号也可以是大于号。为了避免这种形式多样性带来的不便，MATLAB 中规定线性规划的标准型为

$$\min_{x} \boldsymbol{c}^{\mathrm{T}}\boldsymbol{x} \text{ such that } \boldsymbol{A}\boldsymbol{x} \leqslant \boldsymbol{b}$$

其中，$\boldsymbol{c}$ 和 $\boldsymbol{x}$ 为 n 维向量；$\boldsymbol{b}$ 为 m 维向量；$\boldsymbol{A}$ 为 $m \times n$ 矩阵。

例如线性规划

$$\max_{x} \boldsymbol{c}^{\mathrm{T}}\boldsymbol{x} \text{ such that } \boldsymbol{A}\boldsymbol{x} \geqslant \boldsymbol{b}$$

的 MATLAB 标准型为

$$\min_{x} -\boldsymbol{c}^{\mathrm{T}}\boldsymbol{x} \text{ such that } -\boldsymbol{A}\boldsymbol{x} \leqslant -\boldsymbol{b}$$

7.1.3 线性规划问题的解的概念

一般线性规划问题的标准型为

$$\min z = \sum_{j=1}^{n} c_j x_j \tag{7-3}$$

$$\text{s.t.} \quad \sum_{j=1}^{n} a_{ij} x_j \leqslant b_i \quad (i = 1, 2, \cdots, m) \tag{7-4}$$

可行解：满足约束条件式(7-4)的解 $x = (x_1, x_2, \cdots, x_n)$ 称为线性规划问题的可行解，而使目标函数式(7-3)达到最小值的可行解叫最优解。

可行域：所有可行解构成的集合称为问题的可行域，记为 R。

7.1.4　线性规划的 MATLAB 解法

自从 G. B. Dantzig 于 1947 年提出单纯形法，近 60 年来，虽有许多变形体已被开发，但却保持着同样的基本观念。其原因是有如下结论：若线性规划问题有有限最优解，则一定有某个最优解是可行区域的一个极点。基于此，单纯形法的基本思路是：先找出可行域的一个极点，据一定规则判断其是否最优；若否，则转换到与之相邻的另一个极点，并使目标函数值更优；如此下去，直到找到某一最优解为止。这里不再详细介绍单纯形法，有兴趣的读者可以参看其他线性规划书籍。下面介绍线性规划的 MATLAB 解法。

MATLAB 中线性规划的标准型为

$$\min_{x} \boldsymbol{c}^{\mathrm{T}}\boldsymbol{x} \text{ such that } \boldsymbol{Ax} \leqslant \boldsymbol{b}$$

基本函数形式为 linprog(c,A,b)，它的返回值是向量 $\boldsymbol{x}$ 的值。还有其他的一些函数调用形式（在 MATLAB 指令窗运行 help linprog 可以看到所有的函数调用形式），例如：

[x,fval]=linprog(c,A,b,Aeq,beq,LB,UB,X0,OPTIONS)

其中，fval 为返回目标函数的值；Aeq 和 beq 对应等式约束 Aeq * x=beq；LB 和 UB 分别是变量 x 的下界和上界；X0 是 x 的初始值；OPTIONS 是控制参数。

【例 7-2】　求解线性规划问题：

$$\min z = 2x_1 + 3x_2 + x_3$$

$$\text{s. t.} \begin{cases} x_1 + 4x_2 + 2x_3 \geqslant 8 \\ 3x_1 + 2x_2 \geqslant 6 \\ x_1, x_2, x_3 \geqslant 0 \end{cases}$$

解　编写 MATLAB 程序如下：

```
c=[2;3;1];
a=[1,4,2;3,2,0];
b=[8;6];
[x,y]=linprog(c,-a,-b,[],[],zeros(3,1))
```

【例 7-3】　求下面的优化问题：

$$\min z = -5x_1 - 4x_2 - 6x_3$$

$$\text{s. t.} \begin{cases} x_1 - x_2 + x_3 \leqslant 20 \\ 3x_1 + 2x_2 + 4x_3 \leqslant 42 \\ 3x_1 + 2x_2 \leqslant 30 \\ 0 \leqslant x_1, 0 \leqslant x_2, 0 \leqslant x_3 \end{cases}$$

解　编写 MATLAB 程序如下：

```
>> f = [-5; -4; -6];
>> A =  [1 -1  1;3  2  4;3  2  0];
>> b = [20; 42; 30];
>> lb = zeros(3,1);
>> [x,fval,exitflag,output,lambda] = linprog(f,A,b,[],[],lb)
```

结果如下：

```
x =         % 最优解
     0.0000
    15.0000
     3.0000
fval =      % 最优值
   - 78.0000
exitflag =     % 收敛
     1
output =
       iterations: 6    % 迭代次数
     cgiterations: 0
        algorithm: 'lipsol'    % 所使用规则
lambda =
     ineqlin: [3x1 double]
       eqlin: [0x1 double]
       upper: [3x1 double]
       lower: [3x1 double]
>> lambda.ineqlin
ans =
     0.0000
     1.5000
     0.5000
>> lambda.lower
ans =
     1.0000
     0.0000
     0.0000
```

表明不等式约束条件 2 和 3 以及第 1 个下界是有效的。

【例 7-4】 求解下列线性规划问题：

$$\max z = 2x_1 + 3x_2 - 5x_3$$

$$\text{s.t.}\begin{cases} x_1 + x_2 + x_3 = 7 \\ 2x_1 - 5x_2 + x_3 \geqslant 10 \\ x_1, x_2, x_3 \geqslant 0 \end{cases}$$

解 ① 编写 m 文件：

```
c = [2;3; - 5];
a = [ - 2,5, - 1]; b = - 10;
aeq = [1,1,1];
beq = 7;
% 是求最大值而不是最小值,注意这里是“ - c”而不是“c”
x = linprog( - c,a,b,aeq,beq,zeros(3,1))
value = c' * x
```

② 将 m 文件存盘，并命名为 example1.m。

③ 在 MATLAB 指令窗中运行 example1.m 即可得所求结果。

【例 7-5】 求解下列最大值线性规划问题：

$$\max z = 170.8582x_1 - 17.7254x_2 + 41.2582x_3 + 2.2182x_4 + 131.8182x_5 - 500000$$

$$
\text{s.t.}\begin{cases}x_1-0.17037x_2-0.5324x_3+x_5\leqslant 0\\0.17037x_2+0.5324x_3\leqslant 888115\\x_1+32\%x_2+x_3\leqslant 166805\\x_2\leqslant 521265.625\\x_3+x_4\leqslant 683400\\x_4+x_5\geqslant 660000\\x_j\geqslant 0\quad(j=1,2,3,4,5)\end{cases}
$$

为了便于求解，将上述求解最大值线性规划问题转化成求解最小值问题：

$$
\min z'=-170.8582x_1+17.7254x_2-41.2582x_3-2.2182x_4-131.8182x_5+500000x_6
$$

$$
\text{s.t.}\begin{cases}x_1-0.17037x_2-0.5324x_3+x_5\leqslant 0\\0.17037x_2+0.5324x_3\leqslant 888115\\x_1+32\%x_2+x_3\leqslant 166805\\x_2\leqslant 521265.625\\x_3+x_4\leqslant 683400\\-x_4-x_5\leqslant -660000\\x_6=1\\x_j\geqslant 0\quad(j=1,2,3,4,5)\end{cases}
$$

MATLAB 源程序如下：

```
f = [ - 170.8582 17.7254  - 41.2582  - 2.2182  - 131.8182 500000];
A = [1  - 0.17037  - 0.5324 0 1 0;0 0.17037 0.5324 0 0 0;1 0.32 1 0 0 0;0 1 0 0 0 0;0 0 1 1 0 0;0 0 0 -
1 - 1 0];
b = [0;888115;166805;521265.625;683400; - 660000];
Aeq = [0 0 0 0 0 1];
beq = [1];
lb = [0;0;0;0;0;0];
[x,fval,exitflag,output,lambda] = linprog(f,A,b,Aeq,beq,lb,[])
```

程序输出结果如下：

```
x =
1.0e + 005  *
    0.00000000000000
    1.70617739889132
    1.12207323235472
    5.71192676764526
    0.88807323235476
    0.00001000000000
fval  =  - 1.407864558820066e + 007
```

即

$$
x_1=0,\quad x_2=170618,\quad x_3=112207,\quad x_4=571193,\quad x_5=88807,\quad x_6=1
$$

$$
\min z'=-14078646,\quad \max z=-\min z'=-(-14078646)=14078646
$$

7.2 非线性规划

7.2.1 非线性规划的实例与定义

如果目标函数或约束条件中包含非线性函数，就称这种规划问题为非线性规划问题。一般，解非线性规划要比解线性规划问题困难得多。而且，也不像线性规划有单纯形法这一通用方法，非线性规划目前还没有适合于各种问题的一般算法，各个方法都有自己特定的适用范围。

下面通过实例归纳出非线性规划数学模型的一般形式，介绍有关非线性规划的基本概念。

【例 7-6】 （投资决策问题）某企业有 n 个项目可供选择投资，并且至少要对其中一个项目投资。已知该企业拥有总资金 A 元，投资第 $i(i=1,\cdots,n)$ 个项目需要资金 a_i 元，并预计可收益 b_i 元。试选择最佳投资方案。

解 设投资决策变量为

$$x_i=\begin{cases}1, & \text{决定投资第 } i \text{ 个项目}\\ 0, & \text{决定不投资第 } i \text{ 个项目}\end{cases},i=1,\cdots,n$$

则投资总额为 $\sum\limits_{i=1}^{n}a_ix_i$，投资总收益为 $\sum\limits_{i=1}^{n}b_ix_i$。因为该公司至少要对一个项目投资，并且总的投资金额不能超过总资金 A，故有限制条件：

$$0<\sum_{i=1}^{n}a_ix_i\leqslant A$$

由于 $x_i(i=1,\cdots,n)$ 只取 0 或 1，所以还有

$$x_i(1-x_i)-0\quad(i-1,\cdots,n)$$

另外，该公司至少要对一个项目投资，因此有

$$\sum_{i=1}^{n}x_i\geqslant 1$$

最佳投资方案应是投资额最小而总收益最大的方案，所以这个最佳投资决策问题归结为总资金以及决策变量（取 0 或 1）的限制条件下，利润（即总收益与总投资之差）最大化。因此，其数学模型为

$$\max Q=\sum_{i=1}^{n}b_ix_i-\sum_{i=1}^{n}a_ix_i$$

$$\text{s. t.}\begin{cases}0<\sum\limits_{i=1}^{n}a_ix_i\leqslant A\\ x_i(1-x_i)=0\quad(i=1,\cdots,n)\\ \sum\limits_{i=1}^{n}x_i\geqslant 1\end{cases}$$

上面例题是在一组等式或不等式的约束下，求一个函数的最大值（或最小值）问题，其中目标函数或约束条件中至少有一个非线性函数，这类问题称为非线性规划问题，简记为（NP），可概括为一般形式：

$$\min f(\boldsymbol{x})$$
$$\text{s. t.} \begin{cases} h_j(\boldsymbol{x}) \leqslant 0 & (j=1,\cdots,q) \\ g_i(\boldsymbol{x})=0 & (i=1,\cdots,p) \end{cases}$$

式中，$\boldsymbol{x}=[x_1,\cdots,x_n]^{\mathrm{T}}$ 称为模型(NP)的决策变量；f 称为目标函数；$g_i(\boldsymbol{x})$和 $h_j(\boldsymbol{x})$称为约束函数。另外，$g_i(\boldsymbol{x})=0(i=1,\cdots,p)$称为等式约束，$h_j(\boldsymbol{x})\leqslant 0(j=1,\cdots,q)$称为不等式约束。

7.2.2　非线性规划的 MATLAB 解法

非线性规划的数学模型形式：

$$\min f(\boldsymbol{x})$$
$$\text{s. t.} \begin{cases} \boldsymbol{Ax} \leqslant \boldsymbol{B} \\ \mathrm{Aeq} \cdot \boldsymbol{x} = \mathrm{Beq} \\ \boldsymbol{C}(\boldsymbol{x}) \leqslant 0 \\ \mathrm{Ceq}(\boldsymbol{x}) = 0 \end{cases}$$

式中，$f(\boldsymbol{x})$是标量函数；$\boldsymbol{A}$，$\boldsymbol{B}$，Aeq，Beq 是相应维数的矩阵和向量；$\boldsymbol{C}(\boldsymbol{x})$，$\mathrm{Ceq}(\boldsymbol{x})$是非线性向量函数。

MATLAB 中的命令形式如下：

X=FMINCON(FUN,X0,A,B,Aeq,Beq,LB,UB,NONLCON,OPTIONS)

它的返回值是向量 X。其中 FUN 是用 M 文件定义的函数 $f(x)$；X0 是 X 的初始值；A，B，Aeq，Beq 定义了线性约束 A * X≤B，Aeq * X=Beq，如果没有线性约束，则 A=[]，B=[]，Aeq=[]，Beq=[]；LB 和 UB 是变量 X 的下界和上界，如果上界和下界没有约束，则 LB=[]，UB=[]，如果 X 无下界，则 LB=－inf，如果 X 无上界，则 UB=inf；NONLCON 是用 M 文件定义的非线性向量函数 $\boldsymbol{C}(\boldsymbol{x})$和 $\mathrm{Ceq}(\boldsymbol{x})$；OPTIONS 定义了优化参数，可以使用 MATLAB 缺省的参数设置。

【例 7－7】　求下列非线性规划问题：

$$\min f(x)=x_1^2+x_2^2+8$$
$$\text{s. t.} \begin{cases} x_1^2-x_2 \geqslant 0 \\ -x_1-x_2^2+2=0 \\ x_1,x_2 \geqslant 0 \end{cases}$$

解　① 编写 m 文件 fun1. m：

```
function f = fun1(x);
f = x(1)^2 + x(2)^2 + 8;
```

和 m 文件 fun2. m：

```
function [g,h] = fun2(x);
g = - x(1)^2 + x(2);
h = - x(1) - x(2)^2 + 2; % 等式约束
```

② 在 MATLAB 的命令窗口直接输入：

```
options = optimset;
[x,y] = fmincon('fun1',rand(2,1),[],[],[],[],zeros(2,1),[], ...
'fun2', options)
```

就可以求得当 $x_1=1,x_2=1$ 时,最小值 $y=10$。

【例7-8】 求下列非线性规划问题:

$$\max z=\sqrt{x_1}+\sqrt{x_2}+\sqrt{x_3}+\sqrt{x_4}$$

$$\text{s.t.}\begin{cases}x_1\leqslant 400\\1.1x_1+x_2\leqslant 440\\1.21x_1+1.1x_2+x_3\leqslant 484\\1.331x_1+1.21x_2+1.1x_3+x_4\leqslant 532.4\\x_i\geqslant 0,i=1,2,3,4\end{cases}$$

解 ① 编写m文件,定义目标函数。

```
function f = fun44(x)
f = - (sqrt(x(1)) + sqrt(x(2)) + sqrt(x(3)) + sqrt(x(4)));
```

② 编写m文件,定义约束条件。

```
function [g,ceq] = mycon1(x)
g(1) = x(1) - 400;
g(2) = 1.1 * x(1) + x(2) - 440;
g(3) = 1.21 * x(1) + 1.1 * x(2) + x(3) - 484;
g(4) = 1.331 * x(1) + 1.21 * x(2) + 1.1 * x(3) + x(4) - 532.4;
ceq = 0;
```

③ 编写主程序,既可以编写m文件也可以在命令窗口直接输入命令。

```
x0 = [1;1;1;1];lb = [0;0;0;0];ub = [];A = [];b = [];Aeq = [];beq = [];
[x,fval] = fmincon('fun44',x0,A,b,Aeq,beq,lb,ub,'mycon1')
```

程序输出结果如下:

```
x =
    1.0e + 002 *
    0.84243824470856
    1.07635203745600
    1.28903186524063
    1.48239367919807
fval =
 - 43.08209516098581
```

所以最终结果为

$$x_1=84.24,\quad x_2=107.63,\quad x_3=128.90,\quad x_4=148.23$$

$$z=-(-43.08)=43.08$$

7.2.3 二次规划

若某非线性规划的目标函数为自变量 x 的二次函数,约束条件又全是线性的,就称这种规划为二次规划。

MATLAB中二次规划的数学模型可表述如下:

$$\min \frac{1}{2}\boldsymbol{x}^{\mathrm{T}}\boldsymbol{H}\boldsymbol{x}+\boldsymbol{f}^{\mathrm{T}}\boldsymbol{x}$$

$$\text{s.t. } \boldsymbol{A}\boldsymbol{x}\leqslant \boldsymbol{b}$$

其中，$\boldsymbol{f}$，$\boldsymbol{b}$ 是向量；$\boldsymbol{A}$ 是相应维数的矩阵；$\boldsymbol{H}$ 是实对称矩阵。

“实对称矩阵”定义：如果有 n 阶矩阵 $\boldsymbol{A}$，其各个元素都是实数，且满足 $a_{ij}=a_{ji}$（转置为其本身），则称 $\boldsymbol{A}$ 为实对称矩阵。

MATLAB 中求解二次规划的命令格式如下：

[X,FVAL]= QUADPROG(H,f,A,b,Aeq,beq,LB,UB,X0,OPTIONS)

其中，X 的返回值是向量 $\boldsymbol{x}$；FVAL 的返回值是目标函数在 X 处的值。（具体细节可以参看在 MATLAB 指令中运行 help quadprog 后的帮助。）

【例 7-9】 求解下列二次规划：

$$\min f(x)=2x_1^2-4x_1x_2+4x_2^2-6x_1-3x_2$$

$$\text{s. t.}\begin{cases}x_1+x_2\leqslant 3\\4x_1+x_2\leqslant 9\\x_1,x_2\geqslant 0\end{cases}$$

解　编写如下程序：

```
h=[4,-4;-4,8];
f=[-6;-3];
a=[1,1;4,1];
b=[3;9];
[x,value]=quadprog(h,f,a,b,[],[],zeros(2,1))
```

求得

$$\boldsymbol{x}=\begin{bmatrix}1.9500\\1.0500\end{bmatrix},\quad \min f(\boldsymbol{x})=-11.0250$$

利用罚函数法，可将非线性规划问题的求解转化为求解一系列无约束极值问题，因而也称这种方法为序列无约束最小化技术，简记为 SUMT (Sequential Unconstrained Minimization Technique)。

罚函数法求解非线性规划问题的思想：利用问题中的约束函数作出适当的罚函数，由此构造出带参数的增广目标函数，把问题转化为无约束非线性规划问题。主要有两种形式，一种叫外罚函数法，另一种叫内罚函数法。下面介绍外罚函数法。

考虑如下问题：

$$\min f(x)$$

$$\text{s. t.}\begin{cases}g_i(x)\leqslant 0 & (i=1,\cdots,r)\\h_i(x)\geqslant 0 & (i=1,\cdots,s)\\k_i(x)=0 & (i=1,\cdots,t)\end{cases}$$

取一个充分大的数 $M>0$，构造函数

$$P(x,M)=f(x)+M\sum_{i=1}^{r}\max(g_i(x),0)-M\sum_{i=1}^{s}\min(h_i(x),0)+M\sum_{i=1}^{t}|k_i(x)|$$

或

$$P(x,M)=f(x)+\boldsymbol{M}_1\max(\boldsymbol{G}(x),0)+\boldsymbol{M}_2\min(\boldsymbol{H}(x),0)+\boldsymbol{M}_3\|\boldsymbol{K}(x)\|$$

其中，$\boldsymbol{G}(x)=\begin{bmatrix}g_1(x)\\\vdots\\g_r(x)\end{bmatrix}$；$\boldsymbol{H}(x)=\begin{bmatrix}h_1(x)\\\vdots\\h_s(x)\end{bmatrix}$；$\boldsymbol{K}(x)=\begin{bmatrix}k_1(x)\\\vdots\\k_t(x)\end{bmatrix}$；$\boldsymbol{M}_1,\boldsymbol{M}_2,\boldsymbol{M}_3$ 为适当的行向量，

MATLAB 中可以直接利用 max 和 min 函数。

则以增广目标函数 $P(x,M)$为目标函数的无约束极值问题 min $P(x,M)$的最优解 x 也是原问题的最优解。

【例 7-10】 求下列非线性规划：

$$\min f(x)=x_1^2+x_2^2+8$$

$$\text{s.t.}\begin{cases}x_1^2-x_2\geqslant 0\\-x_1-x_2^2+2=0\\x_1,x_2\geqslant 0\end{cases}$$

解 ① 编写 m 文件 test.m。

```
function g = test(x);
M = 50000;
f = x(1)^2 + x(2)^2 + 8;
g = f - M * min(x(1),0) - M * min(x(2),0) - M * min(x(1)^2 - x(2),0)...
      + M * abs( - x(1) - x(2)^2 + 2);
```

② 在 MATLAB 命令窗口输入：

```
[x,y] = fminunc('test',rand(2,1))
```

即可求得问题的解。

7.3 整数规划

7.3.1 整数规划的定义

规划中的变量(部分或全部)限制为整数时，称为整数规划。若在线性规划模型中，变量限制为整数，则称为整数线性规划。目前所流行的求解整数规划的方法，往往只适用于整数线性规划。目前还没有一种方法能有效地求解一切整数规划。

常见的整数规划问题的求解算法有：

① 分枝定界法，可求纯或混合整数线性规划。

② 割平面法，可求纯或混合整数线性规划。

③ 隐枚举法，求解 0-1 整数规划：

- 过滤隐枚举法；
- 分枝隐枚举法。

④ 匈牙利法，解决指派问题(0-1 规划特殊情形)。

7.3.2 0-1 整数规划

0-1 整数规划是整数规划中的特殊情形，它的变量 x_j 仅取值 0 或 1，这时 x_j 称为 0-1 变量(或称二进制变量)。x_j 仅取值 0 或 1，这个条件可有下述约束条件：$0\leqslant x_j\leqslant 1, x_j\in \mathbf{N}$ 或 $x_i(1-x_i)=0,\ i=1,\cdots,n$。在实际问题中，如果引入 0-1 变量，就可以把有各种情况需要分别讨论的线性规划问题统一在一个问题中讨论了。

下面举例说明用 MATLAB 混合整数规划求解器 intlingprog 求解 0-1 整数规划的过程。

【例 7-11】 用 MATLAB 混合整数规划求解器 intlingprog 求解 0-1 整数规划问题：

$$\max z = 3x_1 - 2x_2 + 5x_3$$

$$\text{s.t.} \begin{cases} x_1 + 2x_2 - x_3 \leqslant 2 \\ x_1 + 4x_2 + x_3 \leqslant 4 \\ x_1 + x_2 \leqslant 3 \\ 4x_2 + x_3 \leqslant 6 \\ x_1, x_2, x_3 = 0, 1 \end{cases}$$

解　该问题的求解代码如下：

```
clc, clear all, close all
f = [ - 3; 2; - 5];
intcon = 3;
A = [1 2 - 1; 1 4 1; 1 1 0; 0 4 1];
b = [2; 4; 3; 6];
lb = [0, 0 , 0];
ub = [1,1,1];
Aeq = [0,0,0];
beq = 0;
x = intlinprog(f,intcon,A,b,Aeq,beq,lb,ub)
```

7.4 小　结

数学建模中的问题，一半以上都涉及优化方法，而优化问题绝大多数又可以用标准的规划模型去求解。所以掌握标准规划模型的求解，是建模必备的技能，也是最能提升自信心的技能，基本上学会标准规划问题的建模和求解，就可以说数学建模已经入门了。规划问题的建模，最核心的就三步：定决策变量、确定目标函数、抽象约束条件，接着就判断规划模型的类型，然后选择合适的求解函数去求解，所以规划模型建模和求解步骤还是比较清晰的。

参考文献

[1] 卓金武，王鸿钧. MATLAB 数学建模方法与实践.[M]. 3 版. 北京：北京航空航天大学出版社，2018.

第 8 章

MATLAB 全局优化算法

离散型问题是建模竞赛中的主流题型，如果判断所研究的问题是组合优化问题，那么就大概率需要用到全局优化算法了。历年赛题中，比较经典的这类问题有灾情巡视、公交车调度、彩票、露天矿卡车调度、交巡警服务平台、太阳影子定位，等，可见全局优化问题的求解算法在数学建模中的重要性。本章主要介绍 MATLAB 全局优化技术及相关实例。

8.1 MATLAB 全局优化概况

MATLAB 中有个全局优化工具箱（Global Optimization Toolbox），该工具箱集成了几个主流的全局优化算法，包含全局搜索、多初始点、模式搜索、遗传算法、多目标遗传算法、模拟退火求解器和粒子群求解器，如图 8-1 所示。

‹ Global Optimization Toolbox

Getting Started with Global Optimization Toolbox

Optimization Problem Setup

Global or Multiple Starting Point Search

Direct Search

Genetic Algorithm

Particle Swarm

Simulated Annealing

Multiobjective Optimization

图 8-1 MATLAB 中全局优化工具箱包含的求解器

对于目标函数或约束函数连续、不连续、随机、导数不存在以及包含仿真或黑箱函数的优化问题，都可使用这些求解器来求解。另外，还可通过设置选项和自定义创建、更新函数来改进求解器的效率。可以使用自定义数据类型，配合遗传算法和模拟退火求解器，来描绘采用标准数据类型不容易表达的问题。利用混合函数选项，可在第一个求解器之后应用第二个求解器来改进解算。

8.2 遗传算法

8.2.1 遗传算法的原理

遗传算法（Genetic Algorithms，GA）是一种基于自然选择和基因遗传学原理，借鉴了生物进化优胜劣汰的自然选择机理和生物界繁衍进化的基因重组、突变的遗传机制的全局自适应概率搜索算法。

遗传算法是从一组随机产生的初始解（种群）开始的，这个种群由经过基因编码的一定数量的个体组成，每个个体实际上是染色体带有特征的实体。染色体作为遗传物质的主要载体，其内部表现（即基因型）是某种基因组合，它决定了个体的外部表现。因此，从一开始就需要实现从表现型到基因型的映射，即编码工作。初始种群产生后，按照优胜劣汰的原理，逐代演化产生出越来越好的近似解。在每一代，根据问题域中个体的适应度大小选择个体，并借助于自然遗传学的遗传算子进行组合交叉和变异，产生出代表新的解集的种群。这个过程将导致种群像自然进化一样，后代种群比前代更加适应环境，末代种群中的最优个体经过解码，可以作为问题近似最优解。

计算开始时，将实际问题的变量进行编码形成染色体，随机产生一定数目的个体，即种群，并计算每个个体的适应度值，然后通过终止条件判断该初始解是否是最优解。若是，则停止计算输出结果；若不是，则通过遗传算子操作产生新的一代种群，回到计算群体中每个个体的适应度值的部分，然后转到终止条件判断。这一过程循环执行，直到满足优化准则，最终产生问题的最优解。图 8－2 给出了简单遗传算法的基本过程。

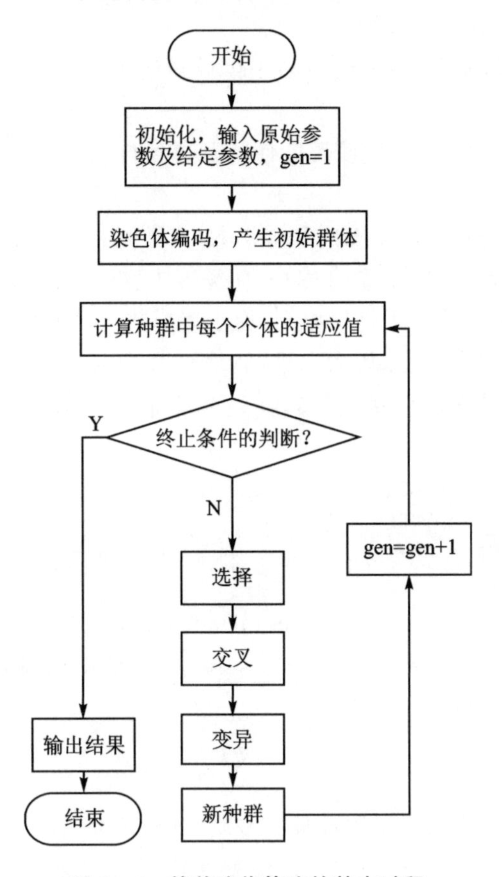

图 8－2　简单遗传算法的基本过程

8.2.2　遗传算法的步骤

1. 初始参数

种群规模 n：种群数目影响遗传算法的有效性。种群数目太小，不能提供足够的采样点；种群规模太大，会增加计算量，使收敛时间增长。一般种群数目在 20～160 之间比较合适。

交叉概率 p_c：p_c 控制着交换操作的频率，p_c 太大，会使高适应值的结构很快被破坏掉；p_c 太小，会使搜索停滞不前。一般 p_c 取 0.5～1.0。

变异概率 p_m：p_m 是增大种群多样性的第二个因素，p_m 太小，不会产生新的基因块；p_m 太大，会使遗传算法变成随机搜索。一般 p_m 取 0.001～0.1。

进化代数 t：表示遗传算法运行结束的一个条件。一般的取值范围为 100～1 000。当个体编码较长时，进化代数要取小一些，否则会影响算法的运行效率。进化代数的选取，还可以采用某种判定准则，准则成立时，即停止。

2. 染色体编码

利用遗传算法求解问题时，必须在目标问题实际表示与染色体位串结构之间建立一个联系。对于给定的优化问题，由种群个体的表现型集合组成的空间称为问题空间，由种群基因型个体组成的空间称为编码空间。由问题空间向编码空间的映射称作编码，而由编码空间向问题空间的映射称为解码。

按照遗传算法的模式定理，de Jong 进一步提出了较为客观明确的编码评估准则，称之为编码原理。具体可以概括为两条规则：

① 有意义积木块编码规则：编码应当易于生成与所求问题相关的且具有低阶、短定义长度模式的编码方案。

② 最小字符集编码规则：编码应使用能使问题得到自然表示或描述的具有最小编码字符集的编码方案。

常用的编码方式有两种：二进制编码和浮点数(实数)编码。

二进制编码是遗传算法中最常用的一种编码方法，它将问题空间的参数用字符集{1,0}构成染色体位串，符合最小字符集原则，便于用模式定理分析，但存在映射误差。

采用二进制编码，将决策变量编码为二进制，编码串长 m_i 取决于需要的精度。例如，x_i 的值域为 $[a_i, b_i]$，而需要的精度是小数点后 5 位，这要求将 x_i 的值域至少分为 $(b_i - a_i) \times 10^6$ 份。设 x_i 所需要的字串长为 m_i，则有

$$2^{m_i - 1} < (b_i - a_i) \times 10^6 < 2^{m_i}$$

那么二进制编码的编码精度为 $\delta = \dfrac{b_i - a_i}{2^{m_i} - 1}$，将 x_i 由二进制转换为十进制可按下式计算：

$$x_i = a_i + \text{decimal}(\text{substring}_i) \times \delta$$

式中，$\text{decimal}(\text{substring}_i)$ 表示变量 x_i 的子串 substring_i 的十进制值。

染色体编码的总串长为

$$m = \sum_{i=1}^{N} m_i$$

若没有规定计算精度，那么可采用定长二进制编码，即 m_i 可以自己确定。

二进制编码方式的编码、解码简单易行，使得遗传算法的交叉、变异等操作实现方便。但是，当连续函数离散化时，它存在映射误差。再者，当优化问题所求的精度较高，如果必须保证解的精度，则个体的二进制编码串会很长，从而导致搜索空间急剧扩大，计算量也会增加，计算时间也相应地延长。

浮点数(实数)编码方法能够解决二进制编码的这些缺点。该方法中个体的每个基因都要用参数所给定区间范围内的某一浮点数来表示，而个体的编码长度则等于其决策变量的总数。遗传算法中交叉、变异等操作所产生的新个体的基因值也必须保证在参数指定区间范围内。当个体的基因值由多个基因组成时，交叉操作必须在两个基因之间的分界字节处进行，而不是在某一基因内的中间字节分隔处进行的。

3. 适应度函数

适应度函数是用来衡量个体优劣，度量个体适应度的函数。适应度函数值越大的个体越好；反之，适应度函数值越小的个体越差。在遗传算法中根据适应值对个体进行选择，以保证适应性能好的个体有更多的机会繁殖后代，使优良特性得以遗传。一般而言，适应度函数是由

目标函数变换而成的。由于在遗传算法中根据适应度排序的情况来计算选择概率，这就要求适应度函数计算出的函数值(适应度)不能小于零。因此，在某些情况下，将目标函数转换成最大化问题形式而且函数值非负的适应度函数是必要的，并且在任何情况下总是希望越大越好，但是许多实际问题中，目标函数有正有负，所以经常用到从目标函数到适应度函数的变换。

考虑如下一般的数学规划问题：

$$\min f(\boldsymbol{x})$$

$$\text{s. t.} \begin{cases} g(\boldsymbol{x})=0 \\ h_{\min} \leqslant h(\boldsymbol{x}) \leqslant h_{\max} \end{cases}$$

变换方法一：

① 对于最小化问题，建立适应度函数 $F(\boldsymbol{x})$ 和目标函数 $f(\boldsymbol{x})$ 的映射关系：

$$F(\boldsymbol{x})=\begin{cases} C_{\max}-f(\boldsymbol{x}), & f(\boldsymbol{x})<C_{\max} \\ 0, & f(\boldsymbol{x}) \geqslant C_{\max} \end{cases}$$

式中，$C_{\max}$ 既可以是特定的输入值，也可以选取到目前为止所得到的目标函数 $f(\boldsymbol{x})$ 的最大值。

② 对于最大化问题，一般采用下述方法：

$$F(\boldsymbol{x})=\begin{cases} f(\boldsymbol{x})-C_{\min}, & f(\boldsymbol{x})>C_{\min} \\ 0, & f(\boldsymbol{x}) \leqslant C_{\min} \end{cases}$$

式中，$C_{\min}$ 既可以是特定的输入值，也可以选取到目前为止所得到的目标函数 $f(\boldsymbol{x})$ 的最小值。

变换方法二：

① 对于最小化问题，建立适应度函数 $F(\boldsymbol{x})$ 和目标函数 $f(\boldsymbol{x})$ 的映射关系：

$$F(\boldsymbol{x})=\frac{1}{1+c+f(\boldsymbol{x})}, \quad c \geqslant 0, \quad c+f(\boldsymbol{x}) \geqslant 0$$

② 对于最大化问题，一般采用下述方法：

$$F(\boldsymbol{x})=\frac{1}{1+c-f(\boldsymbol{x})}, \quad c \geqslant 0, \quad c-f(\boldsymbol{x}) \geqslant 0$$

式中，c 为目标函数界限的保守估计值。

4. 约束条件的处理

在遗传算法中必须对约束条件进行处理，但目前尚无处理各种约束条件的一般方法。根据具体问题，可选择下列三种方法：罚函数法、搜索空间限定法和可行解变换法。

(1) 罚函数法

罚函数法的基本思想：对于在解空间中无对应可行解的个体，计算其适应度时，除以一个罚函数，从而降低该个体的适应度，使该个体被选遗传到下一代群体中的概率减小。可以用下式对个体的适应度进行调整：

$$F'(\boldsymbol{x})=\begin{cases} F(x), & x \in U \\ F(x)-P(x), & x \notin U \end{cases}$$

式中，$F(\boldsymbol{x})$ 为原适应度函数；$F'(\boldsymbol{x})$ 为调整后的新的适应度函数；$P(\boldsymbol{x})$ 为罚函数；U 为约束条件组成的集合。

如何确定合理的罚函数是这种处理方法难点之所在，在考虑罚函数时，既要度量解对约束条件不满足的程度，又要考虑计算效率。

（2）搜索空间限定法

搜索空间限定法的基本思想：对遗传算法的搜索空间的大小加以限制，使得搜索空间中表示一个个体的点与解空间中表示一个可行解的点有一一对应的关系。对一些比较简单的约束条件通过适当编码使搜索空间与解空间一一对应，限定搜索空间能够提高遗传算法的效率。在使用搜索空间限定法时必须保证交叉、变异之后的解个体在解空间中有对应解。

（3）可行解变换法

可行解变换法的基本思想：在由个体基因型到个体表现型的变换中，增加使其满足约束条件的处理过程，其寻找个体基因型与个体表现型的多对一变换关系，扩大了搜索空间，使进化过程中所产生的个体总能通过这个变换而转化成解空间中满足约束条件的一个可行解。可行解变换法对个体的编码方式、交叉运算、变异运算等无特殊要求，但运行效果下降。

5. 遗传算子

遗传算法中包含了 3 个模拟生物基因遗传操作的遗传算子：选择（复制）、交叉（重组）和变异（突变）。遗传算法利用遗传算子产生新一代群体来实现群体进化，算子的设计是遗传策略的主要组成部分，也是调整和控制进化过程的基本工具。

（1）选择操作

遗传算法中的选择操作就是用来确定如何从父代群体中按某种方法选取哪些个体遗传到下一代群体中的一种遗传运算。遗传算法使用选择（复制）算子来对群体中的个体进行优胜劣汰操作：适应度较高的个体被遗传到下一代群体中的概率较大，适应度较低的个体被遗传到下一代群体中的概率较小。选择操作建立在对个体适应度进行评价的基础之上。选择操作的主要目的是为了避免基因缺失，提高全局收敛性和计算效率。常用的选择方法有转轮法（轮盘赌法）、排序选择法、两两竞争法。

1）轮盘赌法

轮盘赌法为简单的选择方法。通常以第 i 个个体入选种群的概率以及群体规模的上限来确定其生存与淘汰，这种方法称为轮盘赌法。轮盘赌法是一种正比选择策略，能够根据与适应函数值成正比的概率选出新的种群。轮盘赌法由以下五步构成：

① 计算各染色体 $\boldsymbol{v}_k$ 的适应值 $F(\boldsymbol{v}_k)$；

② 计算种群中所有染色体的适应值的和：

$$\text{Fall} = \sum_{k=1}^{n} F(\boldsymbol{v}_k)$$

③ 计算各染色体 $\boldsymbol{v}_k$ 的选择概率 p_k：

$$p_k = \frac{\text{eval}(\boldsymbol{v}_k)}{\text{Fall}} \quad (k=1,2,\cdots,n)$$

④ 计算各染色体 $\boldsymbol{v}_k$ 的累计概率 q_k：

$$q_k = \sum_{j=1}^{k} p_j \quad (k=1,2,\cdots,n)$$

⑤ 在[0,1]区间内产生一个均匀分布的伪随机数 r，若 $r \leqslant q_1$，则选择第一个染色体 $\boldsymbol{v}_1$；否则，选择第 k 个染色体，使得 $q_{k-1} < r \leqslant q_k$ 成立。

2）排序选择法

排序选择法的主要思想：对群体中的所有个体按其适应度大小进行排序，基于这个排序来分配各个个体被选中的概率。

排序选择法的具体操作过程：

① 对群体中的所有个体按其适应度大小进行降序排序。

② 根据具体求解问题，设计一个概率分配表，将各个概率值按上述排列次序分配给各个个体。

③ 以各个个体所分配到的概率值作为其能够被遗传到下一代的概率，基于这些概率值用轮盘赌法来产生下一代群体。

3）两两竞争法

两两竞争法又称锦标赛选择法，基本做法：先随机地在种群中选择 k 个个体进行锦标赛式的比较，从中选出适应值最好的个体进入下一代，复用这种方法直到下一代个体数为种群规模时为止。这种方法也使得适应值好的个体在下一代具有较大的"生存"机会，同时它只能使用适应值的相对值作为选择的标准，而与适应值的数值大小不成直接比例，所以，它能较好地避免超级个体的影响，一定程度上避免了过早收敛现象和停滞现象。

（2）交叉操作

在遗传算法中，交叉操作是起核心作用的遗传操作，它是生成新个体的主要方式。交叉操作的基本思想是通过对两个个体之间进行某部分基因的互换来达到产生新个体的目的。常用的交叉算子有单点交叉算子、两点交叉算子、多点交叉算子、均匀交叉算子和算术交叉算子等。

1）单点交叉算子

交叉过程分为两步：首先，对配对库中的个体进行随机配对；其次，在配对个体中随机设定交叉位置，配对个体彼此交换部分信息。单点交叉过程如图 8－3 所示。

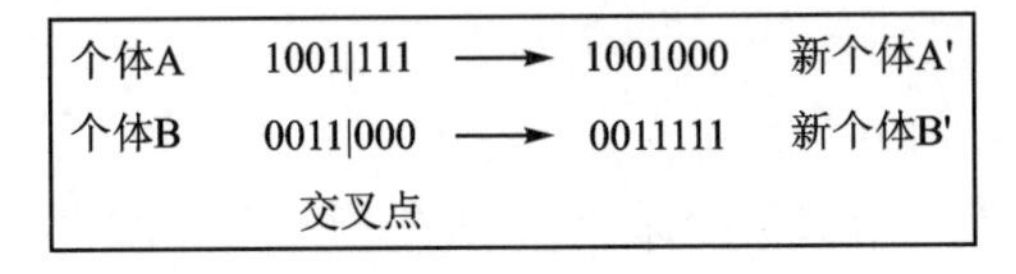

图 8－3　单点交叉过程示意图

2）两点交叉算子

具体操作是随机设定两个交叉点，互换两个父代在这两点间的基因串，分别生成两个新个体。

3）多点交叉算子

多点交叉的思想源于控制个体特定行为的染色体表示信息的部分无须包含于邻近的子串中，多点交叉的破坏性可以促进解空间的搜索，而不是促进过早地收敛。

4）均匀交叉算子

均匀交叉式是指通过设定屏蔽字来决定新个体的基因继承两个个体中哪个个体的对应基因。当屏蔽字中的位为 0 时，新个体 A′继承旧个体 A 中对应的基因；当屏蔽字位为 1 时，新个体 A′继承旧个体 B 中对应的基因，由此可生成一个完整的新个体 A′。同理可生成新个体 B′。整个过程如图 8－4 所示。

旧个体A	001111
旧个体B	111100
屏蔽字	010101
新个体A'	011110
新个体B'	1011101

图 8－4　均匀交叉过程示意图

（3）变异操作

变异操作是指将个体染色体编码串中的某些基因座的基因值用该基因座的其他等位基因来替代，从而形成一个新的个体。变异运算是产生新个体的辅助方法，它和选择、交叉算子结合在一起，保证了遗传算法的有效性，使遗传算法具有局部的随机搜索能力，提高遗传算法的搜索效率；同时使遗传算法保持种群的多样性，以防止出现早熟收敛。在变异操作中，为了保证个体变异后不会与其父体产生太大的差异，保证种群发展的稳定性，变异率不能取得太大。如果变异率大于0.5，那么遗传算法就变为随机搜索，遗传算法的一些重要的数学特性和搜索能力也就不存在了。变异算子的设计包括确定变异点的位置和进行基因值替换。变异操作的方法有基本位变异、均匀变异、边界变异、非均匀变异等。

1）基本位变异

基本位变异操作是指对个体编码串中以变异概率 p_{m} 随机指定的某一位或某几位基因作变异运算。

基本位变异算子的具体执行过程如下：

① 对个体的每一个基因座，依变异概率 p_{m} 指定其为变异点。

② 对每一个指定的变异点，对其基因值做取反运算或用其他等位基因值来代替，从而产生一个新个体。

2）均匀变异

均匀变异操作是指分别用符合某一范围内均匀分布的随机数，以某一较小的概率来替换个体编码串中各个基因座上的原有基因值。

均匀变异的具体操作过程如下：

① 依次指定个体编码串中的每个基因座为变异点。

② 对每一个变异点，以变异概率 p_{m} 从对应基因的取值范围内取一随机数来替代原有基因值。

假设有一个个体为 $\boldsymbol{V}_k=[v_1,v_2,\cdots,v_k,\cdots,v_m]$，若 $\boldsymbol{V}_k$ 为变异点，其取值范围为 $[v_{k,\min},v_{k,\max}]$，在该点对个体 $\boldsymbol{V}_k$ 进行均匀变异操作后，可得到一个新的个体 $\boldsymbol{V}_k=[v_1,v_2,\cdots,v'_k,\cdots,v_m]$，其中变异点的新基因值是

$$v'_k=v_{k,\min}+r\times(v_{k,\max}-v_{k,\min})$$

式中，r 为[0,1]范围内符合均匀概率分布的一个随机数。均匀变异操作特别适合应用于遗传算法的初期运行阶段，它使得搜索点可以在整个搜索空间内自由地移动，从而增加群体的多样性。

（4）倒位操作

倒位操作是指颠倒个体编码串中随机指定的两个基因座之间的基因排列顺序，从而形成一个新的染色体。倒位操作的具体过程如下：

① 在个体编码串中随机指定两个基因座作为倒位点；

② 以倒位概率颠倒这两个倒位点之间的基因排列顺序。

6. 搜索终止条件

遗传算法的终止条件有以下两个，满足任何一个条件，搜索就结束。

① 遗传操作中连续多次前后两代群体中最优个体的适应度之差在某个任意小的正数 ε 所确定的范围内，即满足

$$0<|F_{\mathrm{new}}-F_{\mathrm{old}}|<\varepsilon$$

式中，F_{new} 为新产生的群体中最优个体的适应度；F_{old} 为前代群体中最优个体的适应度。

② 达到遗传操作的最大进化代数 t。

8.2.3 遗传算法的实例

现在想要求解一个决策变量为 x_1 和 x_2 的优化问题：

$$\min f(x)=100(x_1^2-x_2)^2+(1-x_1)^2$$

x 满足以下两个非线性约束条件和限制条件：

$$\begin{cases} x_1x_2+x_1-x_2+1.5\leqslant 0 \\ 10-x_1x_2\leqslant 0 \\ 0\leqslant x_1\leqslant 1,0\leqslant x_2\leqslant 13 \end{cases}$$

下面尝试用遗传算法来求解这个优化问题。用 MATLAB 编写一个命名为 simple_fitness.m 的函数，代码如下：

```
function y = simple_fitness(x)
y = 100 * (x(1)^2 - x(2)) ^2 + (1 - x(1))^2;
```

MATLAB 中可用 ga 这个函数来求解遗传算法问题，ga 函数中假设目标函数中的输入变量的个数与决策变量的个数一致。其返回值为对某组输入按照目标函数的形式进行计算而得到的数值。

对于约束条件，同样可以创建一个名为 simple_constraint.m 的函数来表示。其代码如下：

```
function [c, ceq] = simple_constraint(x)
c = [1.5 + x(1) * x(2) + x(1) - x(2);
- x(1) * x(2) + 10];
ceq = [];
```

这些约束条件也是假设输入的变量个数等于所有决策变量的个数，然后计算所有约束函数中不等式两边的值，并返回给向量 c 和 ceq。

为了尽量减小遗传算法的搜索空间，应尽量给每个决策变量指定它们各自的定义域。在 ga 函数中，是通过设置其上下限来实现的，也就是 LB 和 UB。

通过前面的设置，下面就可以直接调用 ga 函数来实现用遗传算法对以上优化问题的求解，代码如下：

```
Objective Function = @simple_fitness;
nvars = 2;                          % Number of variables
LB = [0 0];                         % Lower bound
UB = [1 13];                        % Upper bound
ConstraintFunction = @simple_constraint;
[x,fval] = ga(ObjectiveFunction,nvars,[],[],[],[],LB,UB, ConstraintFunction)
```

执行以上程序可以得到以下结果：

```
x =
    0.8122   12.3122
fval =
    1.3578e + 04
```

遗传算法可以说是典型的通过变化解的结构以得到更优解的算法，适应能力比较强。下面以经典的旅行商问题（Traveling Salesman Problem，TSP）为例，来看看如何使用 MATLAB 来实现遗传算法。

（1）加载并可视化数据

```
load('usborder.mat','x','y','xx','yy');
plot(x,y,'Color','red'); hold on;
cities = 40;
locations = zeros(cities,2);
n = 1;
while (n <= cities)
    xp = rand * 1.5;
    yp = rand;
    if inpolygon(xp,yp,xx,yy)
        locations(n,1) = xp;
        locations(n,2) = yp;
        n = n+1;
    end
end
plot(locations(:,1),locations(:,2),'bo');
xlabel('城市的横坐标 x'); ylabel('城市的纵坐标 y');
grid on
```

脚本运行后，得到如图 8-5 所示的城市分布图。

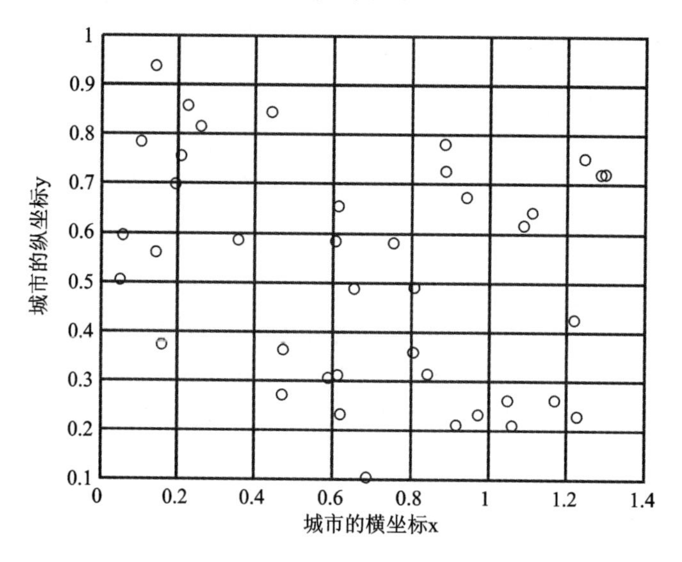

图 8-5 TSP 问题城市分布图(1)

（2）计算城市间的距离

```
distances = zeros(cities);
for count1 = 1:cities
for count2 = 1:count1
        x1 = locations(count1,1);
        y1 = locations(count1,2);
        x2 = locations(count2,1);
        y2 = locations(count2,2);
        distances(count1,count2) = sqrt((x1 - x2)^2 + (y1 - y2)^2);
        distances(count2,count1) = distances(count1,count2);
end
end
```

(3) 定义目标函数

```
FitnessFcn = @(x) traveling_salesman_fitness(x,distances);

my_plot = @(options,state,flag) traveling_salesman_plot(options, ...
                                        state,flag,locations);
```

(4) 设置优化属性并执行遗传算法求解

```
options = optimoptions(@ga,'PopulationType', 'custom','InitialPopulationRange', ...
                       [1;cities]);

options = optimoptions(options,'CreationFcn',@create_permutations, ...
                       'CrossoverFcn',@crossover_permutation, ...
                       'MutationFcn',@mutate_permutation, ...
                       'PlotFcn', my_plot, ...
                       'MaxGenerations',500,'PopulationSize',60, ...
                       'MaxStallGenerations',200,'UseVectorized',true);

numberOfVariables = cities;
[x,fval,reason,output] = ...
    ga(FitnessFcn,numberOfVariables,[],[],[],[],[],[],[],options);
```

脚本运行后,得到如图 8-6 所示的城市分布图。

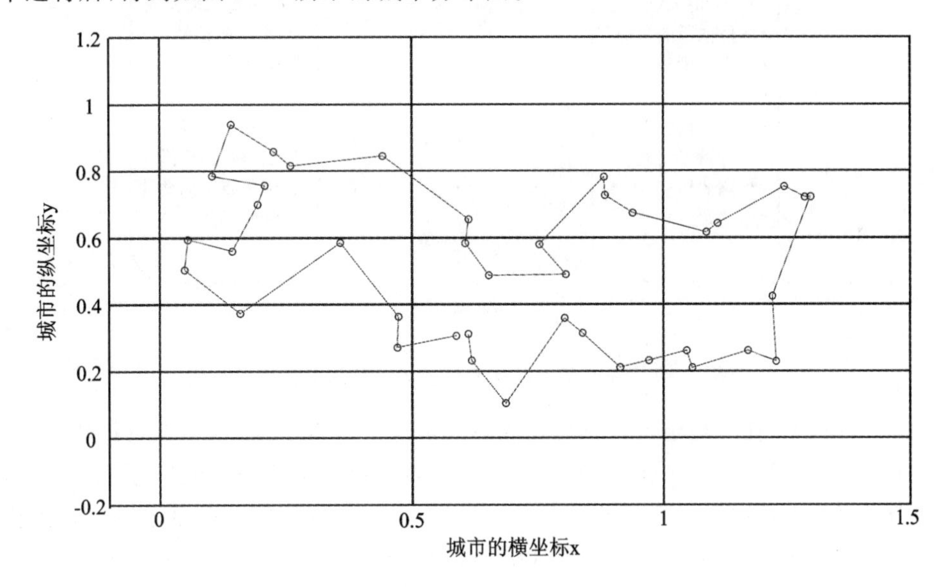

图 8-6 TSP 问题城市分布图(2)

8.3 模拟退火算法

模拟退火是所谓三大非经典算法之一,它脱胎于自然界的物理过程,奇妙地与优化问题挂上了钩。本节介绍了模拟退火算法的基本思想,给出了两个简单的例子,最后简单介绍了改进的模拟退火程序包 ASA 的情况。

8.3.1 模拟退火算法的原理

工程中许多实际优化问题的目标函数都是非凸的,存在许多局部最优解,特别是随着优化问题规模的增大，局部最优解的数目将会迅速增加。因此，有效地求出一般非凸目标函数的全局最优解至今仍是一个难题。求解全局优化问题的方法可分为两类，一类是确定性方法，另一类是随机性方法。确定性方法适用于求解具有一些特殊特征的问题，而随机搜索方法（如梯度法）则沿着目标函数下降方向搜索，因此常常陷入局部而非全局最优值。

模拟退火算法（Simulated Annealing，SA）是一种通用概率算法，用来在一个大的搜寻空间内寻找问题的最优解。早在 1953 年，Metropolis 等就提出了模拟退火的思想，1983 年 Kirkpatrick 等将 SA 引入组合优化领域，由于其具有能有效解决 NP 难题、避免陷入局部最优、对初值没有强依赖关系等特点，已经在 VLS、生产调度、控制工程、机器学习、神经网络、图像处理等领域获得了广泛的应用。

现代的模拟退火算法形成于 20 世纪 80 年代初，其思想源于固体的退火过程：将固体加热至足够高的温度，再缓慢冷却；升温时，固体内部粒子随温度升高变为无序状，内能增大，而缓慢冷却使粒子又逐渐趋于有序。从理论上讲，如果冷却过程足够缓慢，那么在冷却中的任一温度，固体都能达到热平衡，而冷却到低温时，将达到这一低温下的内能最小状态。物理退火过程和模拟退火算法的类比关系如图 8-7 所示。

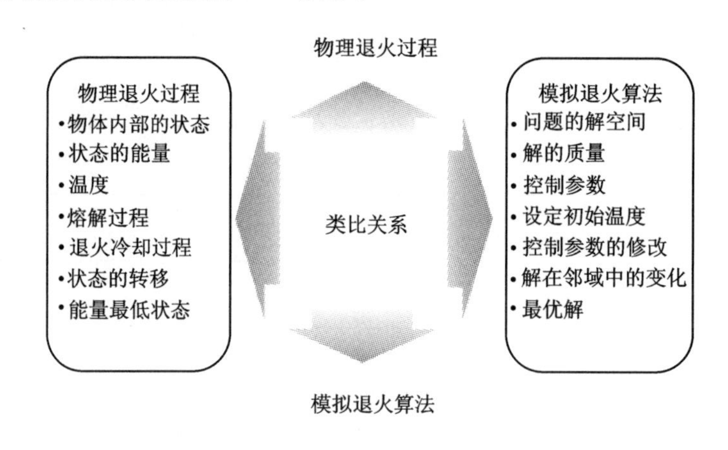

图 8-7　物理退火过程和模拟退火算法的类比关系图

在这一过程中，任一恒定温度都能达到热平衡是个重要步骤，这一点可以用 Monte Carlo 算法模拟，不过其需要大量采样，工作量很大。但因为物理系统总是趋向于能量最低，而分子热运动则趋向于破坏这种低能量的状态，故只需着重取贡献比较大的状态即可达到比较好的效果，因而 1953 年 Metropolis 提出了这样一个重要性采样的方法：设从当前状态 i 生成新状态 j，若新状态的内能小于状态 i 的内能（$E_j < E_i$），则接受新状态 j 作为新的当前状态；否则，以概率 $\exp\left[\frac{-(E_j - E_i)}{k \times t}\right]$ 接受状态 j，其中 k 为 Boltzmann 常数。这就是通常所说的 Metropolis 准则。

1953 年，Kirkpatrick 把模拟退火思想与组合最优化的相似点进行类比，将模拟退火应用到了组合最优化问题中。在把模拟退火算法应用于最优化问题时，一般可以将温度 T 当作控制参数，目标函数值 f 视为内能 E，而固体在某温度 T 时的一个状态对应一个解 x_i。然后算法试图随着控制参数 T 的降低，使目标函数值 f（内能 E）也逐渐降低，直至趋于全局最小值（退火中低温时的最低能量状态），就像固体退火过程一样。

8.3.2　模拟退火算法的步骤

1. 符号说明

退火过程由一组初始参数，即冷却进度表(cooling schedule)控制，它的核心是尽量使系统达到准平衡，以使算法在有限的时间内逼近最优解。冷却进度表包括：

① 控制参数的初值 T_0：冷却开始的温度。

② 控制参数 T 的衰减函数：因计算机能够处理的都是离散数据，因此需要把连续的降温过程离散化成降温过程中的一系列温度点，衰减函数即计算这一系列温度的表达式。

③ 控制参数 T 的终值 T_f(停止准则)。

④ Markov 链的长度 L_k：任一温度 T 的迭代次数。

2. 算法基本步骤

算法基本步骤为：

① 令 $T=T_0$，即开始退火的初始温度，随机生成一个初始解 x_0，并计算相应的目标函数值 $E(x_0)$。

② 令 T 等于冷却进度表中的下一个值 T_i。

③ 根据当前解 x_i 进行扰动(扰动方式可以参考后面的实例)，产生一个新解 x_j，计算相应的目标函数值 $E(x_j)$，得到 $\Delta E=E(x_j)-E(x_i)$。

④ 如果 $\Delta E<0$，则新解 x_j 被接受，作为新的当前解；如果 $\Delta E>0$，则新解 x_j 按概率 $\exp(-\Delta E/T_i)$接受，T_i 为当前温度。

⑤ 在温度 T_i 下，重复 L_k 次的扰动和接受过程(L_k 是 Markov 链长度)，即步骤③、④。

⑥ 判断是否 T 已到达 T_f，是，则终止算法，否，则转到步骤②继续执行。

算法实质分两层循环，在任一温度随机扰动产生新解，并计算目标函数值的变化，决定是否被接受。由于算法初始温度比较高，这样一来，使 E 增大的新解在初始时也可能被接受，因而能跳出局部极小值，然后通过缓慢地降低温度，算法最终可能收敛到全局最优解。还有一点要说明的是，虽然在低温时接受函数已经非常小了，但仍不排除有接受更差的解的可能，因此一般都会把退火过程中碰到的最好的可行解(历史最优解)也记录下来，与终止算法前最后一个被接受解一并输出。

3. 算法说明

为了更好地实现模拟退火算法，在个人的经验之外，还需要注意以下一些方面。

(1) 状态表达

前面已经提到过，SA 算法中优化问题的一个解模拟了(或者说可以想象为)退火过程中固体内部的一种粒子分布情况。这里状态表达即指：实际问题的解(即状态)如何以一种合适的数学形式被表达出来，它应当适用于 SA 的求解，又能充分表达实际问题，这需要仔细地设计。可以参考遗传算法和禁忌搜索中编码的相关内容。常见的表达方式有背包问题和指派问题的 0-1 编码、TSP 问题和调度问题的自然数编码，还有用于连续函数优化的实数编码等。

(2) 新解的产生

新解产生机制的基本要求是能够尽量遍及解空间的各个区域，这样，在某一恒定温度不断产生新解时，就可能跳出当前区域以搜索其他区域。这是模拟退火算法能够进行广域搜索的一个重要条件。

(3) 收敛的一般性条件

收敛到全局最优的一般性条件是：

① 初始温度足够高；

② 热平衡时间足够长；

③ 终止温度足够低；

④ 降温过程足够缓慢。

但上述条件在应用中很难同时满足。

（4）参数的选择

1）控制参数 T 的初值 T_0

求解全局优化问题的随机搜索算法一般都采用大范围的粗略搜索与局部的精细搜索相结合的搜索策略。只有在初始的大范围搜索阶段找到全局最优解所在的区域，才能逐渐缩小搜索的范围，最终求出全局最优解。模拟退火算法是通过控制参数 T 的初值 T_0 及其衰减变化过程来实现大范围的粗略搜索与局部的精细搜索的。一般来说，只有足够大的 T_0 才能满足算法要求（但对不同的问题，“足够大”的含义也不同，有的可能 $T_0=100$ 就可以，有的则要1010）。在问题规模较大时，过小的 T_0 往往导致算法难以跳出局部陷阱而达不到全局最优。但为了减少计算量，T_0 不宜取得过大，而应与其他参数折中选取。

2）控制参数 T 的衰减函数

衰减函数可以有多种形式，一个常用的衰减函数是：

$$T_{k+1}=\alpha T_k \quad (k=0,1,2,\cdots)$$

其中，α 是一个常数，可以取为 0.5～0.99，它的取值决定了降温的过程。

小的衰减量可能导致算法进程迭代次数的增加，从而使算法进程接受更多的变换，访问更多的邻域，搜索更大范围的解空间，返回更好的最终解。同时，由于在 T_k 值上已经达到准平衡，所以在 T_{k+1} 时只需少量的变换就可达到准平衡。这样就可选取较短长度的 Markov 链来减少算法时间。

3）Markov 链长度

Markov 链长度的选取原则：在控制参数 T 的衰减函数已选定的前提下，L_k 应能使在控制参数 T 的每一取值上达到准平衡。从经验上说，对于简单的情况，可以令 $L_k=100n$，n 为问题规模。

（5）算法停止准则

对 Metropolis 准则中的接受函数 $\exp\left[\frac{-(E_j-E_i)}{k\times t}\right]$ 进行分析可知，在 T 比较大的高温情况，指数上的分母比较大，而这是一个负指数，所以整个接受函数可能会趋于 1，即比当前解 x_i 更差的新解 x_j 也可能被接受；因此就有可能跳出局部极小而进行广域搜索，去搜索解空间的其他区域。而随着冷却进行，T 减小到一个比较小的值时，接受函数分母小了，整体也小了，即难以接受比当前解更差的解，也就不太容易跳出当前的区域。如果在高温时已经进行了充分的广域搜索，找到了可能存在的最好解的区域，而在低温再进行足够的局部搜索，则可能最终找到全局最优解。

因此，一般 T_f 设为一个足够小的正数，比如 0.01～5，但这只是一个粗糙的经验，更精细的设置及其他的终止准则需要根据具体的问题作进一步的研究后再设定。

8.3.3 模拟退火算法的实例

这里用经典的旅行商问题来说明如何用 MATLAB 来实现模拟退火算法的应用。旅行商问题(TSP)代表一类组合优化问题,在物流配送、计算机网络、电子地图、交通疏导、电气布线等方面都有重要的工程和理论价值,引起了许多学者的关注。

TSP 简单描述为:一名商人要到 n 个不同的城市去推销商品,每 2 个城市 i 和 j 之间的距离为 d_{ij},如何选择一条路径使得商人每个城市走一遍后回到起点,所走的路径最短。

TSP 是典型的组合优化问题,并且是一个 NP 难题。TSP 描述起来很简单,早期的研究者使用精确算法求解该问题,常用的方法包括分枝定界法、线性规划法和动态规划法等,但可能的路径总数随城市数目 n 是呈指数型增长的,所以当城市数目在 100 个以上时,一般很难精确地求出其全局最优解。随着人工智能的发展,出现了许多独立于问题的智能优化算法,如蚁群算法、遗传算法、模拟退火、禁忌搜索、神经网络、粒子群优化算法、免疫算法等,通过模拟或解释某些自然现象或过程而得以发展。模拟退火算法具有高效、鲁棒、通用、灵活的优点。将模拟退火算法引入 TSP 求解,可以避免在求解过程中陷入 TSP 的局部最优。

算法设计步骤:

(1) TSP 问题的解空间和初始解

TSP 的解空间 S 是遍访每个城市恰好一次的所有回路,是所有城市排列的集合。TSP 问题的解空间 S 可表示为$\{1,2,\cdots,n\}$的所有排列的集合,即

$$S=\{(c_1,c_2,\cdots,c_n)\mid(c_1,c_2,\cdots,c_n)\}$$

其中每一个排列 S_i 表示遍访 n 个城市的一个路径,$c_i=j$ 表示第 i 次访问城市 j。模拟退火算法的最优解和初始状态没有强的依赖关系,故初始解为随机函数生成一个$\{1,2,\cdots,n\}$的随机排列作为 S_0。

(2) 目标函数

TSP 问题的目标函数即为访问所有城市的路径总长度,也可称为代价函数,即

$$C(c_1,c_2,\cdots,c_n)=\sum_{i=1}^{n+1}d(c_i,c_{i+1})+d(c_1,c_n)$$

现在 TSP 问题的求解就是通过模拟退火算法求出目标函数 $C(c_1,c_2,\cdots,c_n)$的最小值,相应地,$S=(c_1^*,c_2^*,\cdots,c_n^*)$即为 TSP 问题的最优解。

(3) 新解产生

新解的产生对问题的求解非常重要。新解可通过分别或者交替使用以下两种方法来产生:

二变换法:任选序号 u、v(设 $u<v<n$),交换 u 和 v 之间的访问顺序。

三变换法:任选序号 u、v(设 $u<v<n$),u、v、w(设 $u\leqslant v<w$),将 u 和 v 之间的路径插到 w 之后访问。

(4) 目标函数差

计算变换前的解和变换后目标函数的差值:

$$\Delta C'=C(s_i')-C(s_i)$$

(5) Metropolis 接受准则

以新解与当前解的目标函数差定义接受概率,即

$$P=\begin{cases}1, & \Delta C'<0\\ \exp(-\Delta C'/T), & \Delta C'>0\end{cases}$$

【例 8-1】　TSPLIB(可登录 http://www.iwr.uni-heidelberg.de/groups/comopt/software/TSPLIB95/了解相关信息)是一组各类 TSP 问题的实例集合,这里以 TSPLIB 的

berlin52 为例进行求解。berlin52 有 52 座城市，其坐标数据如表 8－1 所列(也可以从 TSPLIB 的网站下载)。

表 8－1　坐标数据

城市编号	X 坐标	Y 坐标	城市编号	X 坐标	Y 坐标	城市编号	X 坐标	Y 坐标
1	565	575	19	510	875	37	770	610
2	25	185	20	560	365	38	795	645
3	345	750	21	300	465	39	720	635
4	945	685	22	520	585	40	760	650
5	845	655	23	480	415	41	475	960
6	880	660	24	835	625	42	95	260
7	25	230	25	975	580	43	875	920
8	525	1000	26	1215	245	44	700	500
9	580	1175	27	1320	315	45	555	815
10	650	1130	28	1250	400	46	830	485
11	1605	620	29	660	180	47	1170	65
12	1220	580	30	410	250	48	830	610
13	1465	200	31	420	555	49	605	625
14	1530	5	32	575	665	50	595	360
15	845	680	33	1150	1160	51	1340	725
16	725	370	34	700	580	52	1740	245
17	145	665	35	685	595			
18	415	635	36	685	610			

用于求解的 MATLAB 脚本文件见 P8－1。

程序编号	P8－1	文件名称	Main0801.m	说明	TSP 模拟退火算法程序

```
clear
clc
a = 0.99;                                    % 温度衰减函数的参数
t0 = 97; tf = 3; t = t0;
Markov_length = 10000;                       % Markov 链长度
coordinates = [
1    565.0    575.0;2    25.0   185.0;3    345.0   750.0;
4    945.0    685.0;5   845.0   655.0;6    880.0   660.0;
7     25.0    230.0;8   525.0  1000.0;9    580.0  1175.0;
10   650.0   1130.0;11 1605.0   620.0;12  1220.0   580.0;
13  1465.0    200.0;14 1530.0     5.0;15   845.0   680.0;
16   725.0    370.0;17  145.0   665.0;18   415.0   635.0;
19   510.0    875.0;20  560.0   365.0;21   300.0   465.0;
22   520.0    585.0;23  480.0   415.0;24   835.0   625.0;
25   975.0    580.0;26 1215.0   245.0;27  1320.0   315.0;
28  1250.0    400.0;29  660.0   180.0;30   410.0   250.0;
31   420.0    555.0;32  575.0   665.0;33  1150.0  1160.0;
34   700.0    580.0;35  685.0   595.0;36   685.0   610.0;
```

```
37   770.0  610.0;38   795.0  645.0;39   720.0  635.0;
40   760.0  650.0;41   475.0  960.0;42    95.0  260.0;
43   875.0  920.0;44   700.0  500.0;45   555.0  815.0;
46   830.0  485.0;47  1170.0   65.0;48   830.0  610.0;
49   605.0  625.0;50   595.0  360.0;51  1340.0  725.0;
52  1740.0  245.0;
];
     coordinates(:,1) = [];
     amount = size(coordinates,1);                  % 城市的数目
     % 通过向量化的方法计算距离矩阵
     dist_matrix = zeros(amount, amount);
     coor_x_tmp1 = coordinates(:,1) * ones(1,amount);
     coor_x_tmp2 = coor_x_tmp1';
     coor_y_tmp1 = coordinates(:,2) * ones(1,amount);
     coor_y_tmp2 = coor_y_tmp1';
     dist_matrix = sqrt((coor_x_tmp1 - coor_x_tmp2).^2 + ...
                         (coor_y_tmp1 - coor_y_tmp2).^2);

     sol_new = 1:amount;           % 产生初始解
     % sol_new 是每次产生的新解
     % sol_current 是当前解
     % sol_best 是冷却中的最好解
     E_current = inf;E_best = inf; % E_current 是当前解对应的回路距离
     % E_new 是新解的回路距离
     % E_best 是最优解
     sol_current = sol_new; sol_best = sol_new;
     p = 1;

     while t>=tf
         for r=1:Markov_length % Markov 链长度
             % 产生随机扰动
             if (rand < 0.5) % 随机决定是进行二交换还是三交换
                 % 二交换
                 ind1 = 0; ind2 = 0;
                 while (ind1 == ind2)
                        ind1 = ceil(rand.* amount);
                        ind2 = ceil(rand.* amount);
                 end
                 tmp1 = sol_new(ind1);
                 sol_new(ind1) = sol_new(ind2);
                 sol_new(ind2) = tmp1;
             else
                 % 三交换
                 ind1 = 0; ind2 = 0; ind3 = 0;
                 while (ind1 == ind2) || (ind1 == ind3) ...
                       || (ind2 == ind3) || (abs(ind1 - ind2) == 1)
                       ind1 = ceil(rand.* amount);
                       ind2 = ceil(rand.* amount);
                       ind3 = ceil(rand.* amount);
                 end
                 tmp1 = ind1;tmp2 = ind2;tmp3 = ind3;
                 % 确保 ind1 < ind2 < ind3
                 if (ind1 < ind2) && (ind2 < ind3)
                     ;
                 elseif (ind1 < ind3) && (ind3 < ind2)
                        ind2 = tmp3;ind3 = tmp2;
```

```
            elseif (ind2 < ind1) && (ind1 < ind3)
                   ind1 = tmp2;ind2 = tmp1;
            elseif (ind2 < ind3) && (ind3 < ind1)
                   ind1 = tmp2;ind2 = tmp3; ind3 = tmp1;
            elseif (ind3 < ind1) && (ind1 < ind2)
                   ind1 = tmp3;ind2 = tmp1; ind3 = tmp2;
            elseif (ind3 < ind2) && (ind2 < ind1)
                   ind1 = tmp3;ind2 = tmp2; ind3 = tmp1;
            end

            tmplist1 = sol_new((ind1 + 1):(ind2 - 1));
            sol_new((ind1 + 1):(ind1 + ind3 - ind2 + 1)) = ...
                   sol_new((ind2):(ind3));
            sol_new((ind1 + ind3 - ind2 + 2):ind3) = ...
                   tmplist1;
        end

        % 检查是否满足约束

        % 计算目标函数值(即内能)
        E_new = 0;
        for i = 1 : (amount - 1)
            E_new = E_new + ...
                dist_matrix(sol_new(i),sol_new(i + 1));
        end
        % 再算上从最后一个城市到第一个城市的距离
        E_new = E_new + ...
            dist_matrix(sol_new(amount),sol_new(1));

        if E_new < E_current
            E_current = E_new;
            sol_current = sol_new;
            if E_new < E_best
            % 把冷却过程中最好的解保存下来
                E_best = E_new;
                sol_best = sol_new;
            end
        else
            % 若新解的目标函数值小于当前解的
            % 则仅以一定概率接受新解
            if rand < exp( - (E_new - E_current)./t)
                E_current = E_new;
                sol_current = sol_new;
            else
                sol_new = sol_current;
            end
        end
    end
    t = t. * a;   % 控制参数 t(温度值减小)为原来的 a 倍
end

disp('最优解为:')
disp(sol_best)
disp('最短距离:')
disp(E_best)
```

多执行几次上面的脚本文件，以减少其中的随机数可能带来的影响，得到的最好结果如下：

```
最优解为：
Columns 1 through 17
  17  21  42   7   2  30  23  20  50  29  16  46  44  34  35  36  39
  Columns 18 through 34
  40  37  38  48  24   5  15   6   4  25  12  28  27  26  47  13  14
  Columns 35 through 51
  52  11  51  33  43  10   9   8  41  19  45  32  49   1  22  31  18
  Column 52
  3
最短距离：
7.5444e + 003
```

以上是根据模拟退火算法的原理，用 MATLAB 编写的求解 TSP 问题的一个实例。当然，MATLAB 的全局优化工具箱中本身就有遗传算法函数 simulannealbnd，直接调用该函数求解优化问题会更方便些。

该函数的用法有以下几种：

x = simulannealbnd(fun,x0)

x = simulannealbnd(fun,x0,lb,ub)

x = simulannealbnd(fun,x0,lb,ub,options)

x = simulannealbnd(problem)

[x,fval] = simulannealbnd(...)

[x,fval,exitflag] = simulannealbnd(...)

[x,fval,exitflag,output] = simulannealbnd(fun,...)

可以根据具体问题的需要选择其中的一种用法，这样就可以直接调用模拟算法求解器对问题进行求解，比如下面用 SA 算法求解另一个经典的山峰问题。

(1) 定义优化问题

```
clc, clear, close all
peaks
problem = createOptimProblem('fmincon',...
'objective',@(x) peaks(x(1),x(2)), ...
'nonlcon',@circularConstraint,...
'x0',[ - 1  - 1],...
'lb',[ - 3  - 3],...
'ub',[3 3],...
'options',optimset('OutputFcn',...
@peaksPlotIterates))
```

脚本运行后，会得到如图 8 - 8 所示的解空间分布图。

(2) 用常规最优算法求解

```
[x,f] = fmincon(problem)
```

脚本运行后，会得到如图 8 - 9 所示的寻优路径图，同时得到如下的最优结果：

```
x =
    - 1.3474     0.2045
f =
    - 3.0498
```

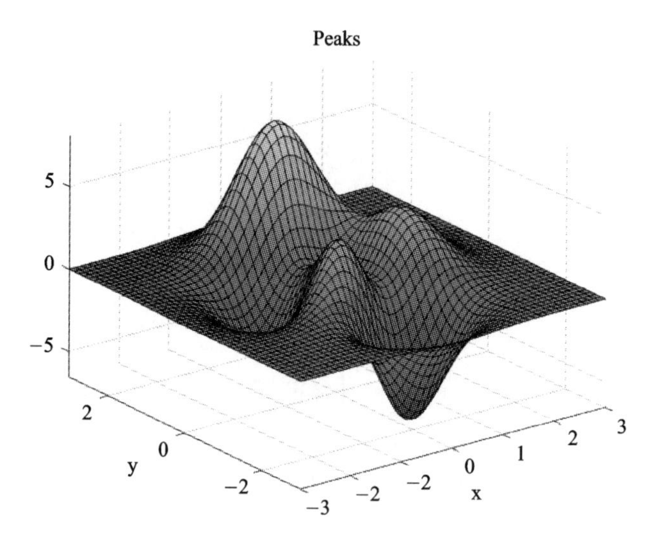

图 8-8　解空间分布图

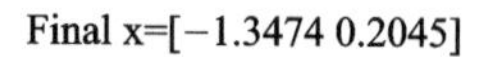

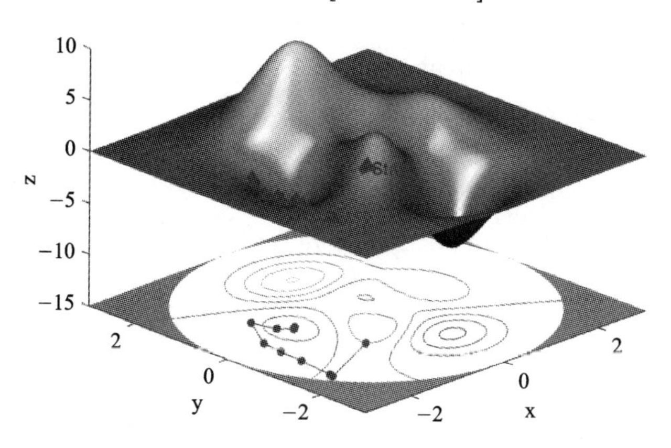

图 8-9　常规最优求解器 fmincon 寻优路径图

（3）用 SA 算法寻找全局最小值

```
problem.solver   = 'simulannealbnd';
problem.objective = @(x) peaks(x(1),x(2)) + (x(1)^2 + x(2)^2 - 9);
problem.options = saoptimset('OutputFcn',@peaksPlotIterates,...
'Display','iter',...
'InitialTemperature',10,...
'MaxIter',300)
[x,f] = simulannealbnd(problem)
```

脚本运行后，会得到如图 8-10 所示的最优结果，同时得到最优的数值：

```
x =
    0.2280   -1.5229
f =
  -13.0244
```

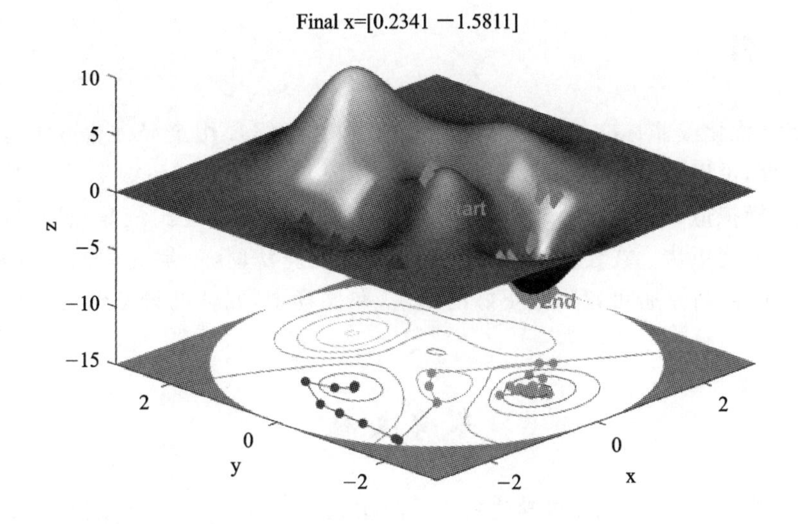

图 8-10　SA 算法得到的最优结果示意图

8.4　全局优化求解器汇总

MATLAB 全局优化算法的各求解器如表 8-2 所列。如果参加建模竞赛，建议大家先了解各算法的原理，这样当遇到具体问题时，就可以根据问题的特征判断用哪个或哪几个算法比较合适。如果不好判断，不妨全部尝试一下，比较各算法，这样得到的结果"更酷"，摘要也更有内容了。

表 8-2　MATLAB 全局优化算法求解器一览表

算　法	MATLAB 求解器	作　用
全局搜索	GlobalSearch	寻找全局最小值
多起点搜索	MultiStart	寻找多个局部最小值
模式搜索	patternsearch	用模式搜索方式寻找函数的最小值
遗传	Ga	用遗传算法寻找函数的最小值
粒子群	particleswarm	用粒子群算法寻找函数的最小值
模拟退火	simulannealbnd	用模拟退火算法寻找函数的最小值

8.5　延伸阅读

以上只是简单介绍了建模中常用全局优化算法的 MATLAB 实现方法，更多的 MATLAB 全局优化技术可以在 Mathworks 官网和 MATLAB 帮助文档中查看。

https://cn.mathworks.com/products/global-optimization.html

https://cn.mathworks.com/help/gads/index.html

8.6 小 结

当遇到组合优化或非标准规划问题时，马上就要想到需要用全局优化方法进行求解。如果知道算法原理，可以根据问题的特征，快速选择一种方法进行求解；如果不好判断，则可以直接用遗传算法、模拟退火算法进行求解，毕竟这两个算法的适用性比较好，然后看哪种算法的结果更优、计算速度更快。在使用 MATLAB 全局优化算法时，一般先用默认设置，然后调整一下优化器的属性，看是否可以得到更好的结果，在比赛中，属性的调整情况可体现参赛队伍的编程能力。

参考文献

[1] 卓金武，王鸿钧. MATLAB 数学建模方法与实践.[M]. 3 版. 北京：北京航空航天大学出版社，2018.

第 9 章

MATLAB 连续模型求解方法

连续模型是指模型是连续函数的一类模型的总称，具体建模方法主要是微分方程建模。微分方程建模是数学建模的重要方法，因为许多实际问题的数学描述将导致求解微分方程的定解问题。把形形色色的实际问题化成微分方程的定解问题，大体上有以下几步：

① 根据实际要求确定要研究的量（自变量、未知函数、必要的参数等）并确定坐标系。

② 找出这些量所满足的基本规律（物理的、几何的、化学的或生物学的，等）。

③ 运用这些规律列出方程和定解条件。

MATLAB 在微分模型建模过程中的主要作用是求解微分方程的解析解，将微分方程转化为一般的函数形式。另外，微分方程建模，一定要做数值模拟，即根据方程的表达形式，给出变量间关系的图形，做数值模拟也需要用 MATLAB 来实现。

微分方程的形式多样，微分方程的求解也根据不同的形式采用不同的方法。在建模比赛中，常用的方法有三种：

① 用 dsolve 求解常见的微分方程解析解；

② 用 ODE 家族的求解器求解数值解；

③ 使用专用的求解器求解。

9.1 MATLAB 常规微分方程的求解

9.1.1 MATLAB 常微分方程的表达方法

微分方程在 MATLAB 中有固定的表达方式，这些基本的表达方式如表 9－1 所列。

表 9－1 MATLAB 中微分方程的基本表达方式

函数名	函数功能
Dy	表示 y 关于自变量的一阶导数
D2y	表示 y 关于自变量的二阶导数
dsolve('equ1','equ2',…)	求微分方程的解析解，equ1，equ2，…为方程（或条件）
simplify(s)	对表达式 s 使用 maple 的化简规则进行化简
[r,how]=simple(s)	simple 命令就是对表达式 s 用各种规则进行化简，然后用 r 返回最简形式，how 返回形成这种形式所用的规则
[T,Y] = solver(odefun,tspan,y0)	求微分方程的数值解，其中 solver 为命令 ode45，ode23，ode113，ode15s，ode23s，ode23t，ode23tb 之一； odefun 是显式常微分方程：$\begin{cases}\frac{\mathrm{d}y}{\mathrm{d}t}=f(t,y)\\ y(t_0)=y_0\end{cases}$，在积分区间 tspan=$[t_0,t_f]$上，从 t_0 到 t_f，用初始条件 y_0 求解，要获得问题在其他指定时间点 $t_0,t_1,t_2,\cdots$上的解，则令 tspan=$[t_0,t_1,t_2,\cdots,t_f]$（要求是单调的）

续表 9-1

函数名	函数功能
ezplot(x,y,[tmin,tmax])	符号函数的作图命令。x,y 为关于参数 t 的符号函数;[tmin,tmax] 为 t 的取值范围

9.1.2 常规微分方程的求解实例

对于通常的微分方程，一般需要先求解析解，那么 dsolve 是首先考虑的求解器。以下举例说明 dsolve 的用法。

【例 9-1】 求微分方程 $xy'+y-e^x=0$ 在初始条件 $y(1)=2e$ 下的特解,并画出解函数的图形。

解 本例的 MATLAB 程序如下:

```
syms x y
y = dsolve('x * Dy + y - exp(x) = 0','y(1) = 2 * exp(1)','x')
ezplot(y)
```

微分方程的特解为:y=1/x * exp(x)+1/x * exp (1)(此为 MATLAB 格式,一般格式为 $y=\frac{e+e^x}{x}$),此函数的图形如图 9-1 所示。

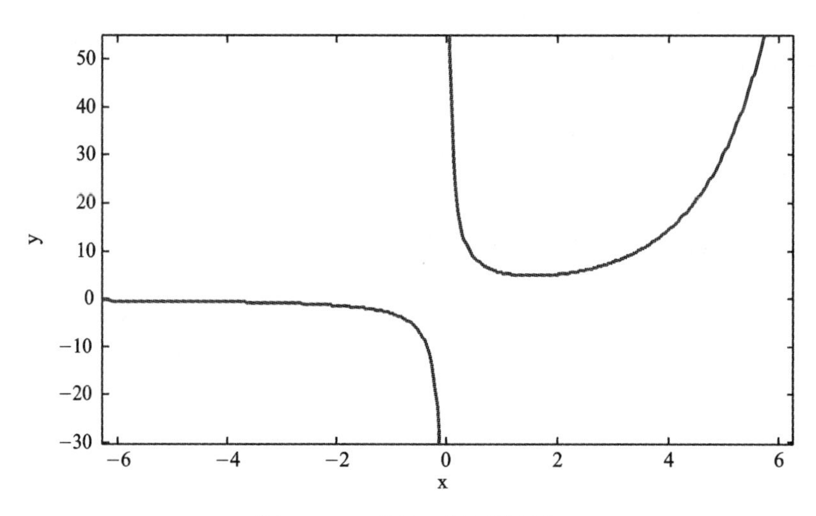

图 9-1 y 关于 x 的函数图像

9.2 ODE 家族求解器

9.2.1 ODE 求解器的分类

如果微分方程的解析形式求解不出来,那么退而求其次的办法是求解数值解,这个时候就需要用 ODE 家族的求解器求解微分方程的数值解了。

因为没有一种算法可以有效地解决所有的 ODE 问题,为此,MATLAB 提供了多种求解器。对于不同的 ODE 问题，采用不同的 Solver。MATLAB 中常用的微分方程数值解的求解器及特点如表 9－2 所列。

表 9－2　MATLAB 中常用的 ODE 求解器及特点说明

求解器	ODE 类型	特　点	说　明
ode45	非刚性	单步算法；四、五阶 Runge-Kutta 方程；累计截断误差达 $(\Delta x)^3$	大部分场合的首选算法
ode23	非刚性	单步算法；二、三阶 Runge-Kutta 方程；累计截断误差达 $(\Delta x)^3$	使用于精度较低的情形
ode113	非刚性	多步法；Adams 算法；高低精度均可达到 $10^{-3} \sim 10^{-6}$	计算时间比 ode45 短
ode23t	适度刚性	采用梯形算法	适度刚性情形
ode15s	刚性	多步法；Gear's 反向数值微分；精度中等	当 ode45 失效时，可尝试使用
ode23s	刚性	单步法；二阶 Rosebrock 算法；低精度	当精度较低时，计算时间比 ode15s 短
ode23tb	刚性	梯形算法；低精度	当精度较低时，计算时间比 ode15s 短

特别的是，ode23、ode45 是极其常用的求解非刚性的标准形式的一阶常微分方程(组)的初值问题的 MATLAB 的函数，其中：

- ode23 采用龙格-库塔二阶算法，用三阶公式作误差估计来调节步长，具有低等的精度；
- ode45 则采用龙格-库塔四阶算法，用五阶公式作误差估计来调节步长，具有中等的精度。

9.2.2　ODE 求解器的应用实例

【例 9－2】　导弹追踪问题。设位于坐标原点的甲舰向位于 x 轴上点 $A(1,\ 0)$处的乙舰发射导弹，导弹头始终对准乙舰。如果乙舰以最大的速度 v_0(是常数)沿平行于 y 轴的直线行驶，导弹的速度是 $5v_0$，求导弹运行的曲线方程，以及乙舰行驶多远时，导弹将它击中？

解　记导弹的速度为 w，乙舰的速率恒为 v_0。设时刻 t 乙舰的坐标为$(X(t),Y(t))$，导弹的坐标为$(x(t),y(t))$。当零时刻时，$(X(0),Y(0))=(1,0)$，$(x(0),y(0))=(0,0)$，建立微分方程模型：

$$\begin{cases} \dfrac{\mathrm{d}x}{\mathrm{d}t} = \dfrac{w}{\sqrt{(X-x)^2+(Y-y)^2}}(X-x) \\ \dfrac{\mathrm{d}y}{\mathrm{d}t} = \dfrac{w}{\sqrt{(X-x)^2+(Y-y)^2}}(Y-y) \end{cases}$$

因为乙舰以速度 v_0 沿直线 $x=1$ 运动，设 $v_0=1$，$w=5$，$X=1$，$Y=t$，因此导弹运动轨迹的参数方程为

$$\begin{cases} \dfrac{\mathrm{d}x}{\mathrm{d}t} = \dfrac{5}{\sqrt{(1-x)^2+(t-y)^2}}(1-x) \\ \dfrac{\mathrm{d}y}{\mathrm{d}t} = \dfrac{5}{\sqrt{(1-x)^2+(t-y)^2}}(t-y) \\ x(0)=0,y(0)=0 \end{cases}$$

MATLAB 求解数值解程序如下：

（1）定义方程的函数形式

```
function dy = eq2(t,y)
dy = zeros(2,1);
dy(1) = 5 * (1 - y(1))/sqrt((1 - y(1))^2 + (t - y(2))^2);
dy(2) = 5 * (t - y(2))/sqrt((1 - y(1))^2 + (t - y(2))^2);
```

（2）求解微分方程的数值解

```
t0 = 0,tf = 0.21;
[t,y] = ode45('eq2',[t0 tf],[00]);
X = 1;Y = 0:0.001:0.21;plot(X,Y,'-')
plot(y(:,1),y(:,2),'*'),hold on
x = 0:0.01:1;y = -5 * (1-x).^(4/5)/8 + 5 * (1-x).^(6/5)/12 + 5/24;
plot(x,y,'r')
```

脚本运行后得到如图 9-2 所示的导弹拦截路径图。

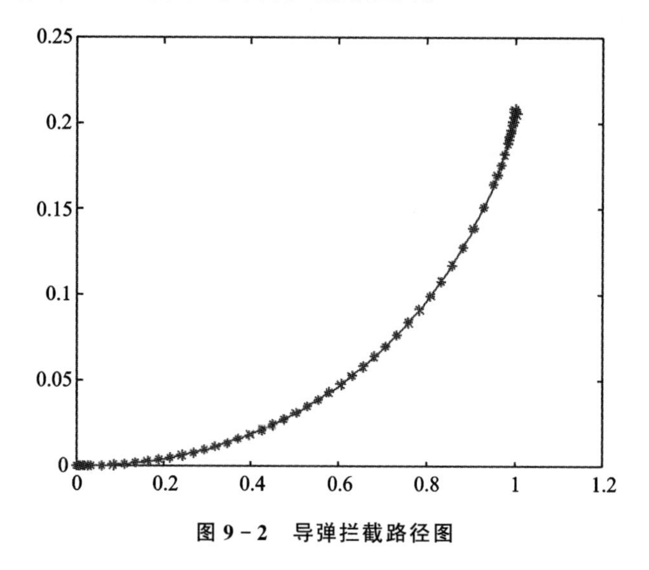

图 9-2　导弹拦截路径图

9.3　专用求解器

对于复杂的微分方程模型的求解，可以借助 MATLAB 偏微分方程工具箱中的专用求解器。下面以一个实例来看看如何借助偏微分方程工具箱实现一个微分方程的求解与数值仿真。

所研究的对象是一个二阶波的方程：

$$\frac{\partial^2 u}{\partial t^2} - \nabla \cdot \nabla u = 0$$

这个时候要查看一下 MATLAB 中哪个函数能求解类似的方程。solvepde 可以求解的方程形式为

$$m\frac{\partial^2 u}{\partial t^2} - \nabla \cdot (c\nabla u) + au = f$$

可以发现，只要通过参数设定，就可以将所要求解的方程转化成这种标准形式。

具体求解步骤如下：

(1) 设置参数

```
c = 1;
a = 0;
f = 0;
m = 1;
```

(2) 定义波的空间位置

```
numberOfPDE = 1;
model = createpde(numberOfPDE);
geometryFromEdges(model,@squareg);
pdegplot(model,'EdgeLabels','on');
ylim([-1.1 1.1]);
axis equal
title 'Geometry With Edge Labels Displayed';
xlabel x
ylabel y
```

脚本运行后得到如图 9-3 所示图形。

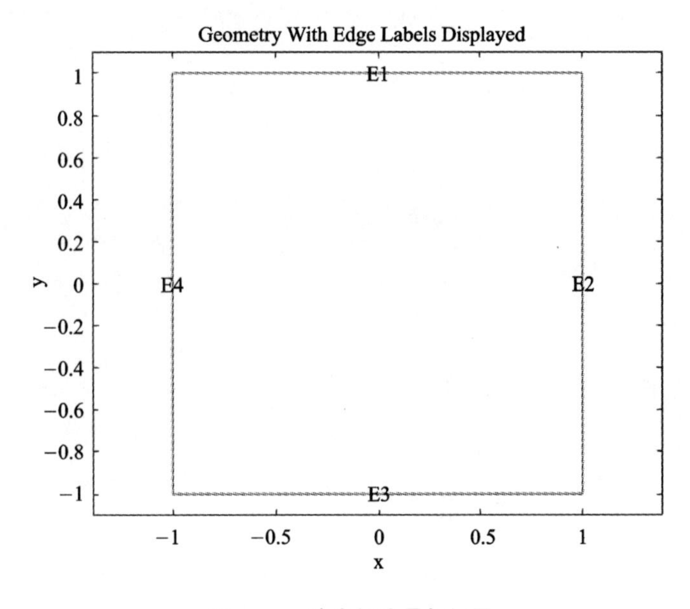

图 9-3　波空间边界标识图

(3) 定义微分方程模型的系数和边界条件

```
specifyCoefficients(model,'m',m,'d',0,'c',c,'a',a,'f',f);
applyBoundaryCondition(model,'dirichlet','Edge',[2,4],'u',0);
applyBoundaryCondition(model,'neumann','Edge',([1 3]),'g',0);
```

(4) 定义该问题的有限元网格

```
generateMesh(model);
figure
pdemesh(model);
```

```
ylim([-1.1 1.1]);
axis equal
xlabel x
ylabel y
```

脚本运行后得到如图 9-4 所示图形。

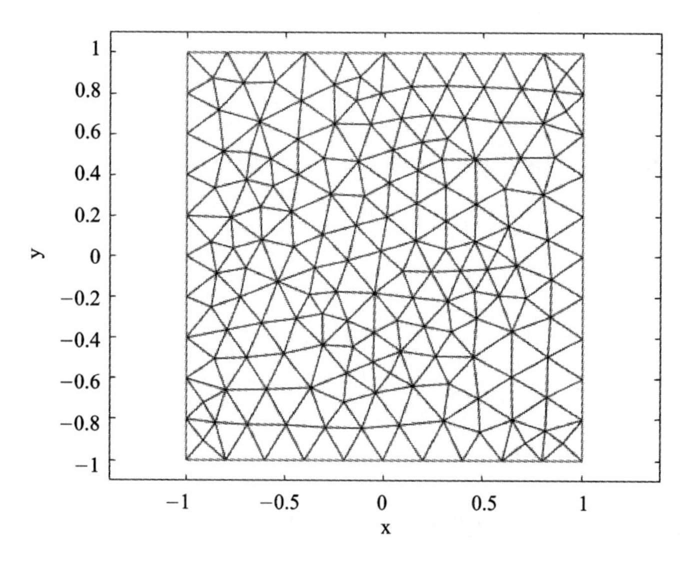

图 9-4　波空间有限元网格划分图

(5) 定义初始条件

```
u0 = @(location) atan(cos(pi/2 * location.x));
ut0 = @(location) 3 * sin(pi * location.x). * exp(sin(pi/2 * location.y));
setInitialConditions(model,u0,ut0);
```

(6) 方程的求解

```
n = 31; % 求解次数
tlist = linspace(0,5,n);
model.SolverOptions.ReportStatistics = 'on';
result = solvepde(model,tlist);
u = result.NodalSolution;
```

(7) 模型的数值仿真

```
figure
umax = max(max(u));
umin = min(min(u));
for i = 1:n
    pdeplot(model,'XYData',u(:,i),'ZData',u(:,i),'ZStyle','continuous',...
            'Mesh','off','XYGrid','on','ColorBar','off');
    axis([-1 1 -1 1 umin umax]);
    caxis([umin umax]);
    xlabel x
    ylabel y
    zlabel u
    M(i) = getframe;
end
```

脚本运行后得到如图9-5所示图形。

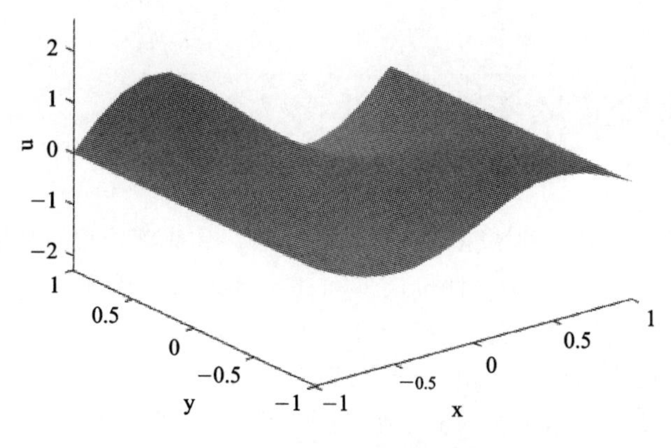

图9-5　波的数值仿真效果图

9.4　小　结

连续模型也是一种基础模型,在数学建模中,有时整个问题都是连续模型,有时需要局部用到连续模型,比如2012年的彩票问题中,整个问题属于优化问题,但在构建心理曲线的时候,就用到了连续模型。对于连续模型,先根据变量的内在联系建立微分方程或差分方程,推导出方程的形式,再用MATALB求解其中的数值或进一步的解析形式,最后再进行数值仿真。这是此类问题求解的一般步骤。尤其要重视数值仿真,数值仿真会有助于检验模型的正确性,进而反向促进模型的提升。关于MATLAB连续模型的求解,一般要掌握最常用的求解器,如ode45,通过求解器熟悉这类函数中的参数含义,即使用其他求解器,也能快速适用。

参考文献

[1] 卓金武,王鸿钧. MATLAB数学建模方法与实践.[M]. 3版. 北京:北京航空航天大学出版社,2018.

第 10 章

MATLAB 评价型模型求解方法

本章主要介绍评价型模型的 MATLAB 求解方法。构成评价型模型的五个要素分别为被评价对象、评价指标、权重系数、综合评价模型和评价者。当各被评价对象和评价指标值都确定以后，问题的综合评价结果就完全依赖于权重系数的取值了，即权重系数确定的合理与否，直接关系到综合评价结果的可信度，甚至影响到最后决策的正确性。而 MATLAB 在评价型模型建模过程中的主要作用是指标筛选、数据预处理（如数据标准化、归一化等）和权重的计算，最重要的还是权重的计算。

在权重的计算方面，主要有两种方法：一是线性加权法；二是层次分析法。下面介绍这两种方法的 MATLAB 实现过程。

10.1 线性加权法

线性加权法的适用条件是各评价指标之间相互独立，这样就可以利用多元线性回归方法得到各指标对应的系数。

下面以具体的实例来介绍如何用 MATLAB 实现具体的计算过程。

【例 10-1】 所评价的对象是股票，已知一些股票的各个指标以及这些股票的历史表现，其中最后一列标记为 1 的表示上涨股票，标记为 0 的表示一般股票，标记为 −1 的则为下跌股票。根据这些已知数据，建立股票的评价模型，这样就可以利用模型评价新的股票了。

具体步骤如下：

（1）导入数据

```
clc, clear all, close all
s = dataset('xlsfile', 'SampleA1.xlsx');
```

（2）多元线性回归

当导入数据后，就可以先建立一个多元线性回归模型。具体实现过程如下：

```
myFit = LinearModel.fit(s);
disp(myFit)
sx = s(:,1:10);
sy = s(:,11);
n = 1:size(s,1);
sy1 = predict(myFit,sx);
figure
plot(n,sy, 'ob', n, sy1,'*r')
xlabel('样本编号', 'fontsize',12)
ylabel('综合得分', 'fontsize',12)
title('多元线性回归模型', 'fontsize',12)
set(gca, 'linewidth',2)
```

执行该段程序后，得到的模型及模型中的参数如下：

```
Linear regression model:
eva ~ 1 + dv1 + dv2 + dv3 + dv4 + dv5 + dv6 + dv7 + dv8 + dv9 + dv10
Estimated Coefficients:
                   Estimate        SE          tStat        pValue
                  __________   __________   _________   ___________
    (Intercept)      0.13242     0.035478      3.7324    0.00019329
    dv1            -0.092989    0.0039402       -23.6   7.1553e-113
    dv2            0.0013282    0.0010889      1.2198       0.22264
    dv3           6.4786e-05   0.00020447     0.31685       0.75138
    dv4             -0.16674      0.06487     -2.5703       0.01021
    dv5             -0.18008     0.022895     -7.8656    5.1261e-15
    dv6             -0.50725     0.043686     -11.611    1.6693e-30
    dv7              -3.1872       1.1358     -2.8062     0.0050462
    dv8             0.033315     0.084957     0.39214       0.69498
    dv9            -0.028369     0.093847    -0.30229       0.76245
    dv10            -0.13413     0.010884     -12.324    4.6577e-34
    R-squared: 0.819,   Adjusted R-Squared 0.818
    F-statistic vs. constant model: 1.32e+03, p-value = 0
```

利用该模型对原始数据进行预测，得到的股票综合得分如图 10-1 所示。从图中可以看出，尽管这些数据存在一定的偏差，但三个簇的分层非常明显，说明模型在刻画历史数据方面具有较高的准确度。

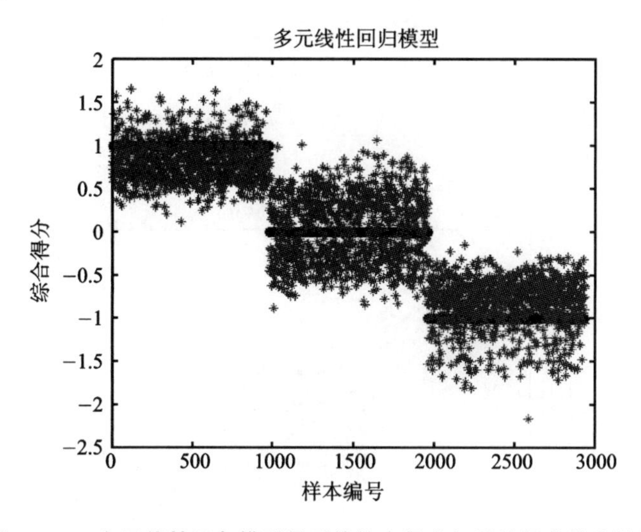

图 10-1　多元线性回归模型得到的综合得分与原始得分的比较图

(3) 逐步回归

上述是对所有变量进行回归。也可以使用逐步回归进行因子筛选，并得到优选因子后的模型。具体实现过程如下：

```
myFit2 = LinearModel.stepwise(s);
disp(myFit2)
sy2 = predict(myFit2,sx);
figure
plot(n,sy, 'ob', n, sy2,'*r')
xlabel('样本编号', 'fontsize',12)
ylabel('综合得分', 'fontsize',12)
title('逐步回归模型', 'fontsize',12)
set(gca, 'linewidth',2)
```

执行该段程序后，得到的模型及模型中的参数如下：

```
Linear regression model:
eva ~ 1 + dv7 + dv1 * dv5 + dv1 * dv10 + dv5 * dv10 + dv6 * dv10

Estimated Coefficients:
                    Estimate        SE          tStat          pValue
                   __________   __________    _______      ____________
    (Intercept)     0.032319      0.01043      3.0987       0.0019621
    dv1            -0.099059    0.0037661     -26.303     4.6946e-137
    dv5             -0.11262     0.023316     -4.8301      1.4345e-06
    dv6             -0.56329     0.037063     -15.198       2.864e-50
    dv7              -3.2959       1.0714     -3.0763       0.0021155
    dv10            -0.14693     0.010955     -13.412      7.5612e-40
    dv1:dv5         0.018691    0.0053933      3.4656      0.00053673
    dv1:dv10        0.010822    0.0019104       5.665      1.6127e-08
    dv5:dv10         -0.1332     0.021543      -6.183      7.1632e-10
    dv6:dv10         0.10062     0.027651       3.639      0.00027845

    R-squared: 0.824,   Adjusted R-Squared 0.823
    F-statistic vs. constant model: 1.52e+03, p-value = 0
```

从该模型中可以看出，逐步回归模型得到的模型少了 5 个单一因子，多了 5 个组合因子，模型的决定系数反而提高了。这说明逐步回归得到的模型精度更高一些，影响因子更少一些，这对于分析模型本身是非常有帮助的，尤其是在剔除因子方面。

利用该模型对原始数据进行预测，得到的股票综合得分如图 10-2 所示，总体趋势和图 10-1 相似。

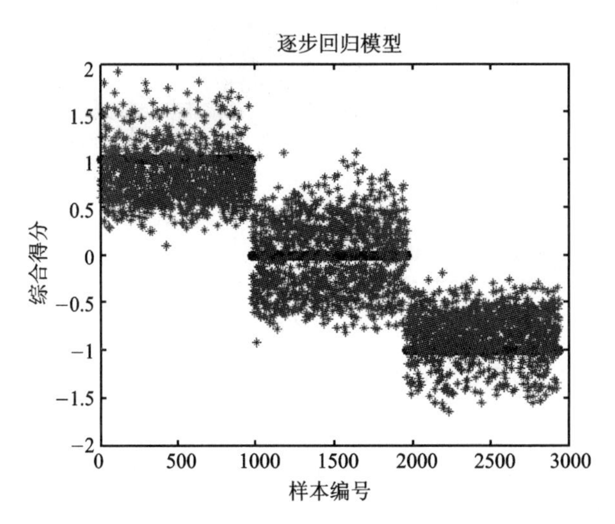

图 10-2　逐步回归模型得到的综合得分与原始得分的比较图

以上是线性加权法构建评价型模型的方法，所用的程序框架对绝大多数的这类问题都可以直接应用，核心是要构建评价的指标体系，这是建模的基本功。总的来说，线性加权法的特点是：

① 该方法能使得各评价指标间的作用得到线性补偿，保证综合评价指标的公平性；

② 该方法中权重系数对评价结果的影响明显，即权重较大指标值对综合指标作用较大；

③ 该方法计算简便，可操作性强，便于推广使用。

10.2　层次分析法(AHP)

层次分析法(Analytic Hierarchy Process，AHP)是美国运筹学家萨蒂(T. L. Saaty)等人 20 世纪 70 年代初提出的一种决策方法。它是将半定性、半定量问题转化为定量问题的有效途径。它将各种因素层次化，并逐层比较多种关联因素，为分析和预测事物的发展提供可比较的定量依据。它特别适用于那些难以完全用定量进行分析的复杂问题。因此在资源分配、选优排序、政策分析、冲突求解以及决策预报等领域得到了广泛的应用。

AHP 的本质是根据人们对事物的认知特征，将感性认识进行定量化的过程。人们在分析多个因素时，大脑很难同时梳理那么多的信息，而层次分析法的优势就是通过对因素归纳、分层，并逐层分析和量化，以达到对复杂事物的更准确认识，从而帮助决策。

在数学建模中，层次分析法的应用场景比较多，归纳起来，主要有以下几个：

1) 评价、评判类的题目。这类题目都可以直接用层次分析法来评价，例如奥运会的评价、彩票方案的评价、导师和学生的相互选择、建模论文的评价、城市空气质量分析等。

2) 资源分配和决策类的题目。这类题目可以转化为评价类的题目，然后按照 AHP 进行求解，例如将一笔资金进行投资，有几个备选项目，那么如何进行投资分配最合理呢？这类题目中还有一个典型的应用，就是方案的选择问题，比如旅游景点的选择、电脑的挑选、学校的选择、专业的选择等。这类应用可以说是 AHP 最经典的应用场景了。

3) 一些优化问题，尤其是多目标优化问题。对于通常的优化问题，目前已有成熟的方法求解。然而，这些优化问题一旦具有如下特性之一，如：① 问题中存在一些难以度量的因素；② 问题的结构在很大程度上依赖于决策者的经验；③ 问题的某些变量之间存在相关性；④ 需要加入决策者的经验、偏好等因素。这时就很难单纯依靠一个优化的数学模型来求解。这类问题，通常的做法是借助 AHP 将复杂的问题转化为典型的、便于求解的优化问题，比如多目标规划，借助层次分析法，确定各个目标的权重，从而将多目标规划问题转化为可以求解的单目标规划问题。

由于 AHP 的理论比较基础，所以很多书中都已经进行了详细的描述。这里重点关注如何用 MATLAB 来实现 AHP。而层次分析法中，需要 MATLAB 的地方主要就是将评判矩阵转化为因素的权重矩阵。为此，这里只介绍如何用 MATLAB 来实现这一转化。

将评判矩阵转化为权重矩阵，通常的做法就是求解矩阵最大特征根和对应阵向量。如果不用软件来求解，可以采用一些简单的近似方法来求解，比如“和法”“根法”“幂法”，但这些简单的方法依然很烦琐。所以在建模竞赛中建议还是采用软件来实现。如果用 MATLAB 来求解，就不用担心具体的计算过程，因为 MATLAB 可以很方便、准确地求解出矩阵的特征值和特征根。但需要注意的是，在将评判矩阵转化为权重向量的过程中，一般需要先判断评判矩阵的一致性，因为通过一致性检验的矩阵，得到的权重才更可靠。

【例 10－2】 用 MATLAB 求解权重矩阵。

具体程序如下：

```
%% AHP 法权重计算 MATLAB 程序
%% 数据读入
clc
clear all
```

```
A=[1 2 6; 1/2 1 4; 1/6 1/4 1]; %评判矩阵
%%一致性检验和权向量计算
[n,n]=size(A);
[v,d]=eig(A);
r=d(1,1);
CI=(r-n)/(n-1);
RI=[0 0 0.58 0.90 1.12 1.24 1.32 1.41 1.45 1.49 1.52 1.54 1.56 1.58 1.59];
CR=CI/RI(n);
if  CR<0.10
     CR_Result='通过';
  else
     CR_Result='不通过';
end
%%权向量计算
w=v(:,1)/sum(v(:,1));
w=w';
%%结果输出
disp('该判断矩阵权向量计算报告:');
disp(['一致性指标:' num2str(CI)]);
disp(['一致性比例:' num2str(CR)]);
disp(['一致性检验结果:' CR_Result]);
disp(['特征值:' num2str(r)]);
disp(['权向量:' num2str(w)]);
```

运行该程序,可以得到如下结果:

```
该判断矩阵权向量计算报告:
一致性指标:0.0046014
一致性比例:0.0079334
一致性检验结果:通过
特征值:3.0092
权向量:0.58763      0.32339      0.088983
```

从上面的程序来看,该段程序还是比较简单、明了的,但输出的内容非常全面,既有一致性检验,又有权重向量。

应用这段程序时,只要将评判矩阵输入到程序中,其他地方都不需要修改,就可以直接、准确地计算出对应的结果。所以,这段程序在实际使用中非常灵活。

只要掌握了层次分析法的应用场景、应用过程,以及如何由评判矩阵得到权重向量,就可以灵活、方便地使用层次分析法解决实际问题了。

10.3 小　结

本章介绍的加权法和层次分析法是比较常用的针对评价型问题的建模方法,对于同一个问题往往这两种方法都适应。加权法更适合变量更具体的问题，而层次分析法更适合相对抽象的问题，比如景点的评价、奥运会综合影响力的评价等。

参考文献

[1] 卓金武,王鸿钧. MATLAB数学建模方法与实践.[M].3版.北京:北京航空航天大学出版社,2018.

第 11 章

MATLAB 机理建模方法

在数学建模中，如果遇到一个非典型的数学建模问题（非数据、优化、连续、评价），通常需要用到机理建模方法。

11.1 机理建模概述

机理建模就是根据对现实对象特性的认识，分析其因果关系，找出反映内部机理的规则，然后建立规则的数学模型的方法。机理建模的经典案例有很多，比如万有引力公式的推导过程等。机理建模常见的有两类：一类是推导法机理建模，类似于微分方程建模，常用于动力学的建模过程，比如化学中反应动力学，还有各种场的方程，比如压力场、热场方程等；一类是包含一个或几个类别对象的复杂系统问题，常通过元胞自动机-仿真法来进行机理建模。下面将介绍这两类机理建模的具体 MATLB 实现过程。

11.2 推导法机理建模

11.2.1 问题描述

某种医用薄膜有允许一种物质的分子穿透它（从高浓度的溶液向低浓度的溶液扩散）的功能，在试制时需测定薄膜被这种分子穿透的能力。测定方法如下：用面积为 S 的薄膜将容器分成体积分别为 V_A、V_B 的两部分（见图 11-1），在两部分中分别注满该物质的两种不同浓度的溶液。此时该物质分子就会从高浓度溶液穿过薄膜向低浓度溶液中扩散。已知通过单位面积薄膜分子扩散的速度与膜两侧溶液的浓度差成正比，比例系数 K 表征了薄膜被该物质分子穿透的能力，称为渗透率。定时测量容器中薄膜某一侧的溶液浓度值，可以确定 K 的值。试用数学建模的方法解决 K 值的求解问题。

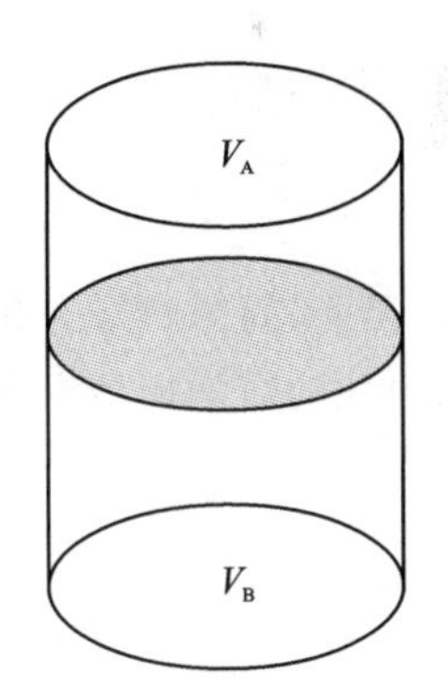

图 11-1　圆柱体容器被薄膜截面 S 阻隔

11.2.2 假设和符号说明

为了便于建模，作以下几点假设：

① 薄膜两侧的溶液始终是均匀的，即在任何时刻膜两侧的每一处溶液的浓度都是相同的。

② 当两侧浓度不一致时，物质的分子总是从高浓度溶液穿透薄膜向低浓度溶液扩散。

③ 通过单位面积膜分子扩散的速度与膜两侧溶液的浓度差成正比。

④ 薄膜是双向同性的，即物质从膜的任何一侧向另一侧渗透的性能是相同的。

同时，约定需要用到的几个数学符号：

$C_A(t), C_B(t)$——t 时刻膜两侧溶液的浓度；

a_A, a_B——初始时刻两侧溶液的浓度（mg/cm^3）；

K——渗透率；

V_A, V_B——由薄膜阻隔的容器两侧的体积。

11.2.3 模型的建立

考察时段$[t, t+\Delta t]$薄膜两侧容器中该物质质量的变化。

以容器 A 侧为例，在该时段物质质量增加量为 $V_A C_A(t+\Delta t) - V_A C_A(t)$。另一方面，由渗透率的定义可知，从 B 侧渗透至 A 侧的该物质的质量为

$$SK(C_B - C_A)\Delta t$$

由质量守恒定律，两者应该相等，于是有

$$V_A C_A(t+\Delta t) - V_A C_A(t) = SK(C_B - C_A)\Delta t$$

两边除以 Δt，令 $\Delta t \to 0$ 并整理得

$$\frac{dC_A}{dt} = \frac{SK}{V_A}(C_B - C_A) \qquad (12-1)$$

且注意到整个容器的溶液中含有该物质的质量应该不变，即有下式成立：

$$V_A C_A(t) + V_B C_B(t) = V_A a_A + V_B a_B$$

$$C_A(t) = a_A + \frac{V_B}{V_A} a_B - \frac{V_B}{V_A} C_B(t)$$

代入式(12-1)得

$$\frac{dC_B}{dt} + SK\left(\frac{1}{V_A} + \frac{1}{V_B}\right) C_B = SK\left(\frac{a_A}{V_B} + \frac{a_B}{V_A}\right)$$

再利用初始条件 $C_B(0) = a_B$，解出

$$C_B(t) = \frac{a_A V_A + a_B V_B}{V_A + V_B} + \frac{V_A(a_B - a_A)}{V_A + V_B} e^{-SK\left(\frac{1}{V_A}+\frac{1}{V_B}\right)t}$$

至此，问题归结为利用 C_B 在时刻 t_j 的测量数据 $C_j (j=1,2,\cdots,N)$ 来辨识参数 K, a_A, a_B，对应的数学模型变为求函数：

$$\min E(K, \alpha_A, \alpha_B) = \sum_{j=1}^{n} [C_B(t_j) - C_j]^2$$

令

$$a = \frac{a_A V_A + a_B V_B}{V_A + V_B}, \quad b = \frac{V_A(a_B - a_A)}{V_A + V_B}$$

则问题转化为求函数

$$E(K, \alpha_A, \alpha_B) = \sum_{j=1}^{n} \left[a + b e^{-SK\left(\frac{1}{V_A}+\frac{1}{V_B}\right)t_j} - C_j\right]^2$$

的最小值点(K, a, b)。

11.2.4 模型中参数的求解

【例 11-1】 设 $V_A = V_B = 1\,000\ cm^3$，$S = 10\ cm^3$，容器 B 部分溶液浓度的测试结果如表 11-1 所列。

表 11-1　容器 B 部分溶液测试浓度

t_j/s	100	200	300	400	500	600	700	800	900	1 000
C_j/(mg·cm^{-3})	4.54	4.99	5.35	5.65	5.90	6.10	6.26	6.39	6.50	6.59

此时极小化的函数为

$$E(K,\alpha_A,\alpha_B)=\sum_{j=1}^{10}[a+b\mathrm{e}^{-0.02K\cdot t_j}-C_j]^2$$

下面用 MATLAB 进行参数求解。

(1) 编写 m 文件(curvefun.m)

```
function f = curvefun(x,tdata)
f = x(1) + x(2) * exp( - 0.02 * x(3) * tdata);
% 其中 x(1) = a;x(2) = b;x(3) = k;
```

(2) 编写程序(test1.m)

```
tdata = linspace(100,1000,10);
cdata = 1e-05. * [454 499 535 565 590 610 626 639 650 659];
x0 = [0.2,0.05,0.05];
opts = optimset( 'lsqcurvefit' );
opts = optimset( opts, 'PrecondBandWidth', 0 )
x = lsqcurvefit ('curvefun',x0,tdata,cdata,[],[],opts)
f = curvefun(x,tdata)
plot(tdata,cdata,'o',tdata,f,'r-')
xlabel('时间/s')
ylabel('浓度/(mg·cm^-3)')
```

(3) 输出结果

```
x =
    0.0063    -0.0034     0.2542
% 即表示 k = 0.2542,  a = 0.0063,  b = -0.0034 时
f =
    0.0043    0.0051    0.0056    0.0059    0.0061
    0.0062    0.0062    0.0063    0.0063    0.0063
```

曲线的拟合结果如图 11-2 所示，进一步可求得

$$\alpha_B=0.004,\quad \alpha_A=0.01\quad (单位:mg/cm^3)$$

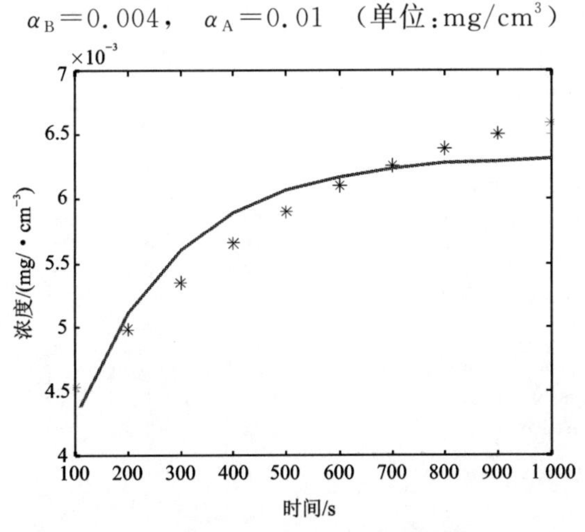

图 11-2　模型拟合曲线与溶液实际测试浓度

11.3 元胞自动机-仿真法机理建模

11.3.1 元胞自动机的定义

元胞自动机(Cellular Automata,CA)亦被称为细胞自动机。CA 的经典案例是定义一个网格,网格上的每个点代表一个有限数量的状态中的细胞。过渡规则同时应用到每一个细胞。典型的转换规则依赖于细胞和它的(4 个或 8 个)近邻的状态,虽然临近的细胞也同样使用。CA 应用在并行计算研究、物理模拟和生物模拟等领域。在数学建模中,一般是借鉴元胞自动机的概念,应用于具体的适合于机理建模的问题中。这类问题的典型特征是,所研究的问题是一个系统问题,系统由若干个一个或几个不同类的对象组成,经典的模型不适应。典型的问题有滴滴打车问题(2015)、开发小区问题(2016)等。

11.3.2 元胞自动机的 MATLAB 实现

这类问题,首先要分析系统内的对象,从微观角度研究每个对象的行为规则(模型),然后通过动态仿真研究系统内的对象随时间或其他物理量的变化趋势,最后再根据目标综合评估系统。总结下来,实现步骤如下:

① 定义元胞的初始状态;

② 定义系统内元胞的变化规则;

③ 设置仿真时间,输出仿真结果。

对于这类仿真,MATLAB 的优势非常明显。

【例 11-2】 典型的 CA 的 MATLAB 实现过程。

```
%%元胞自动机(CA)MATLAB 实现程序
clc, clf,clear
%%界面设计(环境的定义)
plotbutton = uicontrol('style','pushbutton',...
   'string','Run', ...
   'fontsize',12, ...
   'position',[100,400,50,20], ...
   'callback', 'run = 1;');
%定义 stop button
erasebutton = uicontrol('style','pushbutton',...
   'string','Stop', ...
   'fontsize',12, ...
   'position',[200,400,50,20], ...
   'callback','freeze = 1;');
%定义 Quit button
quitbutton = uicontrol('style','pushbutton',...
   'string','Quit', ...
   'fontsize',12, ...
   'position',[300,400,50,20], ...
   'callback','stop = 1;close;');
number = uicontrol('style','text', ...
    'string','1', ...
   'fontsize',12, ...
```

```
    'position',[20,400,50,20]);
  % %元胞自动机的设置
  n = 128;
  z = zeros(n,n);
  cells = z;
  sum = z;
  cells(n/2,.25 * n:.75 * n) = 1;
  cells(.25 * n:.75 * n,n/2) = 1;
  cells = (rand(n,n))<.5 ;
  imh = image(cat(3,cells,z,z));
  axis equal
  axis tight
  %元胞索引更新的定义
  x = 2:n-1;
  y = 2:n-1;
  %元胞更新的规则定义
  stop = 0; % wait for a quit button push
  run = 0; % wait for a draw
  freeze = 0; % wait for a freeze
  while (stop == 0)
      if (run == 1)
          % nearest neighbor sum
          sum(x,y) = cells(x,y-1) + cells(x,y+1) + ...
              cells(x-1, y) + cells(x+1,y) + ...
              cells(x-1,y-1) + cells(x-1,y+1) + ...
              cells(3:n,y-1) + cells(x+1,y+1);
          % The CA rule
          cells = (sum == 3) | (sum == 2 & cells);
          % draw the new image
          set(imh, 'cdata', cat(3,cells,z,z) )
          % update the step number diaplay
          stepnumber = 1 + str2num(get(number,'string'));
          set(number,'string',num2str(stepnumber))
      end
      if (freeze == 1)
          run = 0;
          freeze = 0;
      end
      drawnow   % need this in the loop for controls to work
  end
```

运行这段代码,可以得到如图 11－3 所示的初始图。

单击 Run 按钮,可以得到如图 11－4 所示的仿真图。

如果改变运行规则,还可以得到其他图像,如图 11－5 所示。

以上只是给出一个 MATLAB 实现典型元胞自动机的框架,具体建模的时候,还要根据具体问题,灵活定义元胞,更新规则,以及系统输出。比如在 CUMCM 2015 年打车问题中,元胞就是打车人和出租车;更新规则是当打车人发出打车信号时,周边出租车的响应规则;系统输出则是评价指标。所以说元胞自动机只是一个概念,在实际建模中,还要根据特定的问题再灵活运用。

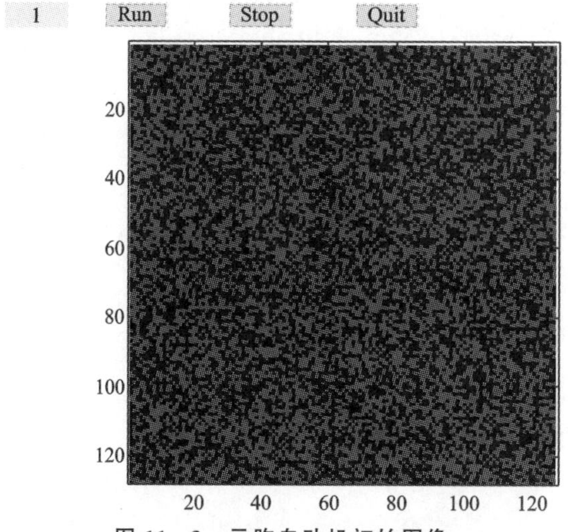

图 11-3　元胞自动机初始图像

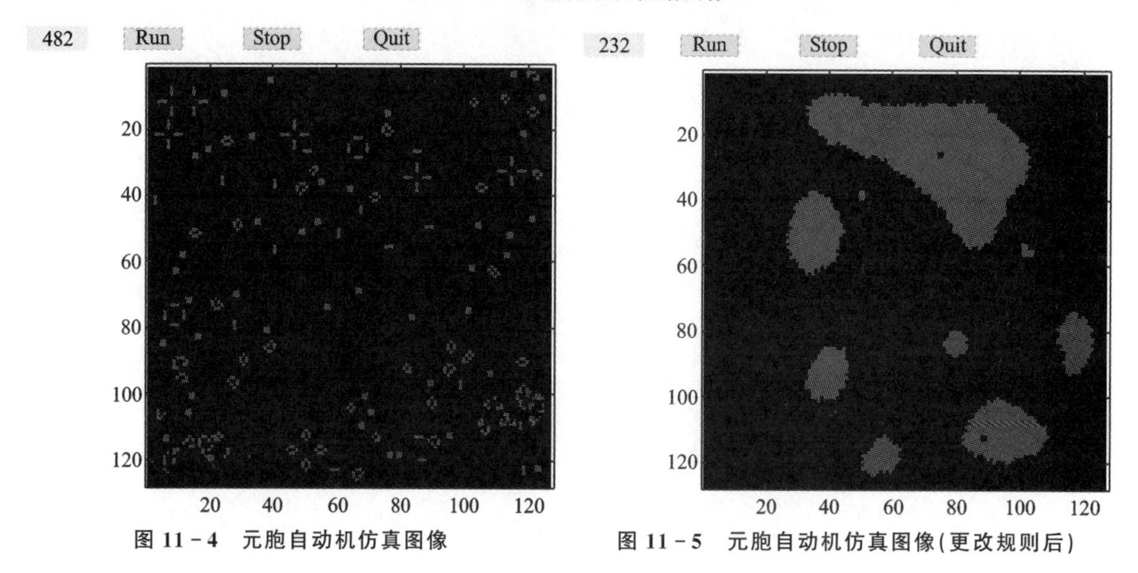

图 11-4　元胞自动机仿真图像

图 11-5　元胞自动机仿真图像(更改规则后)

11.4　小　结

机理建模方法是没有定式的建模方法，相对比较开放，要针对具体的问题。本章介绍的两种方法是机理建模中常用的两类建模方法，当遇到非经典建模问题时，尤其是开放度比较强的问题，就要考虑采用机理建模方法了。一般会先用推导法建模，找出事物之间本质的定量联系，然后再看看是否适合数值仿真，如果适合，此时就可以考虑使用元胞自动机-仿真法了。这两种建模方法往往相辅相成，推导法为仿真提供理论基础，仿真法为推导法提供验证和改进依据，两种方法相得益彰，不断促进模型的提升。

参考文献

[1] 卓金武，王鸿钧. MATLAB 数学建模方法与实践.[M].3 版.北京：北京航空航天大学出版社，2018.

第三篇　实践篇

本篇是实践篇，以历年全国大学生数学建模竞赛的经典赛题（乙组）为例，介绍 MATLAB 在其中的实际应用过程，包括详细的建模过程、求解过程以及原汁原味的竞赛论文，不仅能提高读者的 MATLAB 实战技能，也能提高读者的建模实战水平。

第 12 章

众筹筑屋规划方案设计模型(CUMCM 2015D)[①]

12.0 摘 要

在充分理解题意及合理假设的基础上,通过对问题的深入分析,建立了相关核算公式及非线性规划模型,并利用 MATLAB 进行计算。

针对问题一:通过对附件中国家政策的解读,特别是对增值税中税率与扣除项的确定问题,分别建立了相应的数学公式,针对方案 I,求得相关需要公布的核算数据:

成本为 $2.091\,6\times10^9$ 元,收益为 $6.007\,3\times10^8$ 元,容积率为 $2.275\,2<2.28$,增值税为 $1.618\,3\times10^8$ 元。

针对问题二:为尽量满足参筹者意愿,首先将参筹者对各房型满意比例进行归一化处理,得到各房型套数的需求比例,然后对各房型套数进行归一化处理得建房套数规划比例。再根据最小二乘原理,以两种比例之差的最小平方和为目标函数,以各房型按规定的最低、最高套数和容积率作为约束条件,建立了非线性规划模型。最后运用 MATLAB 编程计算,得出了各房型建设规划方案(方案Ⅱ):总套数为 1947 套,各房型套数为:

130,195,162,195,227,260,292,194,65,97,130

相应的目标函数值达到 4.7645×10^{-8}。再利用问题一的方法对上述方案进行全面核算得:容积率为 2.227 6(<2.28),成本为 2.051×10^9 元,收益为 $5.246\,6\times10^8$ 元,增值税为 $1.738\,7\times10^8$ 元。

针对问题三:通过对方案二的核算,得投资回报率为 23.49%(<25%),未达到可执行要求 25%,因此在问题二非线性规划的基础上增加回报率约束条件,重新用 MATLAB 进行计算,得调整后的方案:总套数为 2017 套,各房型套数为:

139,197,135,200,234,275,309,162,89,131,146

再次利用问题一的方法对上述调整方案进行全面核算得:回报率为 25.01%,容积率为 2.279 1(<2.28)。核算结果满足全部要求,可以被执行。

对模型进行全面的评价后,认为所建立的非线性规划模型科学合理,计算精确可靠,符合建房要求,同时最大程度满足了众筹者的意愿,具有较高的参考价值。

12.1 模型背景与问题的重述

12.1.1 模型的背景

众筹筑屋是互联网时代一种新型的房地产经营模式,其建筑设计阶段用大幅低于市场价

---

① 本章是根据 2015 年获得乙组“MATLAB 创新奖”的论文整理而成的。获奖高校:解放军重庆通信学院,获奖人:张胜秋、李鑫、田霖,指导老师:陈代国。竞赛原题见附件 A。

的优惠吸引用户参与众筹。用户通过众筹筑屋平台对建筑方案提出自己的意见并参与优化设计。因此,正确、及时地核算建房实际成本与收益、容积率和增值税等信息尤为重要,不仅能为众筹者提供满意的住房条件,还能为开发商提供科学的决策依据。

12.1.2 问题重述

在建房规划设计中,需考虑诸多因素,如容积率、开发成本、税率、预期收益等。根据国家相关政策,不同房型的容积率、开发成本、开发费用等在核算上要求均不同,结合国家相关条例、政策和本题具体要求,建立数学模型分析、研究、解决下面的问题:

问题一 根据方案Ⅰ相关数据计算成本与收益、容积率和增值税等信息。然后建立模型对方案Ⅰ进行全面核算,帮助其公布相关信息。

问题二 通过对参筹者进行抽样调查,得到了参筹者对11种房型购买意愿的比例。为了尽量满足参筹者的购买意愿,请重新设计建设规划方案(称为方案Ⅱ),并对方案Ⅱ进行核算。

问题三 一般对于开发商而言,只有投资回报率达到25%以上的众筹项目才会被成功执行。问题二所给出的众筹筑屋方案Ⅱ能否被成功执行,需要通过建立相应的模型进行具体分析说明。

12.2 问题分析和基本思路

12.2.1 问题分析

针对问题一,作以下几方面的考虑:

① 在成本的计算中,要考虑土地成本、转让房地产相关税金、开发成本、开发费用、增值税;

② 计算收益中可以采取总盈利减去总成本的方式进行核算;

③ 计算容积率时,只计算“列入”房型建筑总面积;

④ 计算增值税时,根据国务院颁布的《中华人民共和国土地增值税暂行条例》,我国土地增值税实行四级超率累进税率,因此如何确立税率是解决本题的关键;

⑤ 计算增值税时,目前国家对于土地增值税的核算中,普通宅和非普通宅是分开的(如果是其他类别则按规定将实际发生的成本,按照普通宅和非普通宅建筑面积比进行分摊计算);

⑥ 在计算土地税扣除项目金额时,根据国家规定,凡不能按房地产项目计算分摊利息支出或不能提供金融机构证明的,房地产开发商费用按取得土地使用权所支付的金额和房地产开发成本规定计算的金额之和的10%以内计算扣除,对从事房地产开发的纳税人,按取得土地使用权所支付的金额和房地产开发成本规定计算的金额之和加计20%扣除。

针对问题二:要重新设计建设规划方案(方案Ⅱ),也要从以下几个方面考虑:

① 计算出容积率,其必须低于国家规定的最大容积率。容积率越大,居民舒适度越差;容积率越小,居民舒适度越好。

② 调查的满意比例越高,说明该房型越被参筹者接受,此房型就越好参与众筹。

③ 在设计方案时,其容积率不能超过国家规定的最大容积率。

针对问题三:需要在问题二的基础上,多考虑回报率达到25%的问题。

12.2.2　建模思路与思路流程图

根据问题的设计和要求,要解决的是众筹筑屋规划方案设计的问题。规划方案设计问题是一类典型的优化问题。对于优化问题的建模步骤基本是:第一步,找目标函数;第二步,找约束条件;第三步,对规划函数进行求解。

对题目仔细分析后,确定规划后的满意比例与各房型建房比例的方差最小为目标函数。满意比例比较容易得到,难点是各房型比例的表达。对问题进行分析后,可以构建顾客满意比例解析表达式。满意比例和各房型比例确定好了,目标函数也就形成了。

约束条件的寻找相对比较容易,不过能从题目中得到的明显约束条件很少,隐含的约束条件需要自己去挖掘。如果约束条件能够起到有效的约束作用,那么唯一剩下的就是借助计算机对规划模型进行最优求解。

此外,为了目标函数和约束条件的顺利表述,在正式模型建立之前,还需要作大量而系统的模型准备工作,用量化的语言理清各部分之间的关系。这样,就呈现了对该问题的整个建模思路,如图 12-1 所示。

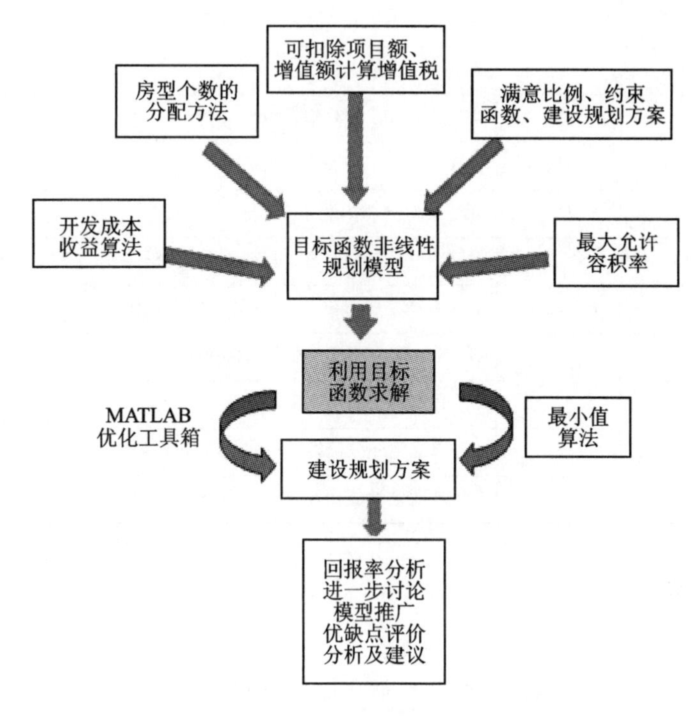

图 12-1　建模思路流程图

12.3　基本符号说明与基本假设

12.3.1　基本符号说明

符号说明如表 12-1 所列。

表 12-1 符号说明

序 号	符 号	符号表示含义
1	S_t	土地面积
2	S_c	土地出让金
3	Z_{tk}	开发成本
4	z_z	税金比率
5	ZB	总增值税
6	ZS	总收益
7	W	回报率
8	R	容积率
9	Z_i	售房款总收入,$i=1,2,\cdots,11$
10	A_i	第 i 个项目建房套数
11	N_i	第 i 个房型面积(m^2)
12	S_i	各房型建筑面积
13	X_{ij}	第 i 个房型 j 套建房套数
14	M_{ij}	第 i 个房型 j 套建房开发成本
15	D_{ij}	第 i 个房型 j 套建房的售价
16	S_p,S_{pf}	S_p 普通宅总面积,S_{pf} 非普通宅总面积
17	LS_p,LS_{pf}	LS_p 普通宅所占比,LS_{pf} 非普通宅所占比
18	B_p,B_{pf}	B_p 普通营业税,B_{pf} 非普通营业税
19	S_{cp},S_{cpf}	S_{cp} 普通宅土地出让金,S_{cpf} 非普通宅土地出让金
20	Z_{zp},Z_{zpf}	Z_{zp} 普通宅扣除额,Z_{zpf} 非普通宅扣除额
21	Z_{ep},Z_{epf}	Z_{ep} 普通宅增值额,Z_{epf} 非普通宅增值额

12.3.2 基本假设

基本假设有:

① 住宅类型属于“其他”的特殊类别,在最终增值税两类核算模式中,其对应开发成本、收入等因素不可忽略,可以按照已有普通宅、非普通宅建筑面积比,分摊后再计算;

② “列入”是指其对应的子项目房型的建筑面积参与容积率的核算;

③ 开发成本为“不允许扣除”表示其对应项目产生的实际成本按规定不能参与增值税核算;

④ 参筹者每户只能认购一套住房;

⑤ 房地产开发费用按最大10%的比例扣除;

⑥ 如果其他条例与本文条例有冲突,以本文条例的规定为准;

⑦ 假设旧房及建筑物的价格算在取得土地支付的费用中;

⑧ 假设房地产开发商就是从事房地产开发的纳税人。

12.4 模型的建立和求解

12.4.1 问题一

1. 问题一模型的建立

对于问题一,题目中要求公布成本与收益、容积率和增值税。通过对原题附件 2 中国家政策文件的解读以及相关资料的查阅,得出了以下几个计算公式:

(1) 成　本

依据附件 2 国家政策,建房成本为土地开发成本、取得土地支付的金额 S_c、土地开发费用 C_f 之和,所以建房成本 Z 为

$$Z=\sum_{i=1}^{11}N_iA_iZ_{ik}+S_c+C_f=(\sum_{i=1}^{11}N_iA_iZ_{ik}+S_c)\times 100\%$$

(2) 收　益

收益可以用如下表达式计算:

收益=房型面积×建房套数×售价−成本−土地增值税−转让房款

按照国家规定转让房产的有关税金应按照收入的 5.65%计算,所以有

$$\mathrm{ZS}=\sum_{i=1}^{11}N_iA_iD_{ij}-Z-\mathrm{ZB}-Z_z=(\sum_{i=1}^{11}N_i\times A_iD_{ij})\times(1-5.65\%)-Z-\mathrm{ZB}$$

(3) 容积率

相关政策规定,容积率为参与容积率核算的建筑面积与土地面积之比,可表示为

$$容积率=\frac{参与容积率核算的总建筑面积}{土地总面积}$$

即

$$R=\frac{\sum_{i=1}^{8}N_iA_i}{S_t}$$

(4) 增值税

目前我国土地增值税实行的是四级超率累进税率,并且国家对土地增值税的核算中,普通宅和非普通宅是分开的(如果属于其他类别则按规定将实际发生的成本按照普通宅和非普通宅建筑面积比进行分摊计算),所以有

增值税=普通房型增值税+非普通房型增税

即

$$\mathrm{ZB}=B_{zp}+B_{zpf}$$

计算土地增值税是以增值额与扣除项目金额的比率大小按相适用的税率累进计算征收的,增值额与扣除项目金额的比率越大,适用的税率越高,缴纳的税款越多。所以,要先计算出两种房型的税率。

税率的确定受到增值额与扣除项目金额的影响,其公式如下:

普通宅增值额=普通宅总售价+其他宅分摊普通宅总售价−普通宅可扣除金额

即

$$Z_{ep}=\sum_{i=1}^{3}N_iA_iD_{ij}+LS_p\sum_{i=9}^{10}N_iA_iD_{ij}-Z_{zp}$$

非普通宅增值额=非普通宅总售价+其他宅分摊普通宅总售价－非普通宅可扣除金额即

$$Z_{epf}=\sum_{i=4}^{8}N_iA_iD_{ij}+LS_{pf}\sum_{i=9}^{10}N_iA_iD_{ij}+N_{11}A_{11}D_{11}-Z_{zpf}$$

其中,其他分摊到普通宅的比为普通宅的占地总面积与普通宅和非普通宅的总面积和的比值,即普通宅分摊比可表达为

$$LS_p=\frac{\sum_{i=1}^{3}N_iA_iD_{ij}}{\sum_{i=1}^{3}N_iA_iD_{ij}+\sum_{i=4}^{8}N_iA_iD_{ij}+N_{11}A_{11}D_{11}}$$

同理,可得非普通宅的分摊比

$$LS_{pf}=\frac{\sum_{i=4}^{8}N_iA_iD_{ij}+N_{11}A_{11}D_{11}}{\sum_{i=1}^{3}N_iA_iD_{ij}+\sum_{i=4}^{8}N_iA_iD_{ij}+N_{11}A_{11}D_{11}}$$

根据国家相关规定及本题约束条件,可扣除项目为以下 5 个方面,即

① 取得土地使用权所支付的金额;

② 房地产开发成本;

③ 房地产开发费用;

④ 与转让房地产有关的税金;

⑤ 其他扣除项目,如纳税人优惠加扣除部分。

因此,普通宅可扣除金额 Z_{zp} 为普通宅取得土地支付的金额 S_{cp},加上普通宅开发成本 Z_{kp},加上普通宅土地开发费用 C_{fp},加上普通宅税金 B_p,加上房地产企业纳税人优惠 C_{yp}。其中普通宅土地开发费用为普通宅开发扣除总成本和普通宅取得土地支付的金额之和的 10%,房地产企业纳税人优惠为普通宅开发扣除总成本和普通宅取得土地支付的金额之和的 20%,公式可表达为

$$Z_{zp}=S_{cp}+Z_{kp}+C_{fp}+B_p+C_{yp}=(Z_{kp}+S_{cp})\times 130\%+B_p$$

同理,可得非普通宅可扣除金额为

$$Z_{zpf}=Z_{kpf}+S_{cpf}+C_{yfp}=(Z_{kpf}+S_{cpf})\times 130\%+B_{pf}$$

其中:

① 普通宅的总开发成本=普通宅可扣除房型面积×建房套数×单位面积开发成本+分摊到普通宅的其他可扣除项目,即

$$Z_{kp}=\sum_{i=1}^{2}N_iA_iZ_{ik}+LS_p\sum_{i=9}^{10}N_iA_iZ_{ik}$$

同理可得:非普通宅的总开发成本=非普通宅可扣除房型面积×建房套数×单位面积开发成本+分摊到非普通宅的其他可扣除项目,即

$$Z_{kpf}=\sum_{i=3}^{7}N_iA_iZ_{ik}+LS_{pf}\sum_{i=9}^{10}N_iA_iZ_{ik}$$

② 转让房产有关税金按收入的 5.65%计算,所以普通宅营业税=(普通宅可扣除房型面

积×建房套数×单位面积开发成本+分摊到普通宅的其他可扣除项目)×5.65%,即

$$B_{p}=\left(\sum_{i=3}^{3}N_{i}A_{i}D_{ij}+LS_{p}\sum_{i=9}^{10}N_{i}A_{i}D_{ij}\right)\times 5.65\%$$

同理,非普通宅营业税=(非普通宅可扣除房型面积×建房套数×单位面积开发成本+分摊到非普通宅的其他可扣除项目)×5.65%,即

$$B_{pf}=\left(\sum_{i=4}^{8}N_{i}A_{i}D_{ij}+LS_{pf}\sum_{i=9}^{10}N_{i}A_{i}D_{ij}+N_{11}A_{11}D_{11}\right)\times 5.65\%$$

③ 普通宅取得土地支付的金额按照取得普通宅与非普通宅建筑面积和的比值分摊土地支付金,所以,普通宅取得土地支付的金额 S_{cp} 为土地支付金 S_{c} 与普通宅总面积的分摊比 L_{cp} 的乘积,即

$$S_{cp}=S_{c}\times L_{cp}$$

同理,非普通宅取得土地支付的金额 S_{cpf} 为土地支付金 S_{c} 与非普通宅总面积的分摊比 L_{cpf} 的乘积,即

$$S_{cpf}=S_{c}\times L_{cpf}$$

前面已经给出了增值额与可扣除项目,增值税税率参考值 Z_{c} 为增值额与可扣除项目之比,函数表达式为

普通房型:

$$Z_{cp}=\frac{Z_{ep}}{Z_{zp}}$$

非普通房型:

$$Z_{cpf}=\frac{Z_{epf}}{Z_{zpf}}$$

计算增值额,可采用分段函数进行:

$$B_{z}=\begin{cases}0 & Z_{c}<20\%,\text{且为普通宅}\\ Z_{e}\times 30\% & Z_{c}\leqslant 50\%\\ Z_{e}\times 40\%-Z_{z}\times 50\% & 50\%<Z_{c}\leqslant 100\%\\ Z_{e}\times 50\%-Z_{z}\times 15\% & 100\%<Z_{c}\leqslant 200\%\\ Z_{e}\times 60\%-Z_{z}\times 35\% & Z_{c}>200\%\end{cases}\tag{12-1}$$

2. 问题一模型的求解

根据前面建立的模型公式,利用 MATLAB 编写出计算这些参数的程序,见 P12-1。

程序编号	P12-1	文件名称	jmzccl1.m	说明	CUMCM 2015D 问题一求解程序

```
%% P12-1, CUMCM2015D 问题一求解程序
clc,clear
data=[77 250 4263  12000
98  250  4323    10800
117 150  4532    11200
145 250  5288    12800
156 250  5268    12800
167 250  5533    13600
178 250  5685    14000
```

```
 126  75   4323  10400
 103  150  2663  6400
 129  150  2791  6800
 133  752  982   7200];
St = 102077.6; % 土地面积
Sc = 777179627; % 土地出让金
Zz = 0.0565;  % 税金比率
Si = data(:,1). * data(:,2); % 建筑面积
Zik = Si. * data(:,3);  % 开发成本
Zi = Si. * data(:,4);  % 售房款总收入
Sp = sum(Si(1:3)); % 普通宅总面积
Spf = sum(Si(4:8)) + sum(Si(11)); % 非普通宅总面积
lSp = Sp/(Sp + Spf); % 普通宅所占比
lSpf = Spf/(Sp + Spf); % 非普通宅所占比
Zkp = [sum(Zik(1:2)) + (sum(Zik(9:10))) * lSp] * 1.3; % 普通宅开发扣除项目金额
Zkpf = [sum(Zik(4:7)) + (sum(Zik(9:10))) * lSpf] * 1.3; % 非普通宅开发扣除项目金额
Bp = [sum(Zi(1:3)) + (sum(Zi(9:10))) * lSp] * Zz;  % 普通宅营业税
Bpf = [sum(Zi(4:8)) + sum(Zi(11)) + (sum(Zi(9:10))) * lSpf] * Zz; % 非普通宅营业税
Scp = [Sc * lSp] * 1.3; % 普通宅土地出让金
Scpf = [Sc * lSpf] * 1.3; % 非普通宅土地出让金
Zzp = sum(Zkp + Bp + Scp); % 普通宅总扣除金额
Zzpf = sum(Zkpf + Bpf + Scpf); % 非普通宅总扣除金额
Zep = sum(Zi(1:3)) + (sum(Zi(9:10))) * lSp - Zzp; % 普通宅增值额
Zepf = sum(Zi(4:8)) + (sum(Zi(9:10))) * lSpf - Zzpf + sum(Zi(11)); % 非普通宅增值额
Zcp = Zep/Zzp
if (Zcp< = 0.5)&&(Zcp>0.2)
    y1 = Zep * 0.3;        % 增值税税率为 30 %
elseif (0.5<Zcp)&&(Zcp< = 1)
    y1 = Zep * 0.4 - Zzp * 0.05; % 增值税税率为 40 %
elseif (1<Zcp)&&(Zcp< = 2)
    y1 = Zep * 0.5 - Zzp * 0.15; % 增值税税率为 50 %
elseif Zcp>2
    y1 = Zep * 0.6 - Zzp * 0.35; % 增值税税率为 60 %
elseif Zcp<0.2
    y1 = 0; % 免征增值税
end
Zcpf = Zepf/Zzpf
if Zcpf< = 0.5
    y2 = Zepf * 0.3;        % 增值税税率为 30 %
elseif (0.5<Zcpf)&&(Zcpf< = 1)
    y2 = Zepf * 0.4 - Zzpf * 0.05; % 增值税税率为 40 %
elseif (1<Zcpf)&&(Zcpf< = 2)
    y2 = Zepf * 0.5 - Zzpf * 0.15; % 增值税税率为 50 %
elseif Zcpf>2
    y2 = Zepf * 0.6 - Zzpf * 0.35; % 增值税税率为 60 %
end
y = [y1 y2];
Bzp = y1;
Bzpf = y2;
ZB = (Bzp + Bzpf) % 增值税
R = [sum(Si(1:8))]/St % 容积率
Z = sum(Zik(1:11)) + Sc % 成本
ZS = sum(Zi(1:11)) - Z * 1.1 - ZB - (sum(Zi(1:11))) * Zz  % 收益
W = ZS/(Z * 1.1) % 回报率,开发费用计入回报率计算
```

运行 P12－1 可得出增值额与可扣除项目之比：

普通宅：$Z_{cp}=3080\%$；

非普通宅：$Z_{cpf}=17\%$。

所以，根据公式(12－1)增值额对应适用税率，都应该采用 30%，从而得到：

增值税：$ZB=1.613\times10^8$ 元；

总成本：$Z=2.0916\times10^9$ 元；

收益：$ZS=6.0073\times10^8$ 元；

容积率：$R=2.2752$。

12.4.2　问题二

1. 问题二利用非线性规划建立模型

题目要求尽量满足参筹者意愿，重新设计建设规划方案。附件给出了“参筹登记网民对各房型的满意比例”。结合生活，不难得出，只有参筹者满意该房型，才会进行投资。所以可以考虑将满意比例归一化处理，建立规划房型比例接近满意比例的非线性规划模型。

各房型归一化处理后的需求比例 C_i 为各房型现有满意比例 m_i 除以各房型现有满意比例之和 M，即

$$C_i=\frac{m_i}{M},\qquad M=\sum_{i=1}^{11}m_i$$

通过以上公式和附件 1 数据，利用 Excel 求得满意比例，见表 12－2。

表 12－2　众筹者满意比例(建房需求比例)

房　型	房型 1	房型 2	房型 3	房型 4	房型 5	房型 6	房型 7	房型 8	房型 9	房型 10	房型 11
满意比例	6.67%	10.00%	8.33%	10.00%	11.67%	13.33%	15.00%	10.00%	3.33%	5.00%	6.67%

将规划各房型套数 X_i 按总套数 X 作归一化处理得建房套数规划比例 $\frac{X_i}{X}$。再将需求比例与建房套数规划比例按最小二乘原则，以两比例之差的最小平方和为目标函数，即

$$\min f=\sum_{i=1}^{11}\left(C_i-\frac{X_i}{X}\right)^2$$

按政策规定容积率不大于 2.28，从而可得约束条件为

$$\sum_{i=1}^{8}N_iX_i\leqslant 2.28S_t$$

根据方案二的要求，各房型的套数要符合最低、最高套数要求，故也为约束条件，即

$$t_{\min}\leqslant x_i\leqslant t_{\max}$$

其中，

$$t_{\min}=[50,50,50,150,100,150,50,100,50,50,50]$$

$$t_{\max}=[450,500,300,500,550,350,450,250,350,400,250]$$

于是建立解决问题的非线性规划模型如下：

$$\min f=\sum_{i=1}^{11}\left(C_i-\frac{X_i}{X}\right)^2$$

$$\text{s.t.}\begin{cases}\sum_{i=1}^{8} N_i X_i \leqslant 2.28S_t \\ t_{\min} \leqslant X_i \leqslant t_{\max} \quad (i=1,2,\cdots,11)\end{cases} \tag{12-2}$$

2. 问题二模型的求解

模型公式 12－2 是标准的优化模型，利用 MATLAB 编写如 P12－2 所示的求解程序。

程序编号	P12－2	文件名称	zccl2.m	说明	CUMCM 2015D 问题二模型的求解

```
%% P12-2, CUMCM 2015D 问题二模型的求解
clc,clear
c=[0.40.60.50.60.70.80.90.60.20.30.4];    %满意率
a=[77 98 117 145 156 167 178 126 0 0 0];    %房屋面积
b=2.28*102077.6;    %最大允许建筑面积
lb=[50 50 50 150 100 150 50 100 50 50 50];    %最小房型套数
ub=[450 500 300 500 550 350 450 250 350 400 250];    %最大房型套数
[x,fval]=fmincon('obj',lb,a,b,[],[],lb,ub)
x=round(x) %四舍五入取整
sum(x') %求和
```

运行该程序，即得需求比例与规划比例的一致性指标系数为：4.76×10^{-8}。

各房型套数依次为：130，195，162，195，227，260，292，194，65，97，130。

总套数为 1947，各房型所占比例见表 12－3。

表 12－3　建房套数

房　型	型 1	型 2	型 3	型 4	型 5	型 6	型 7	型 8	型 9	型 10	型 11
建房套数	130	195	162	195	227	260	292	194	65	97	130
规划比例	6.68%	10.02%	8.32%	10.02%	11.66%	13.35%	15.00%	9.96%	3.34%	4.98%	6.68%
需求比例	6.67%	10.00%	8.33%	10.00%	11.67%	13.33%	15.00%	10.00%	3.33%	5.00%	6.67%

由表 12－3 可见，需求比例与规划比例一致性很高，由此可做出房型设计方案Ⅱ，见表 12－4。

表 12－4　方案Ⅱ

子项目 房型	住宅类型	容积率	开发成本	房型面积 /m²	建房套数	开发成本 /(元·m⁻²)	售价 /(元·m⁻²)
房型 1	普通宅	列入	允许扣除	77	130	4 263	12 000
房型 2	普通宅	列入	允许扣除	98	195	4 323	10 800
房型 3	普通宅	列入	不允许扣除	117	162	4 532	11 200
房型 4	非普通宅	列入	允许扣除	145	195	5 288	12 800
房型 5	非普通宅	列入	允许扣除	156	227	5 268	12 800
房型 6	非普通宅	列入	允许扣除	167	260	5 533	13 600
房型 7	非普通宅	列入	允许扣除	178	292	5 685	14 000
房型 8	非普通宅	列入	不允许扣除	126	194	4 323	10 400
房型 9	其他	不列入	允许扣除	103	65	2 663	6 400
房型 10	其他	不列入	允许扣除	129	97	2 791	6 800
房型 11	非普通宅	不列入	不允许扣除	133	130	2 982	7 200

再利用方案Ⅰ核算的方法，对方案Ⅱ的建设规划方案进行核算，可得以下数据：

增值税：$ZB_{Ⅱ}=1.7387\times10^{8}$ 元；

容积率：$R_{Ⅱ}=2.2276$

成本：$Z_{Ⅱ}=2.0511\times10^{9}$ 元；

收益：$ZS_{Ⅱ}=5.2466\times10^{8}$ 元。

12.4.3　问题三

1. 问题二回报率的计算

问题三需要对问题二所求解出来的方案Ⅱ讨论回报率是否大于 25％的问题，回报率 W（即收益 ZS 与成本 Z 之商）达到 25％才被执行，即

$$W(\text{回报率})=\frac{ZS(\text{收益})}{Z(\text{成本})}$$

即

$$W=\frac{ZS}{Z}$$

将方案Ⅱ求解出的建房套数代入问题一所建立的模型中，得到

成本：$Z_{Ⅱ}=2.0511\times10^{9}$ 元；

收益：$ZS_{Ⅱ}=52466\times10^{8}$ 元。

从而求得回报率 $W=23.25\%$。因为回报率 $W=23.25\%<25\%$，所以该方案不能被执行。

2. 问题三模型的建立

既然不能被执行，就应该对方案重新调整。调整方案的目标是：

① 调整后的容积率不能超过国家规定的最大容积率要求 2.28；

② 调整后的投资回报率达到 25％。

具体调节的方向是：

① 根据实际售房情况，满意比例高的房型销售量大，且易售出。如果能快速售出房屋，则便于迅速回笼资金，防止资金断链造成项目不能顺利进行，也可进行其他项目投资。因此这类房型可以增加套数。用户满意比例分布情况如图 12－2 所示。

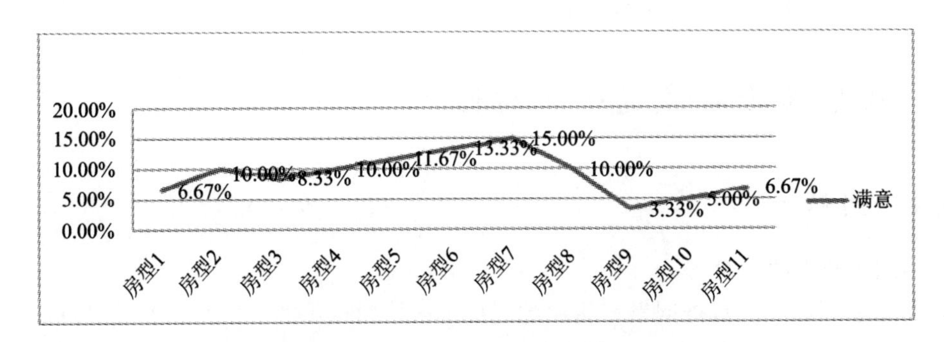

图 12－2　用户满意比例分布图

可见房型 5、6、7 可以适当增加套数，但增加套数可能会导致容积率提高，因此需同时减少部分房型套数。

② 因为房型 9、房型 10、房型 11 不计入容积率，虽然需求比例很小，但在不能调整其他房型时，应该适度调整此三种房型。

③ 开发成本不列入增值税计算的房型会导致回报率下降，所以可适当减少。故房型 3、8 可适当减少。

通过上述方案，经过若干次尝试可获得一个满足容积率及回报率的建房房型方案。但为了获得较为完美的调整方案，在模型二的基础上，增加投资回报率 W 作为约束条件，即

$$W=\frac{ZS}{Z}>25\%$$

建立新的非线性规划模型，进行优化计算。重新建立的模型为

$$\min f=\sum_{i=1}^{11}\left(C_i-\frac{X_i}{X}\right)^2$$

$$\text{s.t.}\begin{cases}\sum_{i=1}^{8}N_iX_i\leqslant 2.28S_t\\ t_{\min}\leqslant X_i\leqslant t_{\max}\quad (i=1,2,\cdots,11)\\ \frac{ZS}{Z}>25\%\end{cases}\tag{2-1}$$

3. 问题三模型的求解

利用 MATLAB 对该模型进行计算后得到各房型建房套数，见表 12-5 第三行。

表 12-5 调整后各房型建房套数

房　型	房型 1	房型 2	房型 3	房型 4	房型 5	房型 6	房型 7	房型 8	房型 9	房型 10	房型 11	小　计
原建房套数	130	195	162	195	227	260	292	194	65	97	130	1947
增加建房套数	9	2	−27	5	7	15	17	−32	24	34	16	70
建房套数	**139**	**197**	**135**	**200**	**234**	**275**	**309**	**162**	**89**	**131**	**146**	**2017**
所占比例%	6.89	9.77	6.69	9.92	11.60	13.63	15.32	8.03	4.41	6.49	7.24	1
满意比例%	6.67	10.00	8.33	10.00	11.67	13.33	15.00	10.00	3.33	5.00	6.67	1

通过计算，得方案Ⅱ的容积率：$R_{Ⅱ}=2.279<2.28$。

回报率：$W_{tz}=25.01\%>25\%$。

可见调整后的方案满足可执行要求。

12.5 模型的检验及进一步讨论

12.5.1 问题一

1. 问题一模型的检验

针对问题一模型，可根据问题三给出的回报率来检验得出的公式是否有效，所以

$$W(\text{回报率})=\frac{ZS(\text{收益})}{Z(\text{成本})}$$

得到方案Ⅰ的回报率 $W=26.11\%>25\%$，能够达到房地产开发的有效值；并且，R(容积率)$=2.275\ 2<2.28$，低于国家规定的最大容积率要求。说明，该模型是能够准确核算相关值的。

2. 问题一模型的进一步讨论

该模型计算步骤相对复杂,考虑的因数较多,能否将开发费用考虑到开发成本中去? 这样一来,计算步骤就极大地简化了。

12.5.2 问题二

1. 问题二模型的检验

针对问题二模型的检验,实际上要考虑以下几个方面:

① 设计的房型希望尽量满足客户的需求,便于参筹者参与,达到融资目的;

② 容积率应该低于国家最大容积率要求。

所以,需要计算满意比例与建房比例的方差 $\delta \approx 0$。建房比例几乎接近满意比例,最大限度满足了客户需求。并且,R_{II}(容积率)$=2.276<2.28$,低于国家规定的最大容积率要求。说明,该模型是能够进行众筹筑屋建房的设计方案。

2. 问题二模型的进一步讨论

该模型在建立中,将规划后的满意比例与各房型建房比例的最小方差确定为目标函数,将各房型城建部门规定的最低、最高套数及容积率设为约束条件,就会出现一个问题:虽然最大限度满足了客户的需求,但是作为房地产开发商,收益的多少是决定投资与否的一个重要因素,如果收益没有达到要求,将不会进行项目开发投资。所以在考虑约束条件时,是否应该将收益作为约束条件?

12.5.3 问题三

1. 问题三模型的检验

针对问题三模型的检验,实际上是对模型二的进一步讨论,得出该方案不能被执行。经过调整,计算出了:

满意比例与建房比例的方差:$\delta \approx 0$。建房比例几乎接近满意比例,最大限度满足了客户需求。

回报率 W_{tz}(回报率)$=25.01\%>25\%$,能够满足回报率下限 25%。

R_{II}(容积率)$=2.279<2.28$,低于国家规定的最大容积率要求。说明,该调整方案是有效的。

2. 问题三模型的进一步讨论

该调整方案中,考虑了将回报率作为一个约束条件,但是,减少了各房型数量,必然会对房屋的利润产生影响,减少了开发商的总利润。是否还可以将总利润作为一个约束条件?

12.6 模型的改进方向

① 通过对模型的进一步检验发现本模型侧重于考虑参筹者的满意度,而有意识地忽略了开发商在最终收益上也要达到最大化。按常理推论只有在最大限度地满足了用户的需求后才能将销售风险降到最低。但这样就限制了房型的套数,进而影响了开发商的最终收益以及土地资源的合理利用。但是,也不可能任由开发商为获得最大收益而不考虑参筹者的满意度。因此,开发商与参筹者之间的平衡点才是方案能否成功执行的关键。

② 在设计方案中,成本随各种房型建设比例而有所变化的主要原因就是土地增值税了。

事实上,土地增值税的核算从很大程度上会影响企业最终收益的大小(企业的最终收益等于售房总收入减去成本再减去国家征收的土地增值税)。目前国家对土地增值税的核算中,普通宅和非普通宅是分开的(如果属于其他类别则按规定将实际发生的成本按照普通宅和非普通宅建筑面积比进行分摊计算),土地增值税是以增值额与扣除项目金额的比率大小按相适用的税率累计计算征收的。增值额与扣除项目金额的比率越大,适用的税率就越高,缴纳的税款就越多。未来的一个改进方向:根据房型的建设成本更精确地计算其土地增值税。

12.7 模型的优缺点分析

12.7.1 模型的优点分析

① 原创性很强,文章中的大部分模型都是自行推导建立的;

② 建立的规划模型能与实际紧密联系,结合实际情况对问题进行求解,使得模型具有很好的通用性和推广性;

③ 模型的计算采用专业的数学软件,可信度较高;

④ 对附件中的众多表格进行了处理,找出了变量之间的许多潜在关系;

⑤ 对模型中涉及的众多影响因素进行了量化分析,使得论文有说服力。

12.7.2 模型的缺点分析

① 建房过程中考虑因素太多,影响盈利额度;

② 顾客满意度调查的权重系数人为确定,缺少理论依据;

③ 没有很好地把握论文的重心,让人感觉论文有点散。

12.8 模型的推广

① 本模型建模清晰精炼,可读性强,可行性高。

② 本模型考虑了影响方案分配合理性的各种因素及其限制,兼顾近期目标和远期目标,在此基础上使用加权转化,考虑到了两目标之间的相互关系和影响。

③ 求解算法发挥了最优化软件 MATLAB 的计算优势,准确高效,且得到的解既准确又便于分析。

④ 模型贴近实际,适用于各种资源的优化配置,在企业资源、水资源分配及其他递阶层次资源配置中,有着广泛的通用性和借鉴意义,值得推广。

12.9 小 结

本章选取的案例在乙组竞赛中非常典型,其获奖的主要原因不是模型有多高深,而是就从实际问题出发,踏踏实实地将题目的要求计算出来。所以,当拿到数模竞赛问题时,参赛者要首先判断题目的要求点、考查点、突破点、竞争点(拉开差距的地方),然后确定思路,一步一步完成。

参考文献

[1] 卓金武. MATLAB 在数学建模中的应用[M]. 北京:北京航空航天大学出版社,2014.
[2] 司守奎. 数学建模算法与应用[M]. 北京:国防工业出版社,2015.
[3] 景亚平. 房地产会计[M]. 北京:机械工业出版社,2013.

第 13 章

风电场运行状况分析及优化研究(CUMCM 2016D)[①]

13.0 摘　要

风能作为一种清洁能源，越来越受到世界各国的重视。本章以某风电场为研究对象，依据国家对风力发电与资源评估的相关标准，采用大数据信息挖掘和数据拟合技术，建立通用指标体系和整数规划模型，对风电场的运行状况进行了细致分析及优化研究。

针对问题一，首先利用 SPSS 软件对全年数据进行探索性分析。接着分别选择以自然风速和蒲福风力等级划分风速区间，进行数据分类。然后依据国家电力技术标准汇编相关标准，确定指标体系。最后分别从月份和全年两方面评估该风电场风能资源与利用情况：如冬季平均风速最大(6.21 m/s)，夏季平均风速最小(5.29 m/s)，12 月的风功率密度最大(222 W/m^2)，8 月的风功率密度最小(81.3 W/m^2)，各月湍流强度的变化范围为 0.42～0.54 等，这些为问题三安排维修保养任务提供参考依据。从全年来看，该风场具有较好的风能资源，为理想的风电场建设区，如该风电场的年平均风速为 5.667 m/s，风力主要是 3～4 级，年平均风能密度为 157.9816 W/m^2，且全年风速超过 3 m/s 的累计小时数为 7488，所占比例为 85.47％等。然而风能资源指标利用效能比率仅为 29.79％，说明该风电场需进一步优化设计方案，以提高资源利用率。

针对问题二，首先作定性分析，从五种机型的切入风速、额定风速和额定功率三方面考察，在不考虑造价的情况下，Ⅰ号机型最合适，Ⅲ号机型其次，Ⅱ号机型最不适合。然后作定量分析，利用 MATLAB 对机型Ⅰ与机型Ⅱ的数据进行拟合，得到功率随风速的二次函数，从而方便预估新机型的输出功率与总电量。通过整合典型风机信息，还得到各自在不同时刻的风速分布，为后期更换新型风机提供参考依据。

针对问题三，首先明确任务总量，接着运用由局部到整体的设计思想，采用枚举法确定：最小循环周期为 6 天，每月最大维修数量为 36 台。以每月停机造成的输电总量最小为目标函数，以完成任务总量等为约束条件建立整数规划模型，运行结果是 6 月～12 月满排，其余月份为 0。考虑到维护风机可能遇到恶劣天气、维修人员的工作状态等情况，进行模型优化与求解。最后的检验显示模型优良，结果参考价值高。

本案例的优点在于充分发挥 Excel、SPSS、MATLAB 对不同数据的处理优势，快速、准确地完成了数据的加工处理；设计排班方案时化繁为简的思想运用恰当，操作简便，易推广。

---

① 本章是根据 2016 年获得乙组“MATLAB 创新奖”的论文整理而成的。获奖高校：海军蚌埠士官学校，获奖人：刘苏生、祝王缘、王柏熙，指导老师：教练组。竞赛原题见附件 B。

13.1　问题的提出

13.1.1　问题背景

目前,大规模利用风能、太阳能等可再生能源已成为世界各国的重要选择。风能是可再生能源中发展最快的清洁能源,开发可再生能源与提高能源使用效率相结合,将对全球经济发展、解决贫困人口的能源问题、减少温室气体排放等作出重大贡献。

13.1.2　问题重述

风能是一种最具活力的可再生能源,风力发电是风能最主要的应用形式。我国某风电场已先后进行了一、二期建设,现有风机 124 台,总装机容量约 20 万千瓦。请建立数学模型,解决以下问题:

问题一:附件 1 给出了该风电场一年内每隔 15 分钟各风机安装处的平均风速和风电场日实际输出功率。试利用这些数据对该风电场的风能资源及其利用情况进行评估。

问题二:附件 2 给出了该风电场几个典型风机所在处的风速信息,其中 4#、16#、24# 风机属于一期工程,33#、49#、57# 风机属于二期工程,它们的主要参数见附件 3。风机生产企业还提供了部分新型号风机,它们的主要参数见附件 4。试从风能资源与风机匹配的角度判断新型号风机是否比现有风机更为合适。

问题三:为满足安全生产需要,风机每年需进行两次停机维护,两次维护之间的连续工作时间不超过 270 天,每次维护需一组维修人员连续工作 2 天。同时风电场每天需有一组维修人员值班以应对突发情况。风电场现有 4 组维修人员可从事值班或维护工作,每组维修人员连续工作时间(值班或维护)不超过 6 天。请制订维修人员的排班方案与风机维护计划,使各组维修人员的工作任务相对均衡,且风电场具有较好的经济效益,试给出你的方法和结果。

13.2　问题的分析

13.2.1　预备知识

风能是可再生的清洁能源,储量大、分布广,但它的能量密度低(只有水能的 1/800),并且不稳定。在一定的技术条件下,风能可作为一种重要的能源得到开发利用。风能利用是综合性的工程技术,通过风力机将风的动能转化成机械能、电能和热能等。

风功率密度:与风向垂直的单位面积中风所具有的功率。

风能密度:在设定时段与风向垂直的单位面积中风所具有的能量。

极大风速:给定时段内的瞬时风速的最大值。

平均风速:给定时间内瞬时风速的平均值,给定时间从几秒到数年不等。

风速分布:用于描述连续时限内风速概率分布的分布函数。

变差系数:又称离差系数,是一个表示标准差相对于平均数大小的相对量,其公式为:变差系数=标准差/平均值。

湍流强度:描述风速随时间和空间变化的程度,反映脉动风速的相对强度,是描述大气湍流运动特性的最重要的特征量。

蒲福风力级就是用数字(1～17)描述风力的风级表。

13.2.2 问题的分析

针对问题一，首先利用 SPSS 软件对数据进行预处理，将离群点数据进行剔除。再依据处理后的数据，确定选取平均风速、风功率密度、风速频率、有效风能密度、湍流强度等指标对该风电场的风能资源进行评估。最后，从整体与局部两方面进行计算评估，并采用与科学数据进行对比的方法，使模型评估的合理性有一个较大的提升。论文选取了理论总发电量、实际总发电量、利用效能比率及有效风时比率这四个参数来评估风电场风能资源利用情况。

针对问题二，首先对五种机型作定性分析处理，分析五种机型在切入风速、额定风速、额定功率的不同点，并选这三项为指标。然后根据附件 3 所给的数据利用 MATLAB 对机型Ⅰ与机型Ⅱ风速与功率的实测数据进行拟合，并根据拟合的方程对五种机型的实际功率进行定量分析，进一步得到五种机型的优缺点，从而确定新型风机是否比现有风机更为合适。

针对问题三，在约束条件下，需重点利用好效益较好月份的发电，而维修保养可多安排在效益较差的月份，以提高资源利率。同时考虑到风电场现有 4 组维修人员可以从事值班与维修工作，且每组维修人员连续工作不超过 6 天，因此建立整数规划模型，以 6 天为一个周期进行工作满排，使资源利用率达到最高。但这样的模型过于机械且缺乏人性化。因此，可以多考虑环境、人员的出勤率等实际情况对模型的影响，建立优化整数规划模型，使维修时间尽可能地平均分配在每月。

13.3 模型的假设与符号说明

13.3.1 模型的假设

假设 1：该题中所给的空气密度 0.976 2 kg/m^3 为平均值。

假设 2：忽略极端天气对风力发电组的影响。

假设 3：忽略该风电场的海拔高度对风力发电的影响。

假设 4：每台机组之间的纵横间距合理。

假设 5：各组维修人员无明显的工作能力差异。

13.3.2 符号说明

符号及说明如表 13-1 所列。

表 13-1 主要符号及说明

序　号	符　号	符号说明
1	D_{wp}	风功率密度
2	F_{v_i}	风速为 v_i 时的风速频率
3	D_{WE}	风能密度
4	r_i	利用效能比率
5	μ	有效时间比重

注：在具体的模型中，将对符号进行分别说明。

13.4　模型的建立与求解

13.4.1　问题一

问题一的建模思路如图 13－1 所示。

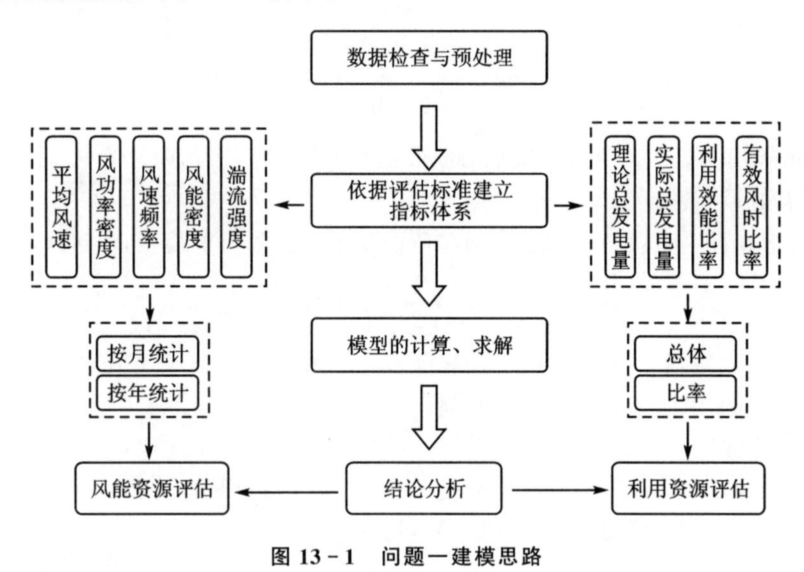

图 13－1　问题一建模思路

1. 风能资源评估

(1) 数据检查与预处理

本文选 2015 年为代表年,根据附件 1 提供的一年的风速、功率及相关数据来评估该风电场的风能资源及其利用情况。

首先利用 SPSS 对所有数据按月进行探索性分析,发现代表年 3 月 30 日 06:00 数据缺失、9 月 27 日 17:00 录入错误等一些人为失误。对此,本文利用排除个案法,对原始数据进行分析,得到各月的极大风速、中位数、离差系数、偏离系数。从风速的各月数据分布的盒状图来看,大部分月的数据都存在离群点,它们表明风速的变化在一定范围内存在较大波动。

(2) 构建指标体系

依据国家发展和改革委员会印发的《全国风能资源评价技术规定》,本文根据所给数据情况,确定选取平均风速、风功率密度、风速频率、风能密度、湍流强度等对某地区的风能资源进行评估。

指标一:平均风速

平均风速为

$$\bar{v}=\frac{1}{n}\sum_{i=1}^{n}v_i$$

式中,n 为在设定时段内的记录数;$\bar{v}$ 为设定时段内的平均风速;v_i 为第 i 次记录的风速值。

指标二:风功率密度

风功率密度指与风向垂直的单位面积中风所具有的功率。风功率密度蕴含着风速、风速频率分布和空气密度的影响,是衡量风电场风能资源的综合指标。设定时段的平均风功率密

度 D_{wp} 的表达式为

$$D_{wp}=\frac{1}{2n}\sum_{i=1}^{n}\rho v_i^3$$

式中，n 为在设定时段内的记录数；ρ 为空气密度，0.9762 kg/m^3；v_i^3 为第 i 次记录的风速值的立方。

指标三：风速频率

风速频率的计算公式为

$$f_{v_i}=\frac{T_{v_i}}{T}$$

式中，T_{v_i} 表示风速为 v_i 的时间；T 表示时间段的总时间；f_{v_i} 表示风速为 v_i 时的风速频率。

指标四：有效风能密度

风能密度指在设定时段与风向垂直的单位面积中风所具有的能量，表达式为

$$D_{WE}=\frac{1}{2}\sum_{j=1}^{m}\rho v_j^3 t_j$$

式中，m 为风速区间数目；ρ 为空气密度；v_j^3 为第 j 个风速区间的风速值的立方；t_j 为某扇区或全方位第 j 个风速区间的风速发生的时间。

指标五：湍流强度

湍流强度指描述风速随时间和空间变化的程度，反映脉动风速的相对强度，是描述大气湍流运动特性的最重要的特征量。湍流强度的表达式为

$$I_T=\frac{\sigma}{\bar{v}}$$

式中，σ 为风速标准偏差；$\bar{v}$ 为平均风速。

(3) 各月风能资源评估

根据确定的指标，对预处理后的数据进行计算可以得到如表 13－2 所列的各月指标值。由此表可知：1 月、2 月、9 月、12 月平均风速较大，均大于 6 m/s；冬季（12—2 月）平均风速最大为 6.21 m/s；春季（3—5 月）与秋季（9—11 月）风速比较接近，均为 5.57 m/s；夏季风速最小为 5.29 m/s。

表 13－2　各月指标值

月　份	1	2	3	4	5	6	7	8	9	10	11	12
平均风速/(m·s^{-1})	6.03	6.52	5.45	5.59	5.80	5.89	5.34	4.64	6.04	5.31	5.33	6.13
平均风功率密度/(W·m^{-2})	170	219	138	166	172	178	118	79	181	125	137	218
风能密度/(W·m^{-2})	170	218	138	166	175	177	117	79	181	125	137	217
湍流强度	0.44	0.45	0.46	0.53	0.50	0.48	0.42	0.43	0.45	0.46	0.51	0.54

同时，对数据进行分析发现：12 月的风功率密度最大，为 222 W/m^2；8 月的风功率密度最小，为 81.3 W/m^2。该风力电厂在冬季的理想发电量最大。

湍流强度反映出风速的稳定性，通过分析得到 7、8 月的风速月差距不大，即最为稳定，此时比较适合风力发电机工作。绘制代表年的各月平均风功率密度和各月平均风速变化曲线，如图 13－2 所示。

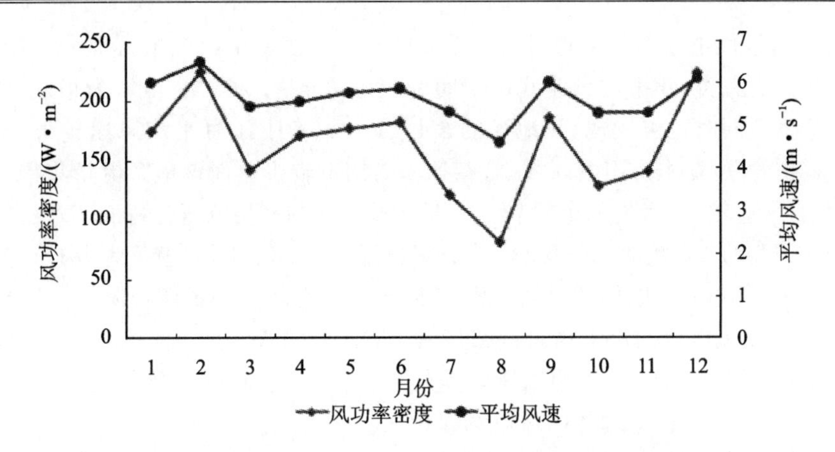

图 13-2　各月平均风功率密度和平均风速变化曲线

通过图 13-2 可以看出各月平均风功率密度与各月平均风速变化趋势是一致的。春季(3—5 月)的变化幅度最小，风较为平缓；夏季(6—8 月)的变化幅度最大。

再根据蒲福风力级作出代表年的各级风力等级小时数分布图(见图 13-3)和比例图(见图 13-4)。

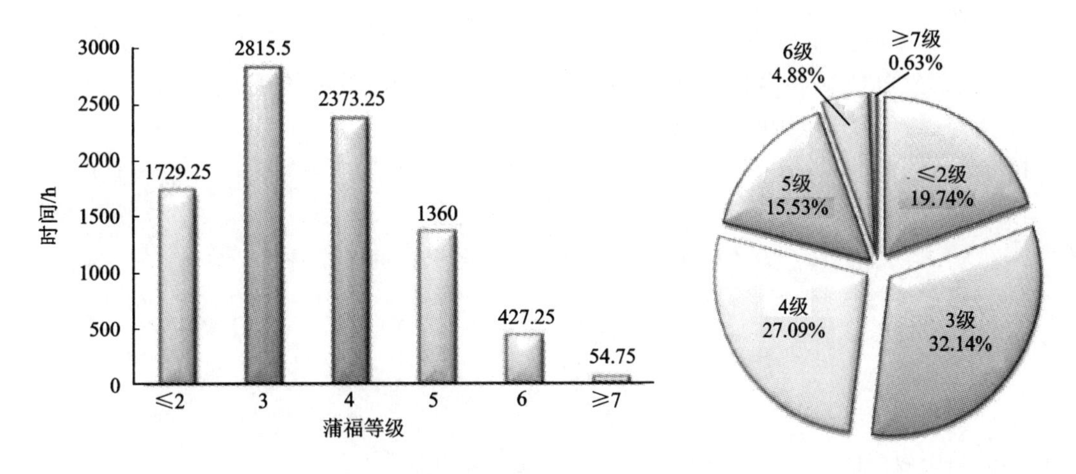

图 13-3　各级风力等级小时数分布图

图 13-4　各级风力等级比例图

由图 13-3、图 13-4 可知代表年中，蒲福风力≤2 级即不可以用于发电的风速频率较少，为 19.74%；且风力多为 3～4 级的温和风，8 级以上会对人们生产生活造成恶劣影响的风很少。

(4) 全年风能资源评估

根据几个指标对该风电场全年风能资源进行评估，可以得到如表 13-3 所列的各项评估指标值和评估结果。

表 13-3　风电场全年风能资源评估

指　标	年平均风速/($m \cdot s^{-1}$)	年平均风功率密度/($W \cdot m^{-2}$)	年平均风能密度/($W \cdot m^{-2}$)	年≥3 m/s 累计小时数/h	蒲福风力级
实际值	5.667	161.27	157.981 6	7 488	3～4 级
参考值	6	150～200	150～200	>5 000	3～4 级
评估	较好	较好	较丰富区	丰富区	较好

据表 13－3，该风电场的年平均风速为 5.667 m/s。根据全国气象台部分风能资料，一般将风电场风况分为三类：年平均风速 6 m/s 时为较好，7 m/s 为好，8 m/s 为很好，所以该风场的风况为较好。但同时也可发现，该地区的 2 月、12 月、9 月、1 月平均风速较大，平均风速大于 6 m/s。一般来说，夏季为用电高峰季，春秋季的用电较少。而该地区电量集中产生在春季与冬季，夏季的风速较小，产生的电量较少。虽然该地区的平均风速有利于风力发电，但季节性比较明显，影响人类的生产生活。据表 13－3，该风电场的年平均风功率密度为 161.27 W/m^2，根据风功率密度等级，可知该风电场的风功率密度等级为 3，有较好的风能资源。

据表 13－3，该风电场的年平均风能密度为 157.981 6 W/m^2，年≥3 m/s 累计小时数为 7 337.5，与参考数据相比较，得该地区风能为较丰富区，具有较好的风能资源，对大型并网型风力发电机组有利用价值，为理想的风电场建设区。

2. 风能利用情况评估

针对风能资源的利用情况，从风力发电机的满载负荷总发电量、风力发电机的实际发电量、利用效能比率、有效风时比率四个指标进行评估。

（1）构建指标体系

1）指标一：风力发电机的满载负荷总发电量

相应公式为

$$w_1 = pnT_1$$

式中，w_1 为总发电量；p 为各机型额定功率；n 为台数；T_1 为有效工作时间。

2）指标二：风力发电机的实际发电量

相应公式为

$$w_2 = \bar{p}t$$

式中，w_2 为实际发电量；$\bar{p}$ 为各风速的平均功率；t 为各风速的工作时间。

3）指标三：利用效能比率

相应公式为

$$\eta = \frac{w_1}{w_2}$$

式中，η 为利用效能比率；w_1 为总发电量；w_2 为实际发电量。

4）指标四：有效风时比率

相应公式为

$$\mu = \frac{T_V}{T}$$

式中，μ 为有效风时比率；T_V 为当风速≥3 m/s 时，有效工作时间；T 为总工作时间。

（2）利用情况的评估

对以上指标进行计算可以得到表 13－4 所列的计算结果。

表 13－4 资源利用情况表

	总发电量/(kW·h)	实际发电量/(kW·h)	利用效能比率	有效风时比率
计算结果	149.103 3 10^8	33.533 8 10^8	29.79%	85.47%

查阅资料可知,我国的风力发电机一般利用效能比率为 30%,与我们的计算结果接近。这一指标与世界一般水平 38%存在一定的差异,因此,该风电场可以采取一些措施提高风力发电机的利用效率,比如采用多台发电机联合运行发电等。

13.4.2　问题二

题中给出了该风电场几个典型风机所在处的风速信息,要求从风能资源与风机匹配角度判断新型号风机是否比现有风机更为适合。从定性和定量两个角度分别研究,给出了如图 13-5 所示的建模思路图。

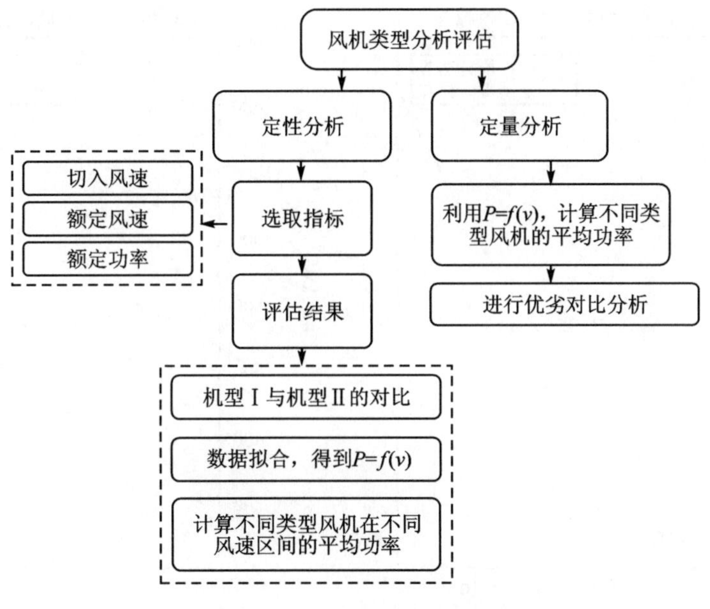

图 13-5　问题二建模思路图

1. 定性分析

将五种机型进行对比,为了使风能资源利用效能较高,要求风机的切入风速与额定风速越小越好,额定功率越大越好。为便于比较,对五种机型的主要参数进行整理,得到的主要参数列表如表 13-5 所列。

表 13-5　五种机型的主要参数

风机型号	Ⅰ	Ⅱ	Ⅲ	Ⅳ	Ⅴ
切入风速/($m \cdot s^{-1}$)	3	3.5	3	3	3
额定风速/($m \cdot s^{-1}$)	11	11.5	10.5	11	11.5
切出风速/($m \cdot s^{-1}$)	25	25	25	25	25
额定功率/k·W	2 000	1 500	1 500	1 500	1 500
风机数量/台	25	99			

对各种机型的参数进行分析可发现:机型Ⅰ、Ⅲ、Ⅳ、Ⅴ的切入风速相同,机型Ⅱ的切入风速最大,机型Ⅲ的额定风速最小。但通过对功率进行分析可知,当风速为 10.5 m/s 时,机型Ⅰ的输出功率为 1 730.77 kW,仍大于其余四种机型的额定输出功率。确定机型Ⅰ的切入风速也一样较为优质,且机型Ⅰ的额定功率最大,由此可以推断出,机型Ⅰ适合保留使用。

其次，将机型Ⅱ与机型Ⅲ、机型Ⅳ、机型 V 分别进行对比分析，四种机型的额定功率相同，机型Ⅲ、Ⅳ、Ⅴ的切出风速相同且都小于机型Ⅱ的切入风速，因此通过额定风速进行分析，得到机型Ⅲ的额定风速最小，且在切入风速、额定风速、额定功率上均优于型号Ⅱ，可以考虑用型号Ⅲ代替型号Ⅱ。

总之，在不考虑造价的情况下，机型Ⅰ最合适，机型Ⅲ其次，机型Ⅱ最不合适。

2. 定量分析

通过 MATLAB 分别对两种机型风速与功率的实测数据进行指数拟合和二次拟合，拟合图像如图 13－6 和图 13－7 所示，程序见 P13－1。

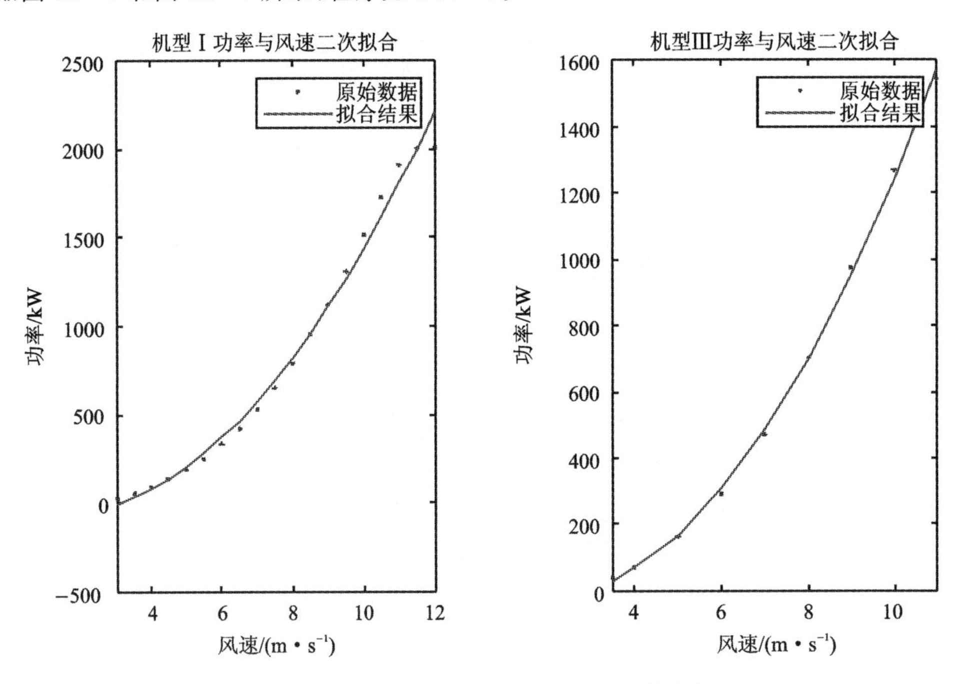

图 13－6　两种机型风速与功率的二次函数拟合图

程序编号	P13－1	文件名称	P13a_modelFit. m	说明	风速与功率的拟合

```
%% P13-1
clc, clear, close all
%%机型Ⅰ模型
x1=[3 3.5 4 4.5 5 5.5 6 6.5 7 7.5 8 8.5 9 9.5 10 10.5 11 11.5 12]';
y1=[27 56.41 96.76 140.10 191.13 254.97 335.13 423.64 527.61 650.08 789.66 951.86...
1120.18 1308.91 1516.25 1730.77 1912.29 2003.52 2010]';
% cftool %也可以调用工具箱分别对数据进行二次拟合与指数拟合
%二次形式
p1 = polyfit(x1,y1,2);
f1 = polyval(p1,x1);
%指数形式拟合
ft = fittype( 'a*x.^b+c', 'independent', 'x', 'dependent', 'y' );
opts = fitoptions( 'Method', 'NonlinearLeastSquares' );
opts.Display = 'notify';
opts.StartPoint = [0.1 0.9 0.6];
[fitobject1,gof1,output1] = fit( x1, y1, ft, opts );
fitobject1 %显示拟合结果
```

```
%%机型Ⅲ模型
x3=[3.5 4 5 6 7 8 9 10 11]';
y3=[40 74 164 293 471 702 973 1269 1544]';
% cftool %也可以调用工具箱分别对数据进行二次拟合与指数拟合
%二次形式拟合
p3 = polyfit(x3,y3,2);
f3 = polyval(p3,x3);
%指数形式拟合
ft3 = fittype( 'a*x.^b+c', 'independent', 'x', 'dependent', 'y' );
opts = fitoptions( 'Method', 'NonlinearLeastSquares' );
opts.StartPoint = [0.1 0.9 0.6];
[fitobject3,gof3,output3] = fit( x3, y3, ft3, opts );
fitobject3 %显示拟合结果

%%展示结果
%展示两机型二次拟合结果
subplot(1,2,1)
plot(x1,y1,'.'), hold on;
plot(x1,f1);
xlabel( '风速'); ylabel( '功率' );
title('机型Ⅰ功率与风速二次拟合')
legend( '原始数据','拟合结果');

subplot(1,2,2)
plot(x3,y3,'.'), hold on;
plot(x3,f3);
xlabel( '风速'); ylabel( '功率' );
title('机型Ⅲ功率与风速二次拟合')
legend( '原始数据','拟合结果');

%展示两机型指数拟合结果
figure
subplot(1,2,1)
% plot(x1,y1,'.'), hold on;
h1 = plot( fitobject1, x1, y1 );
xlabel( '风速'); ylabel( '功率' );
title('机型Ⅰ功率与风速指数拟合')%
legend( h1, '原始数据','拟合结果');

subplot(1,2,2)
% plot(x3,y3,'.'), hold on;
h3 = plot( fitobject3, x3, y3 );
xlabel( '风速'); ylabel( '功率' );
title('机型Ⅲ功率与风速指数拟合')
legend( h3, '原始数据','拟合结果');
```

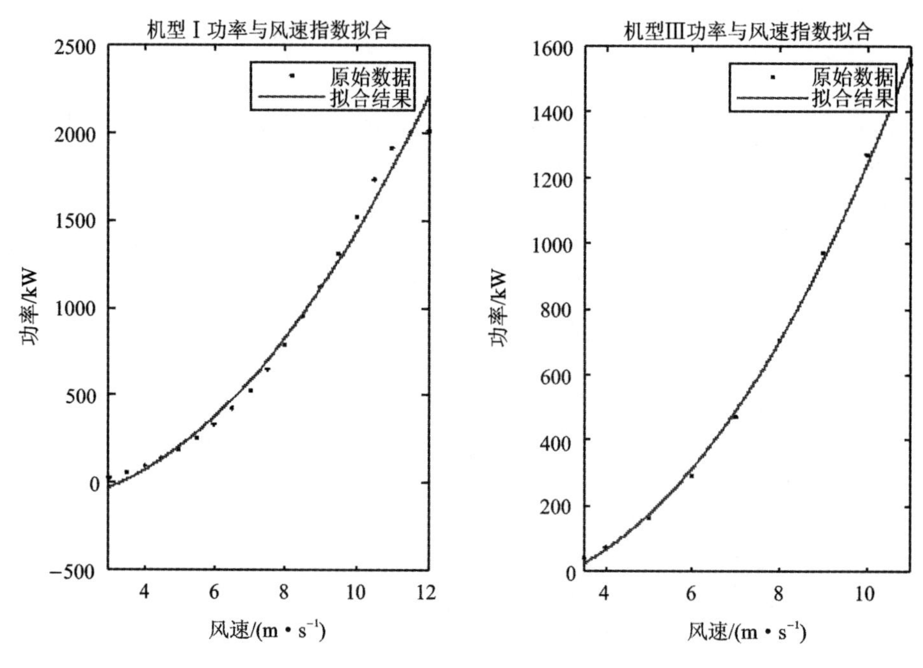

图 13-7　两种机型风速与功率的指数函数拟合图

为便于比较，将拟合的结果整理于表 13-6 中。经比较，可认为两种机型的风速与功率二次拟合效果更优。这一结果方便在不同地理位置条件下预估机型Ⅲ、机型Ⅳ、机型Ⅴ的输出功率与总电量。

表 13-6　拟合后的函数关系式、可决系数、均方根

拟合曲线	类　别	函数关系式	可决系数 R^2	均方根 RMSE
二次拟合	机型Ⅰ	$y=20.3x^2-58.28x-1276$	0.990 6	73.13
	机型Ⅱ	$y=18.92x^2-69.24x+42.85$	0.999	20.04
指数拟合	机型Ⅰ	$y=10.32x^{2183}-139.8$	0.99	75.37
	机型Ⅱ	$y=6.239x^{2329}-90.91$	0.998 2	23.22

注：可决系数是综合度量回归模型对样本观测值拟合的度量指标，可决系数越大，拟合程度越高。均方根用来衡量观测值同真值之间的偏差。

对机型Ⅰ、机型Ⅱ的年平均风速和日平均功率进行计算，发现机型Ⅰ的日平均功率大于机型Ⅱ的日平均功率，即机型Ⅰ优于机型Ⅱ（见表 13-7）。由于机型Ⅱ和机型Ⅲ的参数基本相同，因此拟合风速和功率的函数关系时机型Ⅲ与机型Ⅱ的拟合函数相同。与机型Ⅱ相比较，机型Ⅲ具备较小的切入风速，即当风速达到 3.0 m/s 时就开始工作。机型Ⅲ的额定风速小于机型Ⅱ的额定风速，即当风速达到 10.5 m/s 时就可达到额定功率。由于在现有的风机中机型Ⅱ的数量较多，所以可以考虑用机型Ⅲ去代替机型Ⅱ。

利用 Excel 对附件 2 数据进行提取与加工，得到 6 种典型风机在不同时刻的风速范围的全年累计情况表（见表 13-8），为后期更换新型风机提供参考依据。

表 13-7　机型Ⅰ、Ⅱ的参数对比

风机号	年平均风速/(m·s^{-1})	年平均功率/kW	年平均功率合计/kW
4#	6.322 763	430.289 1	1 132.148
16#	6.065 452	380.576 5	
24#	5.738 476	321.282 8	
33#	5.646 089	255.052 6	917.601 8
49#	6.080 231	321.312 2	
57#	6.202 358	341.236 9	

表 13-8　典型风机风速范围统计表

次数 \ 风速范围	3	3～3.5	3.5～10.5	10.5～11	11～11.5	11.5 以上
4#	626	226	3079	93	104	252
16#	762	226	2952	83	97	260
24#	838	296	2905	63	68	210
33#	854	293	2957	78	54	144
49#	814	237	2911	76	67	275
57#	821	219	2841	76	76	347

13.4.3　问题三

问题三的建模思路如图 13-8 所示。

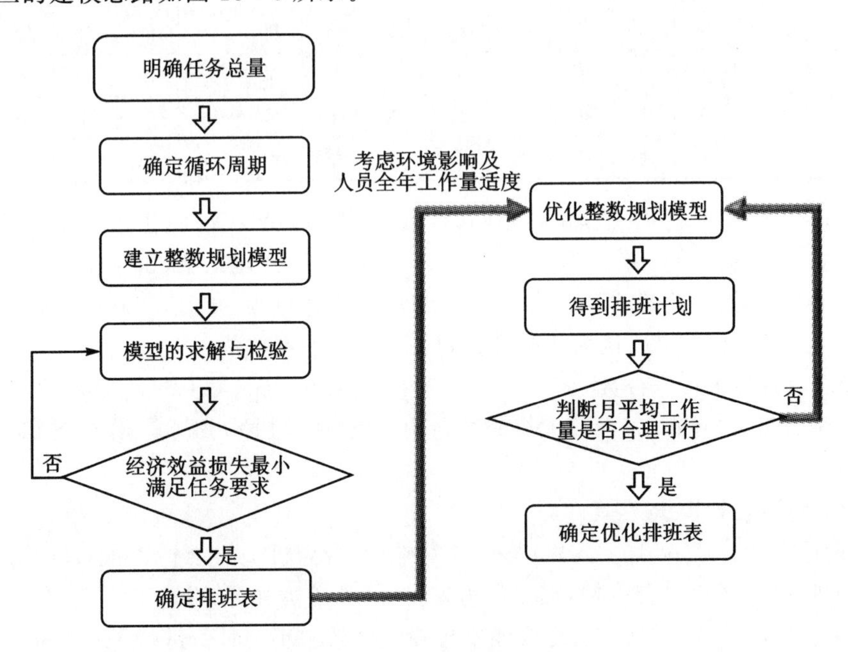

图 13-8　问题三建模思路

1. 任务分析

明确任务总量：维修风机 124×2 台(风机每年需停机两次进行维护)和全年值班 365(366)天。

2. 整数规划模型

(1) 根据条件确定最小循环周期

考虑到该风电场共有 4 组人员可从事值班或维护工作，符合要求的排班方案主要满足以下 4 点：

① 每组维修人员连续工作时间不超过 6 天；

② 各组维修人员的工作任务相对均衡；

③ 每组的工作量尽量饱满，在这里以各组工作的天数来衡量；

④ 排班的方案具有周期性，便于操作。

因为每组维修人员连续工作时间不超过 6 天，在这里以 6 天为一个周期，利用枚举法对排班情况进行排列。以 24 天的排班计划为例，如表 13－9 所列。第 1～2 天，安排 1 个组值班，3 个组维修；第 3～6 天，每天 1 个组轮流休息，2 个组维修，1 个组值班。

表 13－9　24 天的排班方案

工作组	天数											
	1	2	3	4	5	6	7	8	9	10	11	12
1 组	维	维	休	值	维	维	值	值	休	值	维	维
2 组	维	维	值	休	维	维	维	维	值	休	维	维
3 组	维	维	维	维	休	值	值	值	值	维	休	值
4 组	值	值	维	维	值	休	维	维	维	维	值	休

工作组	天数											
	13	14	15	16	17	18	19	20	21	22	23	24
1 组	维	维	休	值	维	维	维	维	休	值	维	维
2 组	值	值	值	休	维	维	维	维	值	休	维	维
3 组	维	维	维	维	休	值	值	值	维	维	休	值
4 组	维	维	维	维	值	休	维	维	维	维	值	休

从表中可以看出，每组的工作量均相同，维修 14 天，值班 6 天；每组连续工作的天数均没有超过 6 天；4 个小组总的工作量为：(14＋6)×4＝80(天)。理论上，由于维修人员连续工作时间不超过 6 天，因此每组最少要休息 3 天，4 组的总工作量为 84 天，实际的工作量达到了理论工作量的 95％以上，即可以认为此排班计划符合模型的期望值。

(2) 确定每月最大维修台数

基于排班方案，经计算，每月最大维修数量为 36 台时，维护人员的工作任务相对均衡且工作量饱满。

(3) 建立整数规划模型

① 在大月(1、3、5、7、8、10、12 月)每月可安排 36 台风机进行维护，在小月(4、6、9、11 月)每月可以安排 35 台风机进行维护，在 2 月可安排 28 台风机进行维护。

② 在保证经济效益的基础上，尽可能安排在经济效益小的月份进行风机维护。即以代表年各月每台风力发电机 2 天输出的平均电量为衡量标准，尽可能使因维修而损失的电量最小。

建立工作分配整数规划模型如下：

目标函数：$\min\sum_{i=1}^{12} Q_i \cdot X_i$

约束条件：$\begin{cases}\sum_{i=1}^{12} X_i = 248 \\ X_i \geqslant 0 \\ X_i \leqslant 36(i=1,3,5,7,8,10,12) \\ X_i \leqslant 35(i=4,6,9,11) \\ X_i \leqslant 28(i=2) \\ X_i \in \mathbf{Z}\end{cases}$

式中，X_i 为第 i 月风机工作的数量；Q_i 为第 i 月的每台风力发电机 2 天输出的平均电量。

利用 MATLAB 软件对整数规划模型进行求解(程序见 P13－2)，并将结果整理在表格中(见表 13－10)。

程序编号	P13－2	文件名称	P13b_que3Solver.m	说明	整数规划模型的求解程序

```
%% P13-2
%问题三整数规划模型的求解程序
clc, clear, close all
f=[19.55; 19.16; 14.08; 14.31; 15.53; 11.10; 7.28; 7.13; 11.13; 9.55; 10.56; 13.77];
intcon=1:12;
A=[];
b=[];
lb=zeros(1,12);
ub=[36, 28, 36, 35, 36, 35, 36, 36, 35, 36, 35, 36];
Aeq=ones(1,12);
beq=248;
x = intlinprog(f,intcon,A,b,Aeq,beq,lb,ub)
```

表 13－10　整数规划模型结果

月　份	1	2	3	4	5	6	7	8	9	10	11	12
维修风机数量/台	0	0	0	0	0	35	36	36	35	36	35	35

两次维护之间的连续工作时间不超过 270 天，所以对所有风机进行编号处理，同时不考虑风机的型号差异、所处位置及维修困难等。

1 月、12 月排班计划如表 13－11 和表 13－12 所列。

表 13－11　1 月排班计划

	一　组	二　组	三　组	四　组	小　计
休息/天	24	23	23	23	93
值班/天	7	8	8	8	31
维护风机/天数	0	0	0	0	0
小计/天	31	31	31	31	124

表 13-12　十二月排班计划

	一　组	二　组	三　组	四　组	小　计
休息/天	6	5	6	6	23
值班/天	9	8	7	7	31
维护风机/天数	16	18	18	18	70
小计/天	31	31	31	31	124

3. 模型的优化

整数规划模型的建立只考虑了最大经济效益，对人员维修的安排太过饱满，没有考虑到环境、人员的出勤率等实际情况对模型的影响，具有片面性。所以对上述模型进行改进，使维修时间尽可能地平均分配在每月。每年维修的工作量一定，以 6 天为一个排班周期，在满排的情况下，一个周期可以维修 7 台风机，考虑到可能会发生意外情况，于是在完成工作总量的前提下，将每个排班周期维护风机的台数减少到 5 台，并使每月维护风机的最大台数为 24 台，对工作分配整数规划模型进行优化。

目标函数：$\min\sum_{i=1}^{12} Q_i \cdot X_i$

约束条件：$\begin{cases}\sum_{i=1}^{12} X_i = 248 \\ X_i \geqslant 0 \\ X_i \leqslant 24 \\ X_i \in \mathbf{Z}\end{cases}$

利用 LINGO 软件对优化后的整数规划模型进行求解，并将结果整理在表 13-13 中。

表 13-13　优化模型结果

月　份	1	2	3	4	5	6	7	8	9	10	11	12
维修风机数量/台	4	4	24	24	24	24	24	24	24	24	24	24

随即得到各组全年工作安排表，如表 13-14 所列。改进的模型在保证完成工作总量的基础上，将维修时间较均匀地分配在 3—12 月，发电总量较大的 1 月和 2 月里尽可能地少安排维护工作，所以此模型更加合理。

表 13-14　各组全年工作安排表

	维修台数	维修天数	休息天数	小计(天数)
一组	62	215	150	365
二组	62	216	149	365
三组	62	215	150	365
四组	62	215	150	365
小计	248	861	599	1460

13.5　误差的分析与改善

13.5.1　误差的分析

误差包括在仪器采集测量数据时产生的误差,录入采集到的数据时存在的错误,在数据检查与预处理时忽略离群点而造成的数据不全,以及处理数据时保留的小数位数的差别。

13.5.2　误差的改善

误差的改善包括:定期升级仪器设备,提高仪器的测量精度;录入采集到的数据时,尽量选择细心并且责任心较强的员工进行此项工作,并指派专人进行检查。

在进行数据检查时,及时发现错误,对录入有误的数据进行修正补全,保证数据的完整;处理数据时尽量多保留几位小数,提高数据的精确度。

13.6　模型的评价与推广

13.6.1　模型的评价

优点:

① 灵活运用多种软件,充分发挥各自优势。SPSS 可对数据作探索性分析,MATLAB 可用于数据的曲线拟合、优度检验、整数规划,LINGO 可解决整数规划问题,Excel 用于常规数据处理及任务分配时的自动填涂等。

② 有效运用由局部到整体的思想。资源评估由月到年,设计工作任务由最小循环周期到月最小任务量再到全年计划任务分配等,问题研究化繁为简、思路清晰、层次明显。

缺点:模型的个别参数是在理想状态下建立的,具有一定的局限性。

13.6.3　模型的推广

本文在评估风场资源与利用效能情况过程中采用的技术与方法,可推广到类似水资源、光能源等评价研究中;构建整数规划模型的思想和方法,具有有效性高、适用范围广的特点,不仅适用于人力资源的配置,而且适用于考察评估场地建设、硬件设施更新扩展等方面,同时适用于各基地、各院校的排课系统等。

13.7　小　结

本案例的特点是包含了数据建模、优化、评价三种建模方法。数据建模是基础,通过数据拟合得到主要变量的数学表达式,然后建立排班的规划模型。MATLAB 和 LINGO 都具有整数规划求解功能,MATLAB 的优势是可以将规划模型与数据建模结合起来,而且代码更简洁。本案例后面对问题做了进一步的探讨,读者也可以借鉴本章介绍的思路,进一步完善,并体验求解模型的过程,相信会得到更深刻的体会和认识。

参考文献

[1] 朱瑞兆. 我国风能资源[J]. 太阳能学报,1981.

[2] 高春香. 风能资源评估的参数计算和统计分析方法研究[D]. 兰州:兰州大学,2008.

[3] 孙国龙. 塞罕坝林场风能资源与开发利用[J]. 安徽农学通报,2016.

[4] 韩中庚. 数学建模方法及其应用[M]. 北京:高等教育出版社,2009.

[5] 中华人民共和国国家质量监督检验检疫总局. 风电场风能资源测量方法:GB/T 18709—2002[s]. 北京:中国标准出版社,2002.

[6] 风功率密度及风能区域等级[EB]. [2015-01-06]. http://wenku. baidu. com/link? url = 7II3abVz87L8oj4A5XabWrHODyVEF22hvtTai5Ikx M0aB8 OcqMZATlf6nOa04UyNvn5iwM4sgMFYy_dZR8qcZD9iohxI4B_eGXio6fIqcVi

第四篇　赛后重研究篇

本篇主要针对数学建模竞赛的赛后重研究部分，介绍 MATLAB 可以做的工作。MATLAB 的 Simulink 具有系统仿真功能，将数学模型移植到 Simulink 仿真平台上，不仅可以仿真出模型的实际运行情况，还有助于发现模型的不足，从而不断改进模型。待仿真系统达到产品级别后，还可以利用 MATLAB 代码生成和嵌入式产品开发技术将数学模型转化成产品。本篇主要介绍 MATLAB 的模型转产品实现流程和技术。

第 14 章

MATLAB 基于模型的产品开发流程

近年来，全国大学生数学建模组委会为了鼓励将赛题作深入研究和应用推广，设置了数学建模赛题后续研究项目，并且给予一定的资金支持。提交的研究报告内容分为两部分：第一部分是对相应赛题现有解决方案不足的分析；第二部分是新的解决方案，以及新方案的优点、长处。MATLAB 的功能不仅限于模型的建立和求解，其 Simulink 相关的工具箱可以将模型转化成产品，在模型转化成产品的过程中可以强化模型的提升和改进，并可生成模型的应用产品原型。这对于提升模型的应用，得到更实用的模型和解决方案是非常有帮助的。本章主要介绍 MATLAB 的将模型转化成产品的技术。

14.1 Simulink 简介

Simulink 是 MATLAB 软件中另一个重要组成部分，用于依据控制论和系统论对系统进行建模。这里的系统一般是动态的，具有随时间变化的输入、输出和状态。可以通过系统框图描述系统的数学模型，通常是一组数学方程。Simulink 就是一种运用系统框图进行数学建模的工作环境，它同时支持系统的仿真、自动代码生成以及持续的测试和验证。

在 MATLAB 命令窗口键入 simulink（见图 14－1），或者单击菜单栏 HOME 中的 Simulink 按钮，都可以弹出 Simulink 起始界面。在 Simulink 起始界面中选择 Blank Model，就能够打开 Simulink 编辑器，创建一个新的 Simulink 图形化模型。

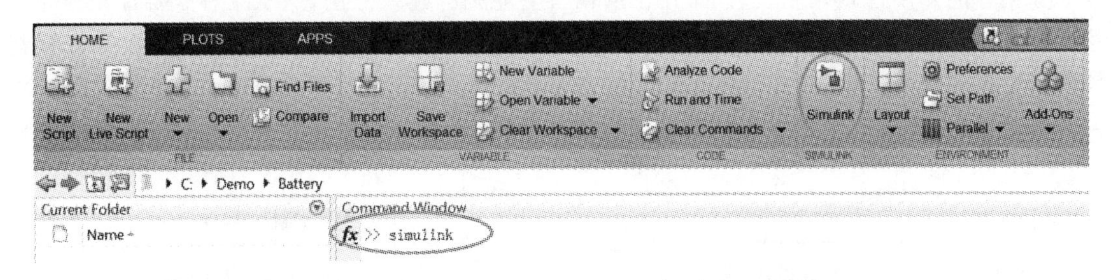

图 14－1　在 MATLAB 中打开 Simulink 编辑器

Simulink 提供了大量自带的或者可自定义的模块库，其求解器支持各种连续或离散时间的动态系统仿真。Simulink 可以与 MATLAB 无缝集成，不仅能够将 MATLAB 算法融合到模型中，还能将仿真结果导出至 MATLAB 作进一步分析。

Simulink 常用于各种机械、热力、电子、电气、流体等自动控制系统的建模，其特点是既可以描述实际物理对象，也可以描述各类控制算法。此外，Simulink 也被用于信号与通信系统的建模。

14.2 Simulink 建模实例

14.2.1 Simulink 建模方法

图 14-2 所示是一个角度位置控制装置，左侧的电机通过中间的轴带动右侧负载旋转。根据系统的动力学关系，已知各部件的转动惯量、弹性系数、阻尼系数，就能够推导出输入特定转矩时电机和负载的角度位置公式：

$$J_1\ddot{x}_1=-b_1\dot{x}_1-k(x_1-x_2)-b_{12}(\dot{x}_1-\dot{x}_2)+T$$

$$J_2\ddot{x}_2=-b_2\dot{x}_2+k(x_1-x_2)+b_{12}(\dot{x}_1-\dot{x}_2)$$

学过自动控制原理的同学都知道如何根据公式绘制对应的系统框图。可以在 Simulink 中建立一致的系统框图模型，并进行系统的动态响应仿真。

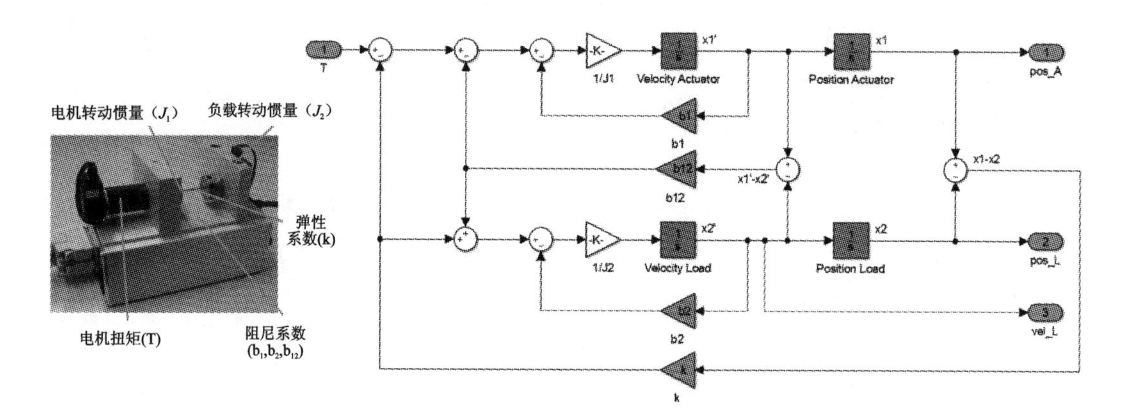

图 14-2　角度位置控制装置的 Simulink 模型

对刚才的角度位置控制装置，采用了所谓首要原则的建模方法，这意味着需要首先推导出系统的数学方程，然后再建立 Simulink 模型。这是一个典型的白盒模型，所有的数学方程都和物理公式对应。

与之相对，还有一种被称作数据驱动的建模方法，如图 14-3 所示。当不了解系统的原理

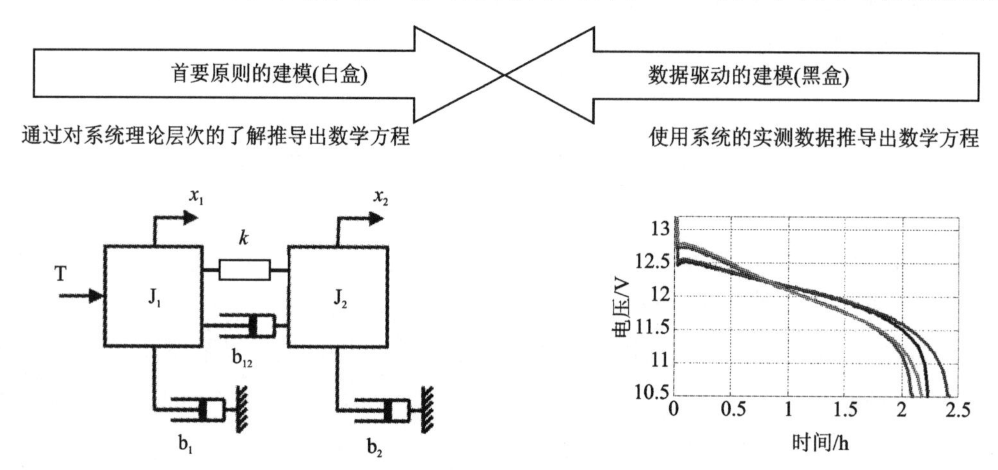

图 14-3　首要原则与数据驱动建模方法

而只有一些实验数据的时候，可以采用这种建模方法。比如，要从电化学反应开始分析电池的机理，这就显得过于复杂。不妨换一种方法，通过实验测试锂电池各恒定放电电流下电压随时间的变化曲线，然后建立任意放电电流时锂电池的电压变化规律的数学模型，用于估计电池的剩余使用时间（这也是 2016 年全国大学生数学建模竞赛的试题之一）。这里直接用已知的放电实验数据进行数学上的拟合，而忽略电池的具体原理，得到一个黑盒模型。

可以在对系统内部没有任何了解的情况下建立纯粹的黑盒模型，就像之前讨论的很多 MATLAB 建模案例那样。如果对系统有一定的先验知识，也可以用 Simulink 表达这些先验知识，建立介于白盒与黑盒之间的模型，不妨称之为灰盒模型。

14.2.2　锂电池建模的实现

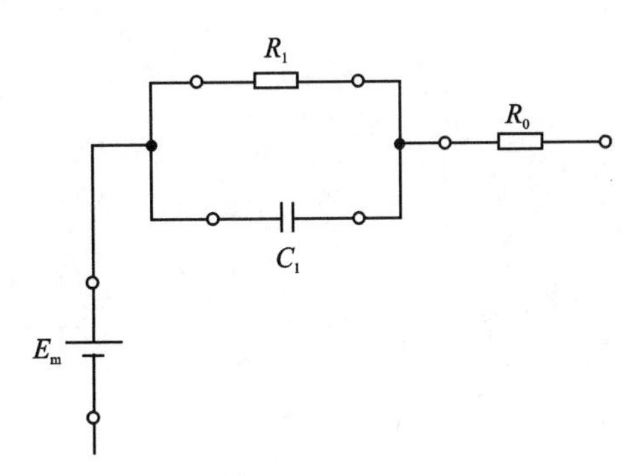

图 14－4　锂电池的等效电路

回到锂电池建模的问题。已知锂电池有以下特征：提供电动势输出，具有一定的直流阻抗和交流阻抗。那么，就可以用如图 14－4 所示的等效电路描述锂电池，包括电源电动势 E_m、内阻 R_0 和一个 RC 网络（由 R_1、C_1 组成）。

假定锂电池某时刻的放电电流为 I，两端电压为 U，其中 RC 网络两端电压为 U_1。根据电路原理，有以下数学公式：

$$u(t)=E_m+R_0\cdot i(t)+u_1(t)$$

$$i(t)=C_1\cdot \dot{u}_1(t)+u_1(t)/R_1$$

可以使用拉普拉斯变换方法获得系统的传递函数方程：

$$U(s)=E_m+R_0\cdot I(s)+U_1(s)$$

$$I(s)=C_1 s\cdot U_1(s)+U_1(s)/R_1$$

或者

$$U(s)=E_m+R_0\cdot I(s)+R_1\cdot I(s)/(R_1 C_1 s+1)$$

这里不知道电路元件的参数，需要借助实验数据来进行估计。根据经验，锂电池的放电特性受剩余电量、环境温度的影响最大，同时在使用一段时间后也会产生衰退，导致电池性能变化。在这里，仅考虑不同剩余电量时电路元件的参数变化规律，实验也都建立在恒温、新出厂电池的前提下。

引入一个变量 SOC，表示电池的剩余电量比例，取值范围为 0～1。把锂电池等效电路的各个电路元件参数写成以下函数：

$$R_0, R_1, C_1, E_m=f(\mathrm{SOC})$$

在 Simulink 中，可以通过一维查表的方式来表达这组函数关系（见图 14－5）。Simulink 中的模块参数可以直接引用在 MATLAB 工作空间中定义的变量，例如查表模块的表格数组。最终建立锂电池等效电路 Simulink 模型，如图 14－6 所示。

将等效电路作为整个电池 Simulink 模型的一个子系统，并采用电流积分法计算电池的剩余电量比例 SOC，然后使用 Simulink 提供的模型参数估计工具。从 Analysis 菜单中找到 Parameter Estimation 选项并单击打开，如图 14－7 所示。

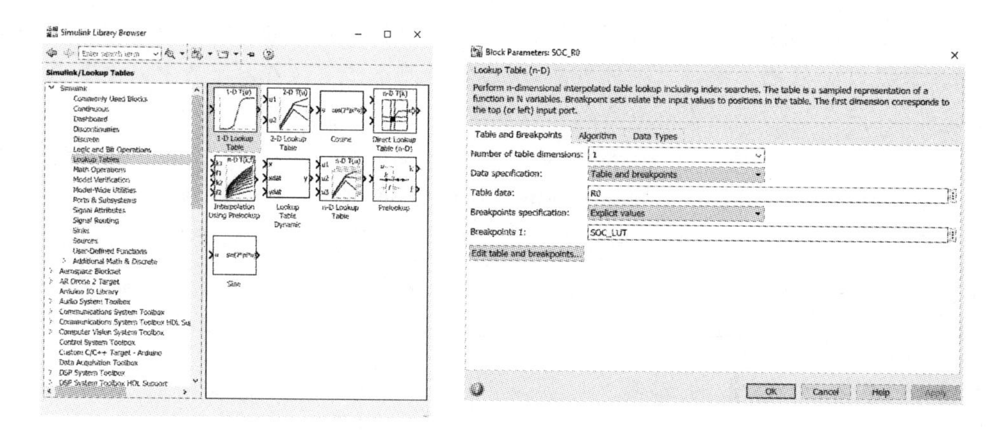

图 14-5 使用一维查表模块

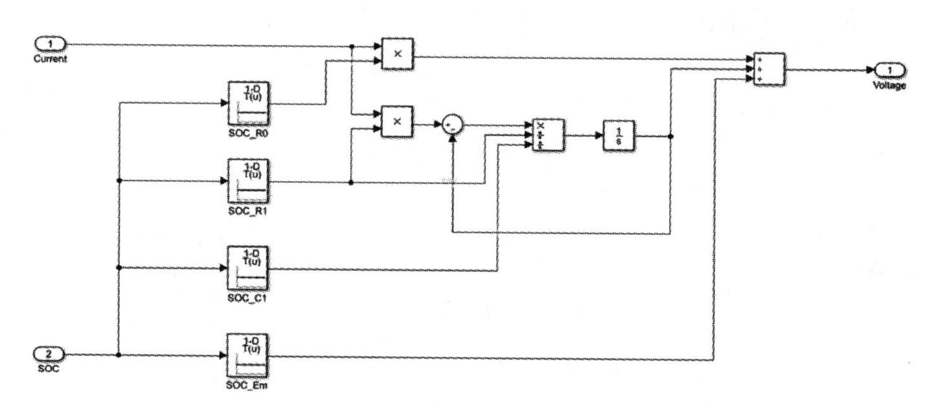

图 14-6 锂电池等效电路 Simulink 模型

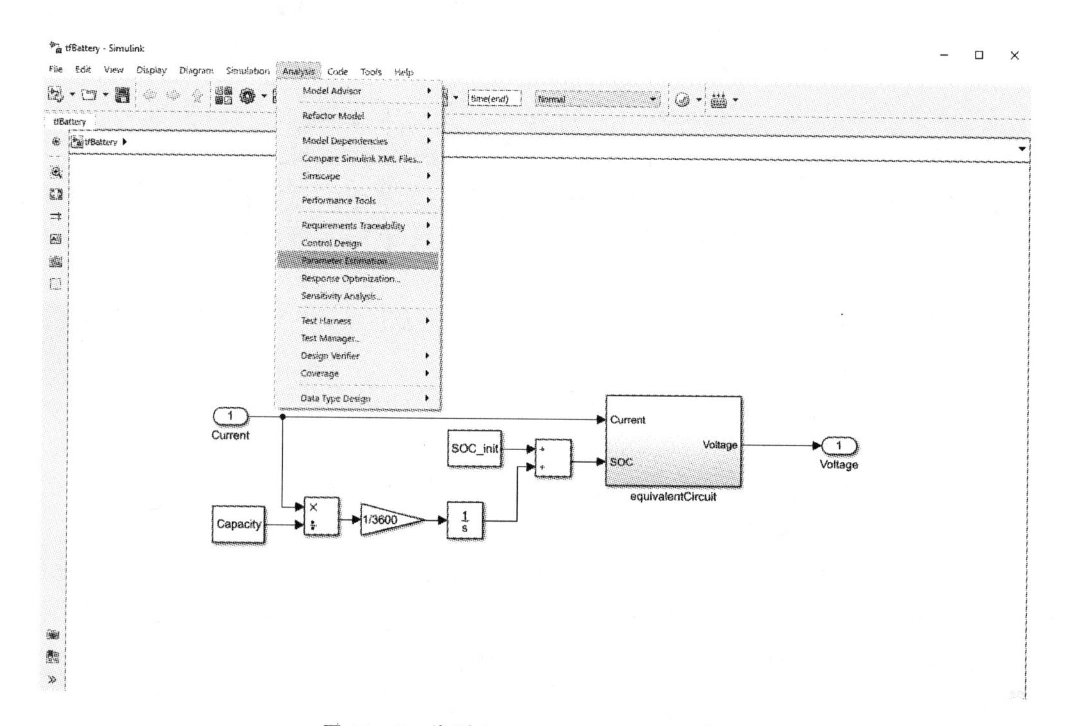

图 14-7 找到 Parameter Estimation 选项

在随后打开的Parameter Estimation窗口中，可以单击Open Session按钮打开之前保存的会话（见图14-8），或单击Save Session按钮保存当前的会话。

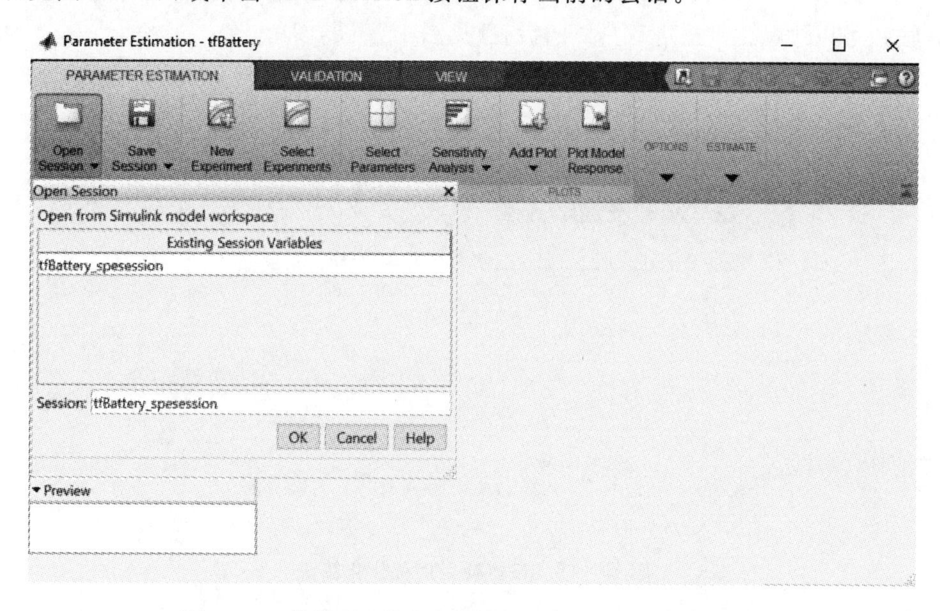

图14-8　从模型工作空间打开Parameter Estimation会话

在图14-9所示窗口左侧Parameters一栏填入待估计的参数。这些电路参数都通过SOC查表确定，均为与SOC索引相同维度的数组。在Experiments一栏填入实验数据，即可得到图14-9所示窗口右侧的电池放电电流与输出电压随时间的变化曲线。

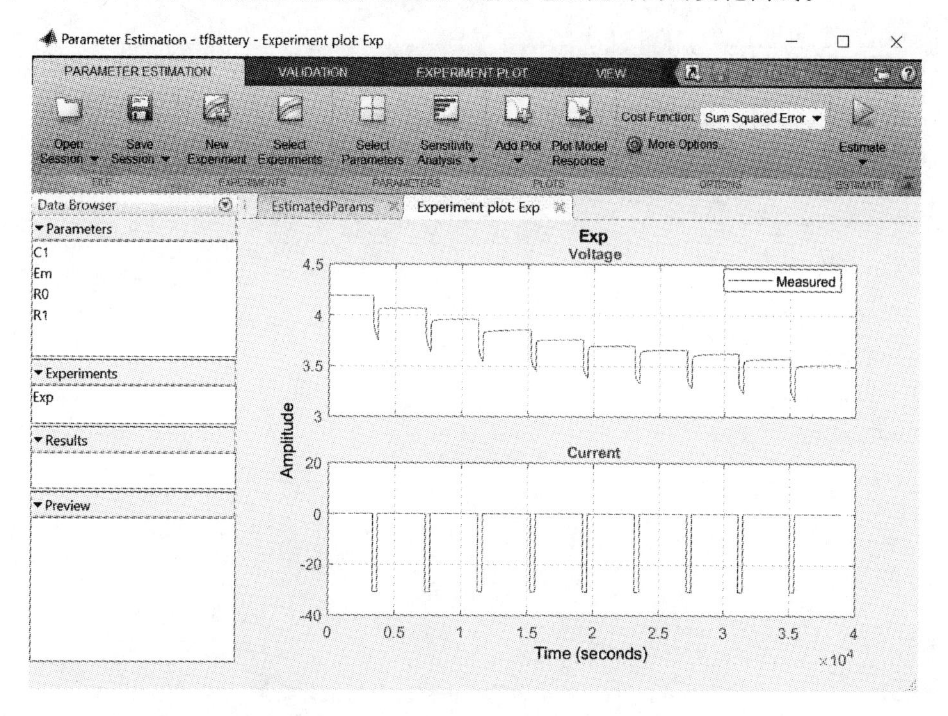

图14-9　Parameter Estimation窗口界面

在参数估计过程中，MATLAB会调用优化算法，不断修改模型参数并运行模型获得新的仿真结果，然后进行一系列迭代。这些优化算法均来自 MATLAB 当中的优化和全局优化工具(即 Optimization 和 Global Optimization 工具箱)。单击窗口工具栏 OPTIONS 中的 More Options 按钮可以对优化算法进行具体的设置(见图 14－10)。

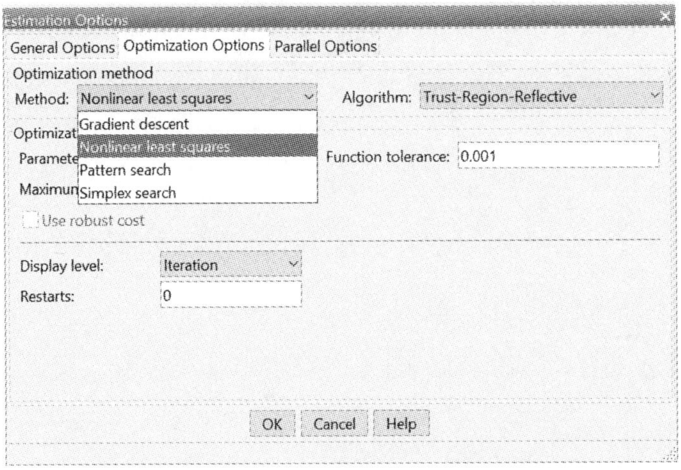

图 14－10　设置使用何种优化算法

单击 Estimate 按钮，对模型进行参数估计。优化算法收敛后，Simulink 模型的仿真输出变得与实验数据非常接近(见图 14－11)。在窗口左侧的 Results 一栏，可以看到参数估计的结果。此外，使用 VALIDATION 选项，可以添加新的实验数据，用于参数估计结果的验证。使用 EXPERIMENT PLOT 选项，可以对窗口右侧实验数据的绘图进行设置。

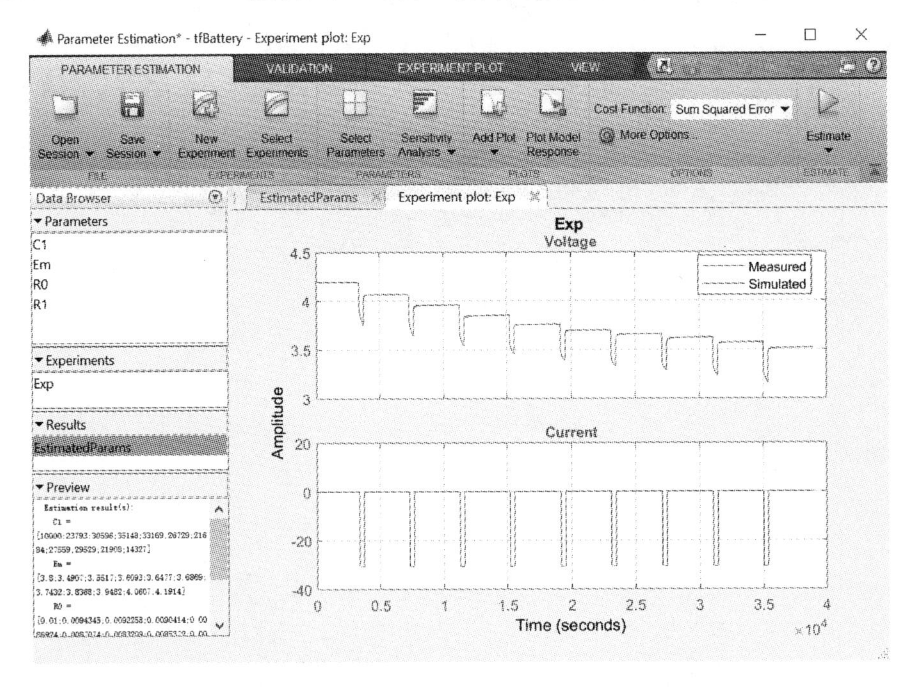

图 14－11　锂电池等效电路的参数估计结果

回顾建立锂电池数学模型的过程，其中包括三个典型的步骤：收集数据，创建模型，模型调参。用含待定参数的系统模型描述物理对象，并通过实际数据确定这些参数，这是一种普遍的物理系统建模思路。相比纯粹的黑盒模型，这种模型具有更大的适用范围，比如上面的锂电池模型，仅考虑了不同电池剩余电量的情况，如果要表现环境温度的影响，并不用改变电路的结构，只需要将电路参数改为按 SOC 和环境温度二维查表，就可以建立新的模型。

14.3　在 Simulink 中使用 MATLAB 数据和算法

可以在 Simulink 中直接使用 MATLAB 工作空间中的数据作为模块的参数，同样，也可以用 MATLAB 工作空间的数据作为模型的输入信号。单击 Simulink 工具栏上的 Configuration 按钮，在 Data Import/Export 一栏，可以将工作空间中的多个列向量设置为输入信号，其中第一列为仿真时间，从第二列开始依次对应模型的各个输入信号，如图 14－12 所示。

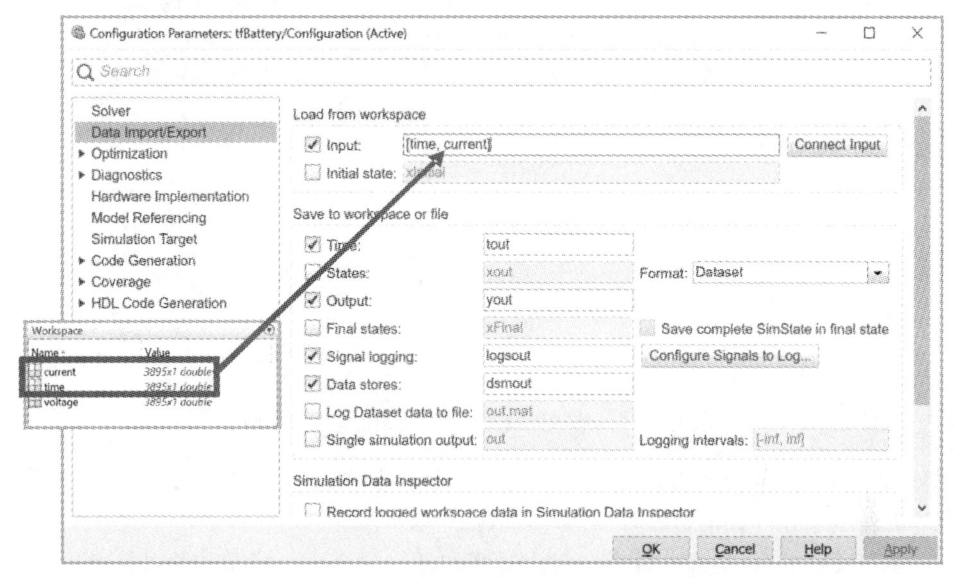

图 14－12　使用 MATLAB 工作空间中的数据作为模型的输入

通过 MATLAB Function 模块，可以编写一个 MATLAB 函数，作为 Simulink 模型的一部分，并用于仿真(见图 14－13)。这个功能非常有用，很多时候文本化的 MATLAB 语言更便于描述算法，可以将其与图形化的 Simulink 语言有机结合。

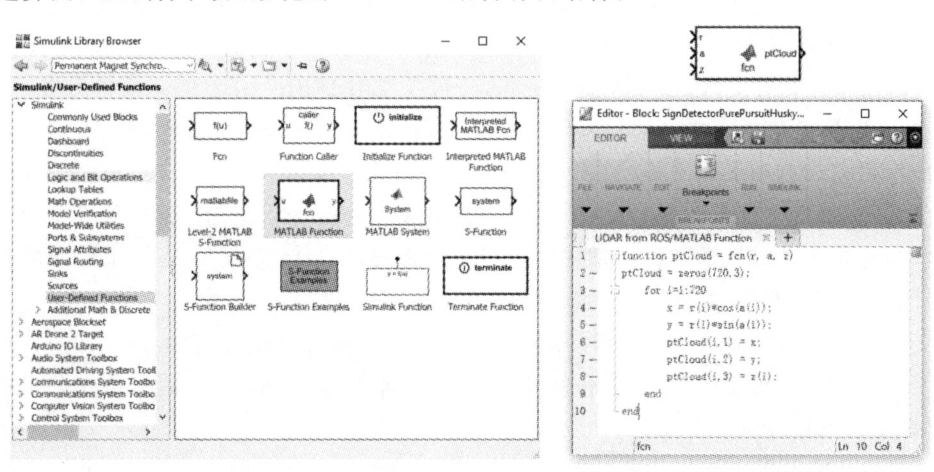

图 14－13　通过模块描述算法

14.4 基于模型设计的思想

对于工程中的系统建模问题，Simulink 中还提供了 Simscape 物理建模工具，包括大量附带的电子、电气、机械、流体、传动元件库。比如上述的锂电池等效电路模型(见图 14-14)，就可以使用 Simscape 直接搭建一个电路网络。这是一种更高级的建模方法，创建的模型是一个物理网络，而不像 Simulink 那样创建一个描述系统当中信号流的框图。工程师可以直接按照系统的物理结构进行建模，省去了一部分数学推导过程。

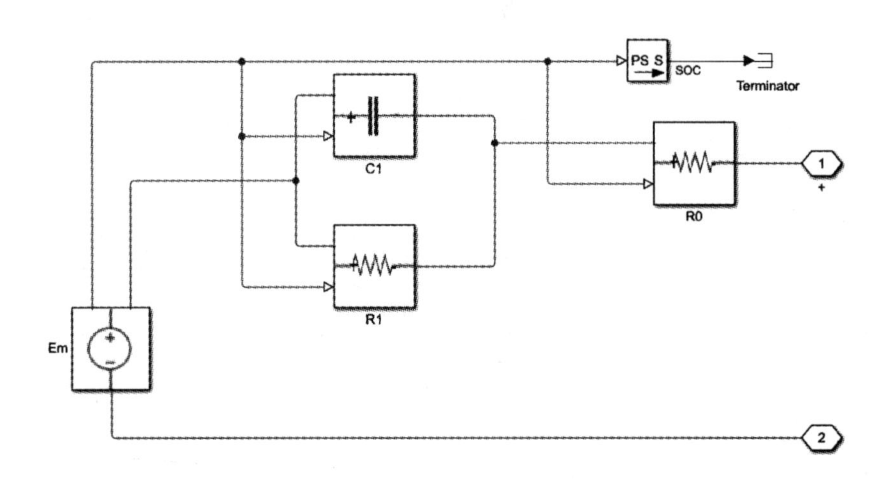

图 14-14 使用 Simscape 搭建锂电池等效电路

MATLAB 和 Simulink 为数学建模提供了一个非常优秀的工程转化平台，这种转化的过程称为基于模型设计(Model-Based Design，MBD)。

基于模型设计的定义：在产品整个开发过程中使用一个系统模型作为可执行的技术规格，而不是依靠物理原型和文本描述。模型支持系统和组件级的设计和仿真、自动代码生成以及持续的测试和验证。

基于模型设计的思想已被广泛应用于航空、航天、汽车、通信等各种工程领域，其中最为重要的环节就是自动代码生成技术。使用自动代码生成技术，可以直接将 MATLAB 函数或者 Simulink 模型转化为部署在桌面计算环境或者嵌入式计算环境的 C 或 C++代码，用于 FPGA 和 ASIC 开发的 VHDL 硬件描述语言代码，或者用于 PLC 开发的结构化文本。

在 Simulink 工具栏中有一个生成代码的按钮，只要单击这个按钮，就能根据 Simulink 模型的当前设置完成自动代码生成(见图 14-15)。通过修改生成代码的选项，不但可以选择语言的种类，针对特定计算平台进行优化，还可以在生成代码后自动调用外部的开发工具完成代码的编译和部署。针对教学和科研常用的一些嵌入式硬件，MathWorks 提供了免费的硬件支持包插件，可在其官网搜索并下载安装。

图 14-16 所示是一个典型的基于模型设计的工作流程，该流程主要包含三部分：

① 设计：对系统进行建模，建模对象包括环境、物理组件、算法组件，通过仿真分析系统的行为，保证系统的性能满足要求。

② 实现：从模型中自动生成算法组件的 C、C++、HDL 或结构化文本，用于快速原型开发或实际产品开发。生成的代码可以进行优化，并与手写代码相结合。

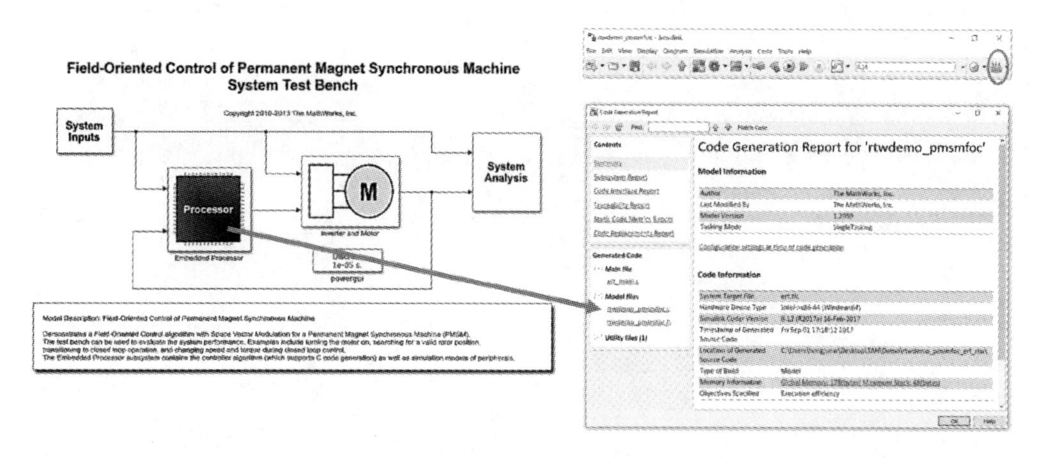

图 14-15　从 Simulink 模型自动生成 C 代码

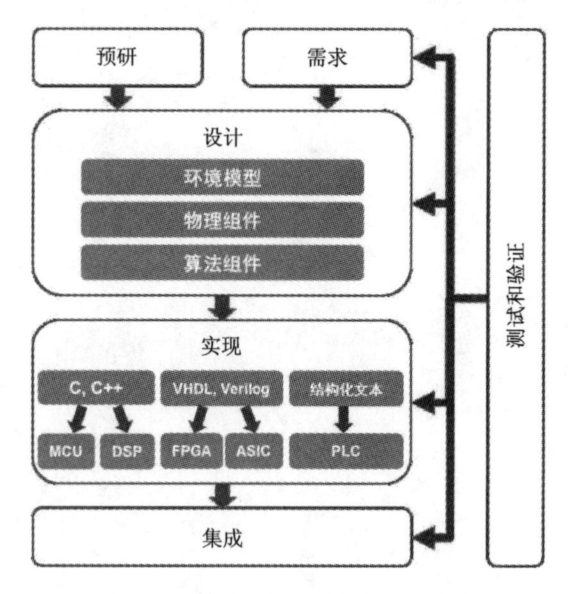

图 14-16　基于模型设计的工作流程

③ 测试和验证：系统模型提供了一个可重用的测试框架，用于前期的虚拟集成和后期的硬件在环测试。

在工业界，基于模型的设计思想已经广泛应用于产品的研发。实践证明，利用基于模型的设计流程可以大大提高研究效率和效果。而基于模型的核心是数学模型，其实现的核心是具有完整的融合模型、算法、实物框图、代码生成、系统仿真功能的软件平台，这也是 MATLAB、Simulink 能够广泛应用于工业界的关键。

14.5　小　结

学习本章的基于模型的产品开发流程，一方面是让读者了解到数学建模不仅是学术层面的活动，在工业界也有深远的应用；另一方面，了解基于模型的设计思想和 Simulink 平台，不仅有助于赛后重研究，同时也让读者了解到，工业界是如何将数学模型转化成产品的，从而从更深层次理解数学建模的价值，进一步激发对数学建模的兴趣。

第五篇　经验篇

本篇主要介绍笔者关于数学建模的参赛经验、心得、技巧，以及 MATLAB 的学习经验，这些经验会有助于读者竞赛的准备和竞赛成绩的提升。

第15章

数学建模参赛经验

本章内容是根据笔者的讲座整理出来的。多年数学建模的实践经历证明，这些经验对数学建模参赛队员非常有帮助，希望大家结合自己的实践慢慢体会、总结，并祝愿大家在数学建模和MATLAB世界中能够找到自己的快乐和价值所在。

15.1 如何准备数学建模竞赛

一般可以把参加数学建模竞赛的过程分成三个阶段：第一阶段是个人入门和积累阶段，这个阶段的关键是个人的主观能动性；第二阶段，就是通常各学校都进行的集训阶段，通过模拟实战来提高参赛队员的水平；第三阶段是实际比赛阶段。

“如何准备数学建模竞赛”是针对第一阶段来讲的。回顾自己的参赛过程，笔者认为这个阶段是真正的学习阶段，就像是修炼内功一样，如果在这个阶段打下坚实的基础，则对后面两个阶段非常有利，也是个人能否在建模竞赛中脱颖而出的关键阶段。下面就分几个方面谈谈如何准备数学建模竞赛。

一定的数学基础是必需的，尤其是良好的数学思维能力。并不是数学分数高就说明有很高的数学思维能力，但扎实的数学知识是数学思维的根基。对大学生来说，有高等数学、概率和线性代数知识就够了，当然其他数学知识知道得越多越好，如图论、排队论、泛函等。笔者从大一下学期开始接触数学建模，那时大学的数学课程只学习过高等数学。这里主要想说明的是，只要数学基础还可以，平时的数学成绩在80分以上，就可以参加数学建模竞赛了，不必刻意单纯补充数学理论，因为数学方面的知识可以在以后的学习中逐渐提高。

真正准备数学建模竞赛应该是从看数学建模书籍开始。要知道什么是数学建模，有哪些常见的数学模型和建模方法，了解一些常见的数学建模案例，这些方面都要通过看建模方面的书籍而获得。现在数学建模的书籍也比较多，图书馆和互联网上都有丰富的数学建模资料。笔者认为姜启源、谢金星、叶齐孝、朱道元等老师的建模书都非常棒，可以先看两三本。刚开始看数学建模书时，一定会有很多地方看不懂，但要知道基本思路，时间长了就知道什么问题用什么建模方法求解了。这里需要提到的一点是，运筹学与数学建模息息相关，最好再看一两本运筹学著作，仍然可以采取诸葛亮的看书策略，只观其大略就可以了，等需要具体用哪块知识时，再集中精力将其消化，然后应用之。

大家都知道，参加数学建模竞赛一定要有些编程功底，当然现在有MATLAB这种强大的工程软件，对编程的要求就降低了，至少入门容易多了，因为很容易用一条MATLAB命令解决以前要用20行C语言才能实现的功能。因为MATLAB的强大功能，使其在数学建模中已经有了非常广泛的应用，在很多学校，数学建模队员必须学习MATLAB。当然MATLAB的入门也非常容易，只要有本MATLAB参考书，照猫画虎可以很快实现一些基本的数学建模功能，如数据处理、绘图、计算等。笔者的一个队友，当年用一天时间把一本200多页的MATLAB教程操作完了，然后再经常运用，后来慢慢变成了一名MATLAB高手。

对于有一定编程基础的同学，最好再看一些算法方面的书籍，了解常见的数据结构和基本的遍历、二分等算法，然后再了解一些智能优化算法，如遗传算法、蚁群算法、模拟退火算法等。这样，在以后编程求解模型的过程中，就很容易寻找到合适的求解算法。

对于参加数学建模的队员，应该具备一定的数学基础和一定的编程能力，以及论文写作能力和团队合作能力。对于后者，主要是看个人固有的能力，不需要去刻意准备，在以后的集训阶段再加以训练就可以了。

15.2 数学建模队员应该如何学习 MATLAB

对理论的掌握并不代表对知识的真正理解。一些所谓高深的理论都可以通过编写程序来检验自己对其理解的程度。笔者的经验是：只有你把程序流畅地写出来，才是真正意义上对知识理解通透了。比如，笔者在大三学电力系统分析的时候，就自己用 MATLAB 语言编写了牛-拉法求潮流的程序、计算暂态稳定的简单程序、计算发电机短路电流的程序等。自然地，这些专业课程都学得不错。

选择一门顺手的编程语言可以让你在学习和工作中事倍功半。而 MATLAB 是一门优秀的编程语言，在欧美非常普及。MATLAB 是一种语言，它可以用作编程；也是一种软件，它自带的工具箱具有类似软件前台的 GUI 界面以及能够轻松实现人机通信功能。在学习 MATLAB 编程之前，需要对其有一个基本的了解：

① 数据处理　能对数据进行计算、分析和挖掘，数据处理函数功能强大，命令简洁。

② 软件工具箱　各式各样的工具箱，包括深度学习工具箱、Simulink 工具箱（虽然是从底层开发出来的，但我们认为 Simulink 也是工具箱的一种）、模糊工具箱、数字图像处理工具箱和金融工具箱等。

③ 精致绘图　MATLAB 通过 set 命令重设图形的句柄属性，可绘制精准而美观的图形。

④ 动画实现　MATLAB 可以进行实时动画、电影动画和 AVI 视频制作，并能在动画中添加 WAVE 格式的音频。

⑤ 与软硬件通信　MATLAB 接口函数可以实现与软件（比如 C）和硬件（比如电子示波器）通信。

⑥ 平面设计　与全球最顶尖的平面设计软件 Adobe Photoshop 联袂使用，传达震撼的视觉设计效果。

⑦ 游戏开发　利用 MATLAB 语言可以开发一整套的游戏，比如开发 32 关的推箱子游戏。

根据笔者对 MATLAB 十多年的学习经验，学习 MATLAB 编程就像读一本书，刚开始读时感觉这本书很薄，内容浅显，容易上手，觉得 MATLAB 语言是最容易学会、最简单的一门编程语言，但继续读下去，就会知道这本书其实很厚。

初学 MATLAB 编程过程中经常会遇到五大困惑：

其一，函数指令掌握太少，写不出简洁的程序，甚至正确、有效的代码也写不出。比如，初学者阅读 MATLAB 编程高手写的相对复杂的程序会发现，不但整篇程序的思路难以理解，而且会碰见很多陌生的命令，就像一篇英文阅读理解有很多单词都不认识；自己动手写程序，想表达的意思表达不出来，力不从心。

其二，不能掌握 MATLAB 函数复杂的语法格式。相比 VB 和 C 语言，MATLAB 语法格式比较复杂,若语法格式不正确,程序就不能运行;同一个命令有很多种语法格式;格式不同,程序输出的结果就大相径庭。比如使用 streamribbon 命令创建三维流带图,其语法格式为

```
streamribbon(x,y,z,u,v,w,sx,sy,sz);
```

那么向量 x,y,z,u,v,w,sx,sy,sz 分别代表什么意义,各向量之间满足什么样的长度关系,都必须真真切切地理解,否则就会因为不能键入正确的向量而不能画出三维流带图。

其三,能套用别人的程序,自己却丝毫没有程序开发能力。比如在深度学习工具箱中,各种创建、学习和训练网络的函数命令众多,语法格式复杂,套用别人已经编好的神经网络程序比较简单,但是,如果自己对照各个函数的用法书写完整的神经网络程序,却很难,因为你没有从本质上理解这些命令。这就是说,你只能模仿别人的程序,却不能触类旁通,自己开发程序。

其四,不能准确、全面地理解指令实现的功能。比如在 MATLAB 中实现排序功能的命令是 sort,而在 C 语言中如果想实现排序,那就必须依据"冒泡法"原理编写一小段的程序实现。虽然 MATLAB 命令用起来比 C 简便,但是如果对 sort 命令原理不了解,就不能知晓 sort 是实现升序排列还是降序排列,对于矩阵,是按行排序还是按列排序。所以,当我们使用将烦琐的原理封装在 MATLAB 里的命令时,如果不熟悉该命令的原理,那么使用时至少要在命令窗口中键入该命令,以便试探它的用法。

其五,函数的参数不知道如何调整。比如使用命令 imadjust 对轮廓不明晰的数字图像进行处理时,处理过的图像也许轮廓分明,但是很多都是伪轮廓,已经改变了原始图像的品质,所以在使用该命令时一定要注意把握好校正因子的大小。又如在编写 BP 网络源程序过程中,网络始终无法收敛且找不出原因,很多人都会怀疑是不是网络的拓扑结构设计有问题,其实很多情况下症结都出在网络学习速率参数的大小上,只要将参数调小一点,网络也许就会立即收敛。当你不知道参数的具体取值时,不妨多调试几次。

最后,通过长时间扎实的学习,对 MATLAB 主程序命令和常用的一两个工具箱已经基本掌握,写起程序来才会思路喷涌而至,得心应手,轻车熟路,感觉这本书其实还是比较薄的。MATLAB 函数命令丰富,完全掌握没有必要,也很难,只要掌握经常用到的命令就可以了。科学研究表明,只要掌握知识的 60%就可以运用了。碰见一些生僻的函数用法时,可以通过 MATLAB help 命令寻求帮助,或者身边备一本 MATLAB 函数词典。

如何学好 MATLAB 编程呢?笔者认为需要做到以下三点:

① 多看多记。多阅读优质的程序,注意细细体会程序设计的思想,记下常用指令及其用法,准备一个笔记本,看到好的程序段落摘抄下来或者复印,积累多了,装订成册。

② 多练多想。模仿别人的程序段,然后进行优化或改编。多多尝试开发小程序,多思考程序设计的流程,同时适当地借鉴一些程序设计艺术技巧。

③ 不要"偷懒"。初学者往往喜欢将别人或者自己以前编好的程序段甚至某一个指令复制、粘贴过来,而懒得动手去写,这个习惯不好。有些指令可能都认识,而且印象中也会写,但时间长了,就记得不是很准确了,比如,函数 linspace 经常会被写成 linespace,属性名 markersize 会被错误地写成 markesize,等等。

15.3　如何才能在数学建模竞赛中取得好成绩

要想在数学建模竞赛中取得好成绩,需要具有以下三个条件:

一是要有好的数学模型。评价一个数学模型的优劣，不在于用了什么高深的方法，而是要能够有效、简便、恰当地解决实际的问题；在能够有效解决问题的情况下，使用的数学方法越简单越好，这样大家才能够容易理解。笔者三次获得国家一等奖的模型都是用初等数学里面的基础知识建立的，没有什么高深的理论，用到的知识高中阶段都已经学习过。

二是要有好的求解方法。越是复杂的问题，对算法的要求就越高。对求解方法的评价主要是对算法的评价，一般比较容易求解的数学模型就不太会关注其求解方法。一些比较难的数学建模问题，其难点归根结底就是算法和编程实现的问题。一个好算法的评价准则是能够快速、准确地给出最优解。

三是要有高质量的论文。论文才是决定能否取得好成绩的最重要的部分，但是如果没有好的数学模型和算法，也是不可能有高质量论文的。所谓的高质量论文，就是把建模过程和求解过程描述清楚，让评委很容易知道**你们是如何分析问题的，数学模型是什么，用了什么方法求解的，最后的结论是什么。**只要能把这些问题表述清楚，论文层面就没有问题了。从笔者指导学生比赛的过程来看，绝大多数团队最大的问题就是论文的写作，有些队员写出来的内容连自己的队友都看不懂，更别说其他人了。所以在组队的过程中，每个团队至少应确保有一名文字功底扎实、可以把问题说清楚的队员。

要想在三天三夜的时间里同时把这三件事情都做好，其实对团队的要求还是很高的，既要求整个团队有很高的数学建模能力、编程求解能力和论文写作能力，同时还要求团队有很高的配合能力。一个人再厉害，在有限的时间内，完成这些事情也是非常困难的。笔者自己一天最多写 10 页建模论文，而国家一等奖论文都在 20 页左右，如果只是自己干，三天时间只够写论文的，其他任何事情都干不了。

从笔者的数学建模参赛经历和竞赛指导经历来看，要想在数学建模竞赛中获奖，需要注意以下几个方面：

(1) 合理的队员组合

合理的队员组合是获奖的基础，且所有队员都必须具备较好的数学和计算机基础。其中，应该有一名具有较好的应用数学思维，能够分析清楚问题的来龙去脉，然后将问题和数学方法联系起来，从而建立求解问题的数学模型的队员；有一名编程能力比较强、熟悉常见算法，有较丰富的 MATLAB 等语言编程经验的队员；还要有一名科技论文写作能力强，能够将做的模型和求解方法表达清楚的队员。这里面，队长的作用相当大，队长的综合协调能力一定要强，所谓“兵雄雄一个，将雄雄一窝”，所以这名队长一定要“雄”点，能够根据各人的特点组成一支人才搭配合理的队伍。

(2) 充分的准备和训练

兵家有云：不打无准备之仗。对于建模比赛，也一定要做好充分的准备，笔者一般都是提前一年选择好队友，然后自己训练。笔者觉得熟悉常见的模型和建模方法很重要，比如有些问题一看就知道用什么方法求解，所以要多积累些常见的建模案例，逐渐培养建模的悟性，等到量变到质变的时候，就会有豁然开朗、游刃有余的感觉。笔者的一个出色的队友，接触一年数学建模后，说他思路特别开阔，有种“思接千载，神游万里”的感觉。这应该是真的，因为有时笔者也有这种感觉。一般高校都有建模竞赛集训，笔者觉得这种方式非常利于提高建模竞赛水平。笔者第一次参加集训是大一暑假，第一篇论文写了 2 页，就像是解应用题，实在是没内容可写；第二篇论文写了 8 页，有点东西了；以后逐渐就有思路了。学校的集训采用的是强化训练方式，需要有点基础和准备。训练的好处：一是增加建模经验，二是提高编程水平，三是磨合队友之间的关系，四是开拓思路和积累经验。

(3) 重视建模论文的模板和技巧

建模论文是决定最后能否获奖的关键，一定要有这方面的意识，并重视它。之所以这样说的原因是，有的团队特别重视模型和算法，花三天的时间在建模和编程上，最后只用几个小时的时间写论文。可想而知，这样的论文能写好吗？即使模型再好，算法再好，结果再准确，可如果论文里面没有体现出来，再好的模型和结果谁会知道呢？数学建模论文有它固定的规范，一般至少要包含问题、假设、模型、求解、结果和评价，另外还可以有其他一些内容，如稳定性分析、参数灵敏度分析等。只要平时多看一些建模论文，就知道如何写建模论文了，但最重要的还是队员的文字能力和逻辑能力，要能够将整个建模和求解过程在模板的基础上按照一定的逻辑清晰地表达出来。所以在组队的时候一定要确保有一名能将论文写好的队员。

(4) 合理的时间安排

建模比赛有一定的时间限制，如何充分利用有限的时间对取得好成绩至关重要。我见过一些团队，选题用一天，讨论用一天，最后一天建模型和编程，实际做事的时间就一天。这样的时间安排相当不合理，取得好成绩的可能性也很小。以前笔者所在的队参赛的时候，先制定进度表，比如1小时内要确定选题，第一天要建好数学模型并确定求解的方法。通常一个上午这些工作就都完成了。因为我们将所有的时间都花在有效的事情上了，所以做起来相对就轻松多了，到第三天的晚上，就是修改和排版论文。当然，时间的安排和分工是要保持一致的，这也就要求队长必须具备较好的协调、组织和进程控制能力。关于时间和进程的管理问题，也是一门学问，15.4节再说明建模团队的项目管理和时间管理问题。

(5) 勇争第一的意识和信心

建模对队员的意志力要求也比较高，学习和参加建模竞赛的过程是比较辛苦的，要能够安下心来认真阅读那些看不懂的知识。这是因为在训练和比赛中经常会遇到一些无从下手的问题，如果自我调节能力不好，人会被逼疯的。笔者曾经也遇到无从下手的问题，可是三天后，和队友还是解决了所有的问题，这里面最重要的就是坚持。笔者很高兴队友们能发现问题，因为很多次的突破都是在发现问题并努力解决的过程中取得的，没有问题，就不会逼迫人去思考，也就不会有质的飞跃了。除此之外，还要有信心，相信自己能做好。笔者第一次参加全国比赛只获得省二等奖，之后笔者"闭关"一个月，分析为什么人家的模型是国家一等奖、二等奖，而自己只是省二等奖？信心！这让笔者豁然开朗，觉得自己也一定能达到国家一等奖的水平，所以在随后的比赛中，就有了必胜的信心。

15.4　数学建模竞赛中的项目管理和时间管理

数学建模竞赛属于团体竞赛，那么必然存在团队的管理问题，其中涉及建模、编程、写作、数据处理、文献检索等多重任务，所以其过程可以当成项目实施的过程，这样就可以借助成熟的项目管理方法提高建模竞赛水平。

笔者参加比赛时，实际上已经按照项目管理的方法进行了，只是当时还不知道什么是项目管理，直到后来参加具体的项目才接触到项目管理的理论和方法才知道。这里主要是想告诉参加建模竞赛的同学，在团队管理中要有项目管理的意识，借鉴其方法，以提高建模成绩。但是也没必要再去详细学习项目管理和时间管理，下面结合笔者的参赛过程和项目管理方法，介绍如何在数学建模竞赛中运用项目管理方法。

一般项目的管理分为以下几步：

第一步，启动项目，包括发起项目，任命项目经理，组建项目团队。

第二步，计划项目，包括制订项目计划，确定项目范围，配置项目人力资源，制订项目风险管理计划。

第三步，实施、跟踪及控制项目，包括实施项目、跟踪项目、控制项目。

第四步，收尾项目，包括项目评审、项目验收等。

在实际的建模比赛中，根据以上步骤具体进行项目管理和时间的控制：

第一步，快速选题(启动项目)。在半小时内确定选题。我们的理念是要把时间花在实际的做题过程中，而不要浪费在选题的过程中，因为选题过程是不能产生效益的。根据经验，浏览一下题目就可以了解是哪个领域、哪种类型的问题，并且知道有没有把握做下去。选题的时候不要考虑别队的情况，只要选择自己队最有把握的题目就可以了。2003 年的全国赛中，笔者所在的团队 10 分钟后就确定选 B 题了。如果队里有人提了不同的意见，那么这时建议由队长确定选题。

第二步，计划的制订。这一步不用单纯为了做计划而做计划，笔者当时根本没有写任何规划，只是在脑子里把这个计划大体列了一下，比如：

- 谁在哪段时间要完成模型的建立工作；
- 谁在哪段时间要用最快捷、最基本的方法给出一个初步的结果；
- 整个团队要在哪个时间段内完成第一个子问题的工作；
- 论文初稿要在什么时间内完成。

第三步，实施与过程控制。这一步最重要，直接决定竞赛的成绩，而且最体现团队的水平和执行力了。下面以 2003 年全国赛中的露天矿卡车调度系统为例，介绍当时笔者所在的团队建模竞赛的实施和监控过程。

选题后每个人都仔细看题，把有疑问的地方都列出来然后进行讨论。经过讨论，大家对题目的理解达到统一，同时对问题的理解比较全面和深刻，这个过程持续了 40 分钟左右。

对问题的理解达到统一后，就开始讨论建模的思路。经过头脑风暴般讨论后，由笔者总结大家的思路，建立了第一问的数学模型，这个过程大概是 30 分钟。由于问题中不涉及复杂的数据处理，所以由笔者负责把我们做的分析、假设、建模过程输入计算机，一个队友尝试用 MATLAB 求解，另一个队友尝试用 Mathematics 求解。大概在下午 2 点左右就完成了第一问的全部工作，随后转入第二问的求解，到晚上 10 点前，已经完成了所有的建模和求解工作。晚上我们队全都回去睡觉，而此时其他很多队还在通宵选题和讨论。

我们第一天就把基本工作都完成了，剩下的时间干啥呢？从项目的角度，我们要在规定的时间内做到精益求精；从获奖的角度，为了能脱颖而出(因为我们能做到的，别的队也会做到)，所以在剩下的时间里我们对算法进行了改进，即在原问题上加入了新的课题，不仅给出了好的模型和求解算法，而且建立了该课题的理论体系。这样做使建模方法既有工程的应用，又有理论的提升，所以我们的论文最后完成得就比较出色。

第四步，收尾、修改、润色和校对论文。建模论文的重要性，前面已经说了很多。等论文初稿出来后，笔者建议还要站在评委的角度去检查自己的论文，比如检查论文结构是否合理，图表是否适当，语句是否通顺，表述是否清晰，是否还有错别字，等。我们在第三天下午完成论文的初稿。要知道建模的课题永远都做不完，越到后面就越感觉有很多地方可以做得更好，所以不要恋战，该收尾的时候要收尾，关键是要给自己预留一些时间用来修改论文。在收尾工作里，还有一项工作比较重要，就是摘要。通常笔者会在第三天晚上写摘要，这时论文的内容基本上都确定了，只是润色和校对的问题，对大局影响不大。摘要写好后，要反复阅读，力求用最简洁的文字，将自己的思路、方法、模型、结果等内容表述出来。

以上就是我们的一些基本体会，这些经验也是我们在建模竞赛的过程中逐步总结出来的，建议大家最好能将这些经验融入自己的建模实践中去，这样获得的才是真正属于自己的经验。

15.5　一种非常实用的数学建模方法：目标建模法

目标建模法是一种逆向建模方法。该方法也是在指导建模比赛的过程中提出来的，其实当时我们已经使用了这种方法。笔者认为目标建模法的理论基础是管理学中的目标管理，目标管理的概念是管理学大师彼得·德鲁克(Peter Drucker)最先提出的，其后他又提出"目标管理和自我控制"的主张。德鲁克认为，并不是有了工作才有目标，而是相反，有了目标才能确定每个人的工作。

在建模竞赛的培训中，笔者经常遇到的问题是，队员拿到题目后找不到思路，不知道如何去解决问题。于是笔者总结以前建模的经验，并以目标管理为理论基础，提出了目标建模方法。目标建模方法的实质是根据问题的目标，为了达到这个目标，而进行的建模过程。下面以2004 年奥运会商区临时超市的网点设计为例介绍如何使用目标建模方法。

看完题目后，我们就想象这道题目最后的结果是什么形式的，即问题的目标。对于这道题，我们的理想情况是要给出每个商区内各类型超市的数量，并给出它们大致的分布。有了目标后，再分析实现这个目标的途径，这样就自然而然转到建模上了。这就是目标建模的一个优势，容易找到思路。

在分析建模思路的过程中，我们认为要分两步来实现这个终极目标。首先要求解出各商区内理想的超市数量，这可以用目标规划实现；然后根据各类型超市的商圈范围具体设置各超市的位置。这时我们要做什么工作，用什么方法，就基本清楚了，下面的工作就是具体实现的问题了。目标建模方法还有一个优点是便于写论文，可以提前设计结果的表现形式。比如这道问题中笔者就提前设计好了表现结果的表格，告诉编程的队友将结果放在这个表格中，这样他编程也有了目标。

目标建模方法和项目管理有很好的一致性。在项目管理中，也要提前制订项目计划，而目标建模中的目标是计划制订中最核心的部分，所以这些方法在本质上是相同的。需要提到的是，在实际建模比赛中不必刻意去搞清楚这些，否则自己的思路和行为会受这些规则约束，反而影响成绩。只要本着将事情做好的思想做事就行了，不管黑猫白猫抓住老鼠才是好猫。

以上介绍的这些意识、理念、方法应该说有一定的借鉴意义，至少在几年的建模竞赛指导的工作实践中证明还不错。需要提醒的是不要读死书，注意结合自己的实践，灵活运用，这样才能起到很好的作用。

15.6　延伸阅读：MATLAB 在高校的授权模式

MATLAB 在高校的授权模式有 4 种。

1. 校园版

校园版是以整个学校为授权对象，全校师生都可以使用，目前是高校的主流授权模式，特点是：

① 包含单机版和网络版两种安装方式。单机版适合师生安装于个人电脑，网络版适合安装于实验室。

② 包含全部工具箱或标准配置的工具包。

③ 按年收费。

2. 实验室版

实验室版适合安装于教学实验室，仅限在局域网内使用，特点是：

① 永久授权，一年内免费升级；

② 工具箱按照不同的专业方向或实验室的用途进行配置；

③ 最大并发数(即最多同时使用的人数)是重要的计价参数，根据实验室的规模设定，一般为 30 以上。

3. 网络并发版

网络并发版适合于科研课题组，仅限在局域网内使用，特点是：

① 永久授权，一年内免费升级；

② 工具箱按照不同的专业方向或用途进行配置；

③ 最大并发数(即最多同时使用的人数)是重要的计价参数，一般为 1～30。

4. 单机版

单机版适合安装于个人电脑，可以脱离网络使用，特点是：

① 永久授权，一年内免费升级；

② 工具箱按照不同的专业方向或用途进行配置；

③ 相比于网络版，单机版的使用更灵活。

附 件

实践篇竞赛原题

附件 A 2015 年全国大学生数学建模竞赛 D 题

众筹筑屋规划方案设计

众筹筑屋是互联网时代一种新型的房地产形式。现有占地面积为 102077.6 平方米的众筹筑屋项目(详情见附件 1)。项目推出后,有上万户购房者登记参筹。项目规定参筹者每户只能认购一套住房。

在建房规划设计中,需考虑诸多因素,如容积率、开发成本、税率、预期收益等。根据国家相关政策,不同房型的容积率、开发成本、开发费用等在核算上要求均不同,相关条例与政策见附件 2 和附件 3。

请你结合本题附件中给出的具体要求及相关政策,建立数学模型,回答如下问题:

1. 为了信息公开及民主决策,需要将这个众筹筑屋项目原方案(称作方案Ⅰ)的成本与收益、容积率和增值税等信息进行公布。请你们建立模型对方案I进行全面的核算,帮助其公布相关信息。

2. 通过对参筹者进行抽样调查,得到了参筹者对 11 种房型购买意愿的比例(见附件 1)。为了尽量满足参筹者的购买意愿,请你重新设计建设规划方案(称为方案Ⅱ),并对方案 II 进行核算。

3. 一般而言,投资回报率达到 25%以上的众筹项目才会被成功执行。你们所给出的众筹筑屋方案Ⅱ能否被成功执行?如果能,请说明理由。如果不能,应怎样调整才能使此众筹筑屋项目能被成功执行?

注:限于篇幅,本题中的附件可以参考全国大学生数学建模竞赛官网 2015 年赛题:

http://www.mcm.edu.cn/html_cn/node/ac8b96613522ef62c019d1cd45a125e3.html

附件 B 2016 年全国大学生数学建模竞赛 D 题

电场运行状况分析及优化

风能是一种最具活力的可再生能源,风力发电是风能最主要的应用形式。我国某风电场已先后进行了一、二期建设,现有风机 124 台,总装机容量约 20 万千瓦。请建立数学模型,解决以下问题:

1. 附件 1 给出了该风电场一年内每隔 15 分钟的各风机安装处的平均风速和风电场日实际输出功率。试利用这些数据对该风电场的风能资源及其利用情况进行评估。

2. 附件 2 给出了该风电场几个典型风机所在处的风速信息,其中 4#、16#、24#风机属于一期工程，33＃、49＃、57＃风机属于二期工程，它们的主要参数见附件 3。风机生产企业还提供了部分新型号风机，它们的主要参数见附件 4。试从风能资源与风机匹配角度判断新型号风机是否比现有风机更为适合。

3. 为安全生产需要，风机每年需进行两次停机维护，两次维护之间的连续工作时间不超过 270 天，每次维护需一组维修人员连续工作 2 天。同时风电场每天需有一组维修人员值班以应对突发情况。风电场现有 4 组维修人员可从事值班或维护工作，每组维修人员连续工作时间(值班或维护)不超过 6 天。请制订维修人员的排班方案与风机维护计划，使各组维修人员的工作任务相对均衡，且风电场具有较好的经济效益，试给出你的方法和结果。

附件 1　平均风速和风电场日实际输出功率表。

附件 2　风电场典型风机报表。

附件 3　风电场风机型号及其参数。

附件 4　风机生产企业提供的新型号风机主要参数。

注：限于篇幅，本题中的附件可以参考全国大学生数学建模竞赛官网 2016 年赛题：

http://www.mcm.edu.cn/html_cn/node/6d026d84bd785435f92e3079b4a87a2b.html

“在线交流，有问有答”系列图书

全行业优秀畅销书的升级版本，纯案例式讲解，辅以免费视频。

作者年过70，从事信号处理30余年，论坛回帖数过4000，靠不靠谱看书便知。

穿越理论，透视技巧，拓宽应用，在模式识别与智能算法中将MATLAB用到High！

精细人做的有大思路的精细书。Cody高手如诗般优雅的程序，助您高效简捷地解决专业问题。

国内不可多得的MATLAB+遥感的技术书，工程师手笔，实用。

权威版主手笔。书中所有案例均由作者回答网友的4000多个问题提炼而来。

MathWorks工程师之作。有读者评论说，看完此书，可以高端优雅地进行大型程序的开发。

MathWorks工程师之作。有读者评论说，看完此书，可以高端优雅地进行大型程序的开发。

MATLAB之父Cleve Moler的经典之作，经Cleve本人正式授权，中国首印，原汁原味。

*Numerical Computing with MATLAB*一书的中译本。张志涌编译。

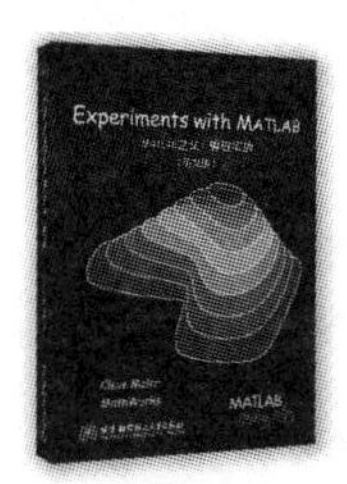

MATLAB之父Cleve Moler的“玩票”之作。趣味MATLAB，高超尽显。全球首发。

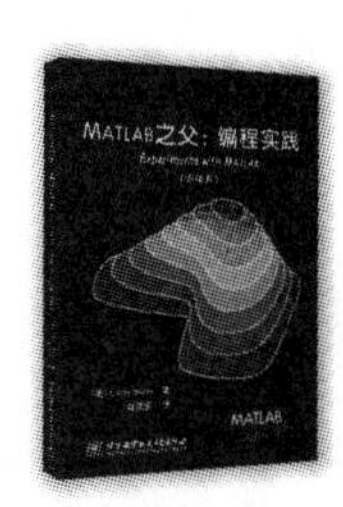

*Experiments with MATLAB*一书的中译本。薛定宇译。